# Angkor Wat 앙코르와트 내비게이션

navigation

글 · 사진 · 취재 정숙영·박원순

전면 개정판 2019 최신 정보 수록

# 앙코르와트 내비게이션

**1판 1쇄 발행** 2018년 11월 30일

**지은이** 정숙영, 박원순
**펴낸이** 김선숙, 이돈희
**펴낸곳** 그리고책(주식회사 이밥차)

**주소** 서울시 서대문구 연희로 192 이밥차빌딩 2층
**대표전화** 02-717-5486~7
**팩스** 02-717-5427
**출판등록** 2003년 4월 4일 제 10-2621호

**본부장** 이정순
**편집책임** 박은식
**편집진행** 심형희, 양승은, 홍상현
**마케팅** 남유진, 장지선
**영업** 이교준
**경영지원** 문석현
**자문** 조지형, 김창진
**교열** 김혜정
**사진 제공** 김재송, 노태승, 김승민, 황선정, 한지형
ISBN 979-11-964644-2-4 13980

앙코르 유적을 안내하는 가장 쉽고 친절한 여행서

# Angkor Wat 앙코르와트 내비게이션 navigation

**전면 개정판 2019 최신 정보 수록!**

그리고책
andbooks

# Prologue

앙코르와 첫 인연을 맺은지도 벌써 십년이 되어가네요. 2009년 가을 인도차이나 배낭여행에서 '딱 이틀 사흘만 머물다 가자'라고 들렀다가 앙코르 유적과 좋은 사람들에 발목 잡혀 장장 열흘을 뭉갰던 것. 그것이 저와 씨엠립-앙코르와의 첫 만남이었어요. 그 여행을 마치고 한국으로 돌아간 뒤 채 한 달이 되지 않아 저는 다시 짐을 싸들고 씨엠립으로 떠나 두 달 가까이 머물었습니다. 급기야 저는 발칙하게 책 작업까지 하게 되었고, 그 후로 수 차례의 추가 취재여행과 손오공에게 원기옥을 모아주는 지구인들처럼 저에게 자료와 힘을 모아주는 수많은 친구들의 덕택으로 2011년 〈앙코르와트 내비게이션〉이 세상에 첫 선을 보이게 되었습니다.

그 후로 몇 년이 흘렀습니다. 그동안 씨엠립과 앙코르의 모습은 많이 변했습니다. 오늘날의 사람들이 살아가는 씨엠립 시내는 말할 것도 없습니다. 몇년 전까지는 배낭여행자와 단체여행객이 씨엠립 거리의 주인이었지만 요즘은 리조트나 부티크 호텔에서 휴양을 즐기는 트렁크 족들이 많이 늘었습니다. 올드 마켓 상권은 더욱더 크게 확장됐고, 배낭여행자 식당 일색에서 깔끔하고 고급스러운 맛집과 카페들로 진화했습니다. 수백년 세월 그 자리를 지킨 유적도 복원과 개발 그리고 세월의 이름으로 그 모습을 달리하고 있습니다. 타 프롬의 서쪽 테라스는 깨끗하게 정비되었고, 앙코르 톰 주차장 뒤에 숨겨졌던 프레아 피투는 조금씩 그 모습을 되찾는 중입니다. 급기야 유적 입장료가 오르고 신공항 공사가 시작되었습니다. 그렇게 앙코르와 씨엠립의 모습이 변해가는 동안 마냥 게으르게만 대응하던 〈앙코르와트 내비게이션〉도 더 이상 가만히 있어서는 안될 때가 왔다는 생각이 들었습니다. 그래서, 갈아엎었습니다. 모든 정보를 최신정보로 갱신하고 없어진 상점 새로 생긴 상점을 깨알같이 찾아내어 반영했습니다.

그러나 가장 중요한 가치들은 변함없이 그 자리를 지키고 있습니다. 여전히 거대하고, 위대합니다. 푸른 하늘과 눈부신 초록의 밀림. 거기에 잿빛과 붉은 빛의 돌들이 더해져 이루는 완벽한 조화, 그 안에는 묘한 안도감과 평화가 있습니다. 앙코르와트나 바이욘 등 거대한 사원들의 웅장한 위압감, 타 프롬의 청량감, 반띠에이 스레이로 향하는 길에 스쳐가는 평화로운 시골길의 풍경… 여전히 제가 이 곳에 대해서 드릴 말씀은 단 하나 뿐입니다. 평생 한번은 직접 보세요. 꼭요. 말로는, 책으로는 다 할 수 없는 그 가슴 벅찬 순간을 꼭 맛보시기 바랍니다. 저는 아직도 해자 앞에서 툭툭이 우회전을 하여 저 오른쪽에 앙코르와트가 모습을 드러내면 가슴이 너무나 설렙니다.

이 책은 많은 사람들의 도움을 받았습니다. 우선 취재의 많은 부분을 맡아준 든든한 파트너 원순 양에게 큰 감사를 전합니다. 참고로 서울시장 아닙니다. 그 동안 찍어둔 좋은 사진들을 기꺼이 투척해 준 태승이에게도 큰 감사를 전합니다. 현지 취재를 도와준 저의 좋은 씨엠립 주민 친구들 -나무늘보 창진이, 달콩이 엄마 선진이, 아리랑 은주 언니 등에게 사랑과 정열을 보냅니다. 초판의 자문이었던 지형 군에게도 여전히 큰 감사를 전합니다. 커버사진을 비롯해 이 책에서 가장 멋진 사진들을 제공해준 포토그래퍼 김재송 오빠에게 변함없는 존경과 감사의 말씀을 드립니다. 그 외 압사라 앙코르 게스트 하우스에서 만났던 모든 친구들에게 감사합니다. 세상에서 제일 예쁜, 아직은 어린 제 조카 서율이와 시아가 역사와 문화, 밀림의 아름다움을 깨달을 정도로 자라면 두 손 잡고 씨엠립 그리고 앙코르로 향하려 합니다.

저자 정숙영

## Starting to Angkor

## Let's go to Angkor

# Sightseeing in Siem Reap



# Food&Drink of Siem Reap

## Shopping Angkor



## Fun in Angkor & Siem Reap

태국
THAILAND
프라삿 프레아 비헤르
Prasat Preah Vihear
아란야 파아텟
Aranya phratet
포이펫
Poipet
반띠에이 스레이
Banteay Srei
프놈 쿨렌
Phnom Kulen
앙코르 유적군
Aankor Ruins
씨엠립
Siem Reap
롤루오스 유적군
Roluos Ruins
톤레 삽 호수
Tonle Sap
Cambodia
Map
캄보디아 전체지도

라오스
LAOS
캄보디아
CAMBODIA
프놈펜
Phnom Penh
베트남
VIETNAM
목 바이
Moc Bai
바벳
Bavet

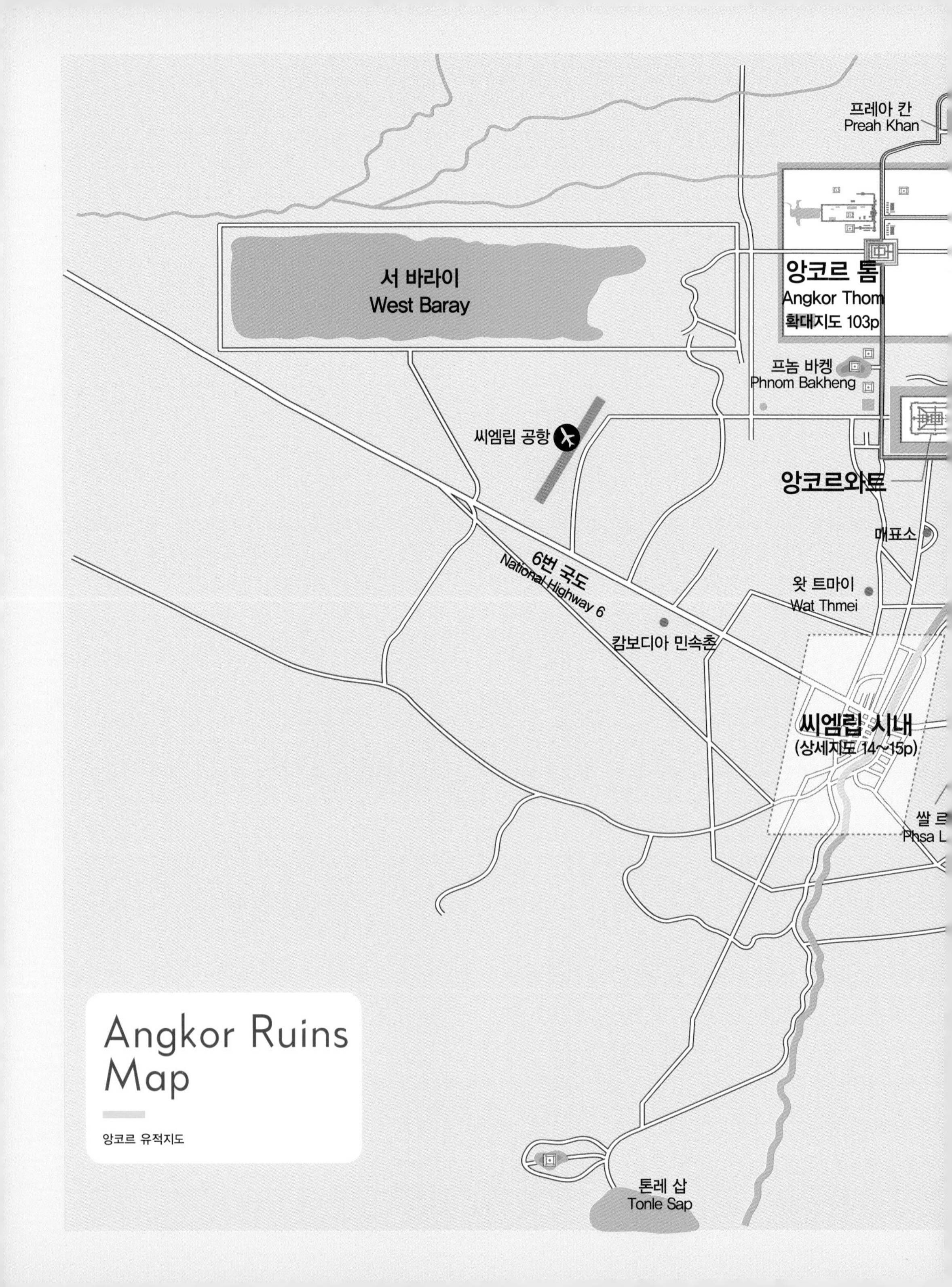

프레아 칸
Preah Khan
서 바라이
West Baray
앙코르 톰
Angkor Thom
확대지도 103p
프놈 바켕
Phnom Bakheng
씨엠립 공항
앙코르와트
매표소
6번 국도
National Highway 6
왓 트마이
Wat Thmei
캄보디아 민속촌
씨엠립 시내
(상세지도 14~15p)
Angkor Ruins Map
앙코르 유적지도
톤레 삽
Tonle Sap

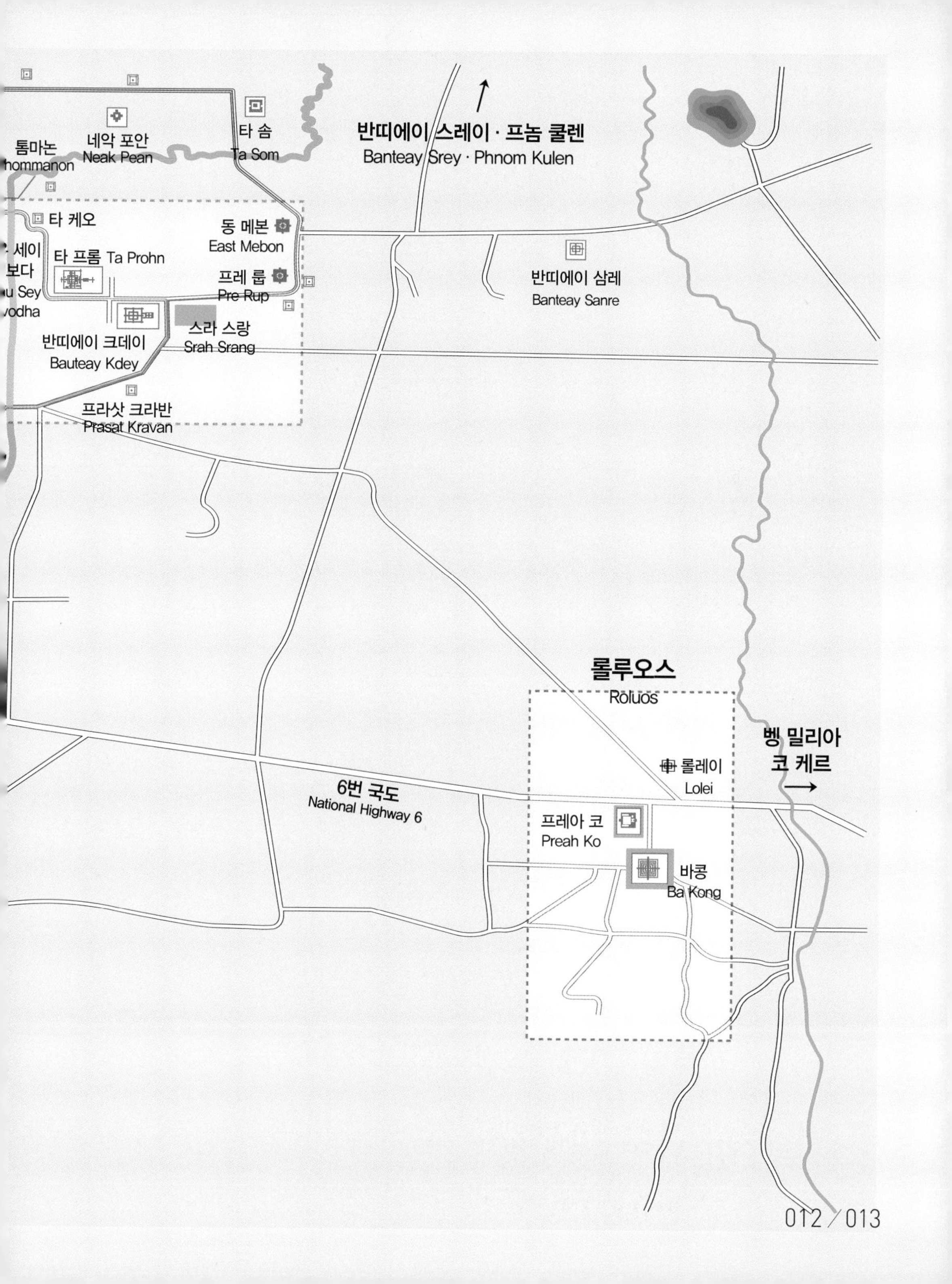

톰마논
hommanon
네악 포안
Neak Pean
타 솜
Ta Som
반띠에이 스레이 · 프놈 쿨렌
Banteay Srey · Phnom Kulen
타 케오
동 메본
East Mebon
세이
보다
u Sey
vodha
타 프롬 Ta Prohn
프레 룹
Pre Rup
반띠에이 삼레
Banteay Sanre
스라 스랑
Srah Srang
반띠에이 크데이
Bauteay Kdey
프라삿 크라반
Prasat Kravan
롤루오스
Roluos
벵 밀리아
코 케르
롤레이
Lolei
6번 국도
National Highway 6
프레아 코
Preah Ko
바콩
Ba Kong

# 시내중심지

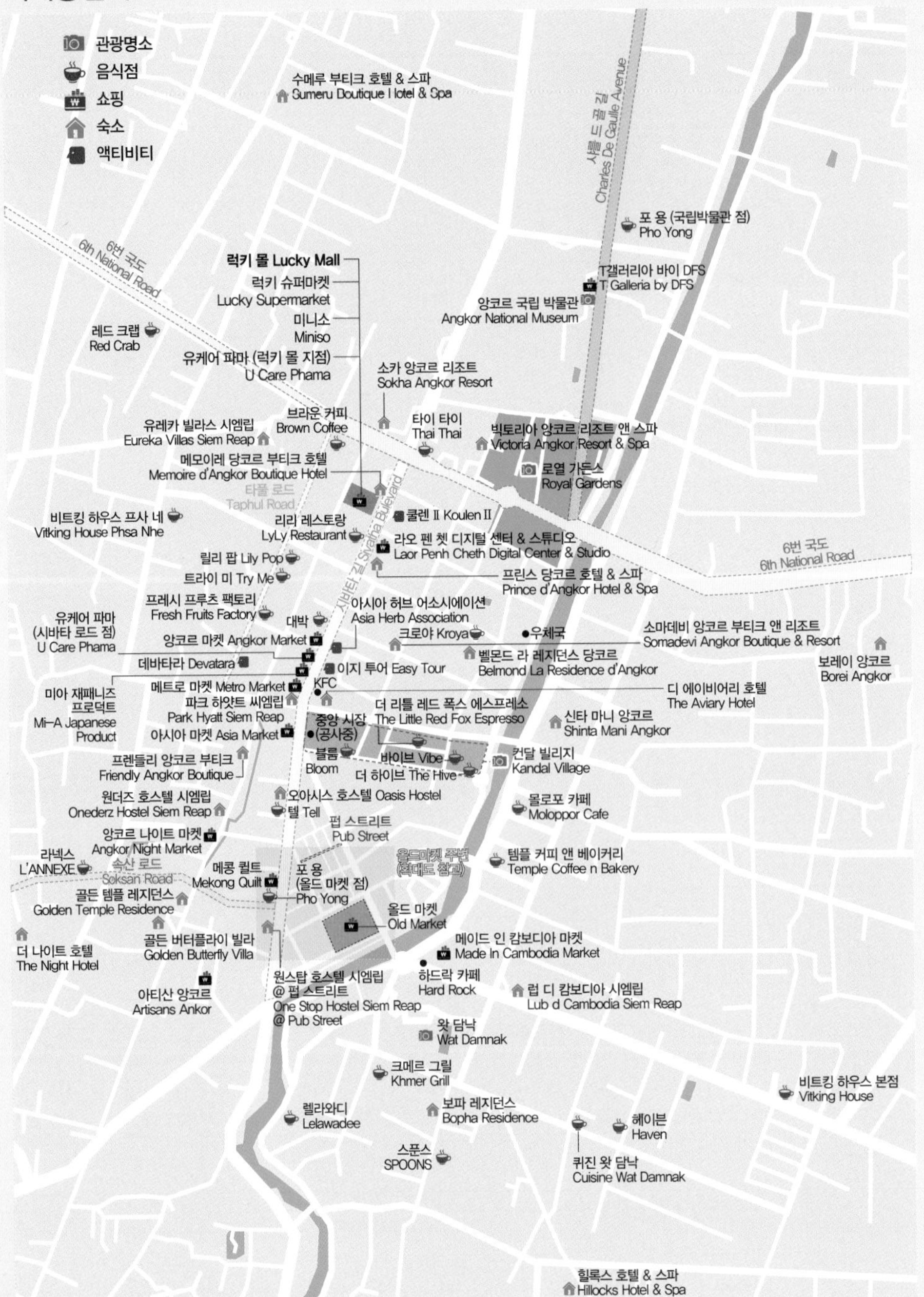

관광명소
음식점
쇼핑
숙소
액티비티
수메루 부티크 호텔 & 스파
Sumeru Boutique Hotel & Spa
샤를 드 골 길
Charles De Gaulle Avenue
포 용 (국립박물관 점)
Pho Yong
6번 국도
6th National Road
럭키 몰 Lucky Mall
럭키 슈퍼마켓
Lucky Supermarket
미니소
Miniso
유케어 파마 (럭키 몰 지점)
U Care Phama
T갤러리아 바이 DFS
T Galleria by DFS
앙코르 국립 박물관
Angkor National Museum
레드 크랩
Red Crab
소카 앙코르 리조트
Sokha Angkor Resort
브라운 커피
Brown Coffee
유레카 빌라스 시엠립
Eureka Villas Siem Reap
타이 타이
Thai Thai
빅토리아 앙코르 리조트 앤 스파
Victoria Angkor Resort & Spa
메모이레 당코르 부티크 호텔
Memoire d'Angkor Boutique Hotel
로열 가든스
Royal Gardens
타풀 로드
Taphul Road
비트킹 하우스 프사 네
Vitking House Phsa Nhe
리리 레스토랑
LyLy Restaurant
쿨렌 II Koulen II
시바타 길 Sivatha Boulevard
라오 펜 쳇 디지털 센터 & 스튜디오
Laor Penh Cheth Digital Center & Studio
릴리 팝 Lily Pop
트라이 미 Try Me
프린스 당코르 호텔 & 스파
Prince d'Angkor Hotel & Spa
프레시 프루츠 팩토리
Fresh Fruits Factory
아시아 허브 어소시에이션
Asia Herb Association
대박
유케어 파마
(시바타 로드 점)
U Care Phama
앙코르 마켓 Angkor Market
크로야 Kroya
우체국
소마데비 앙코르 부티크 앤 리조트
Somadevi Angkor Boutique & Resort
데바타라 Devatara
벨몬드 라 레지던스 당코르
Belmond La Residence d'Angkor
보레이 앙코르
Borei Angkor
이지 투어 Easy Tour
메트로 마켓 Metro Market
KFC
미아 재패니즈
프로덕트
Mi-A Japanese
Product
파크 하얏트 씨엠립
Park Hyatt Siem Reap
디 에이비어리 호텔
The Aviary Hotel
더 리틀 레드 폭스 에스프레소
The Little Red Fox Espresso
신타 마니 앙코르
Shinta Mani Angkor
아시아 마켓 Asia Market
중앙 시장
(공사중)
블룸
Bloom
프렌들리 앙코르 부티크
Friendly Angkor Boutique
바이브 Vibe
더 하이브 The Hive
칸달 빌리지
Kandal Village
원더즈 호스텔 시엠립
Onederz Hostel Siem Reap
오아시스 호스텔 Oasis Hostel
텔 Tell
몰로포 카페
Moloppor Cafe
펍 스트리트
Pub Street
앙코르 나이트 마켓
Angkor Night Market
라넥스
L'ANNEXE
속산 로드
Soksan Road
메콩 퀼트
Mekong Quilt
포 용
(올드 마켓 점)
Pho Yong
올드마켓 주변
(확대도 참고)
템플 커피 앤 베이커리
Temple Coffee n Bakery
골든 템플 레지던스
Golden Temple Residence
올드 마켓
Old Market
더 나이트 호텔
The Night Hotel
골든 버터플라이 빌라
Golden Butterfly Villa
메이드 인 캄보디아 마켓
Made In Cambodia Market
아티산 앙코르
Artisans Ankor
원스탑 호스텔 시엠립
@ 펍 스트리트
One Stop Hostel Siem Reap
@ Pub Street
하드락 카페
Hard Rock
럽 디 캄보디아 시엠립
Lub d Cambodia Siem Reap
왓 담낙
Wat Damnak
크메르 그릴
Khmer Grill
비트킹 하우스 본점
Vitking House
렐라와디
Lelawadee
보파 레지던스
Bopha Residence
헤이븐
Haven
스푼스
SPOONS
퀴진 왓 담낙
Cuisine Wat Damnak
힐록스 호텔 & 스파
Hillocks Hotel & Spa

## 상세1. 6번 국도 공항 방면

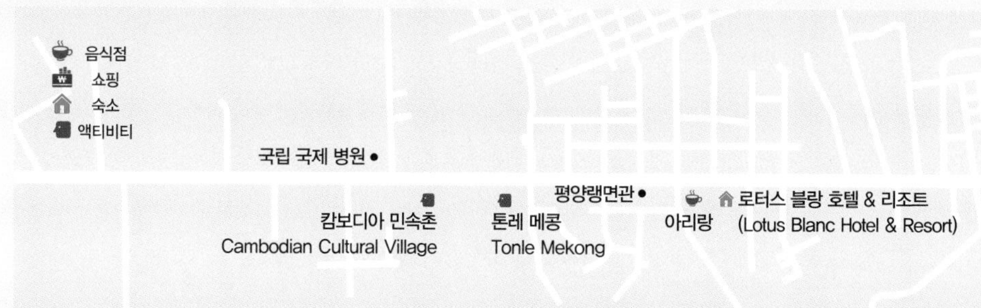


## 상세2. 올드마켓 주변

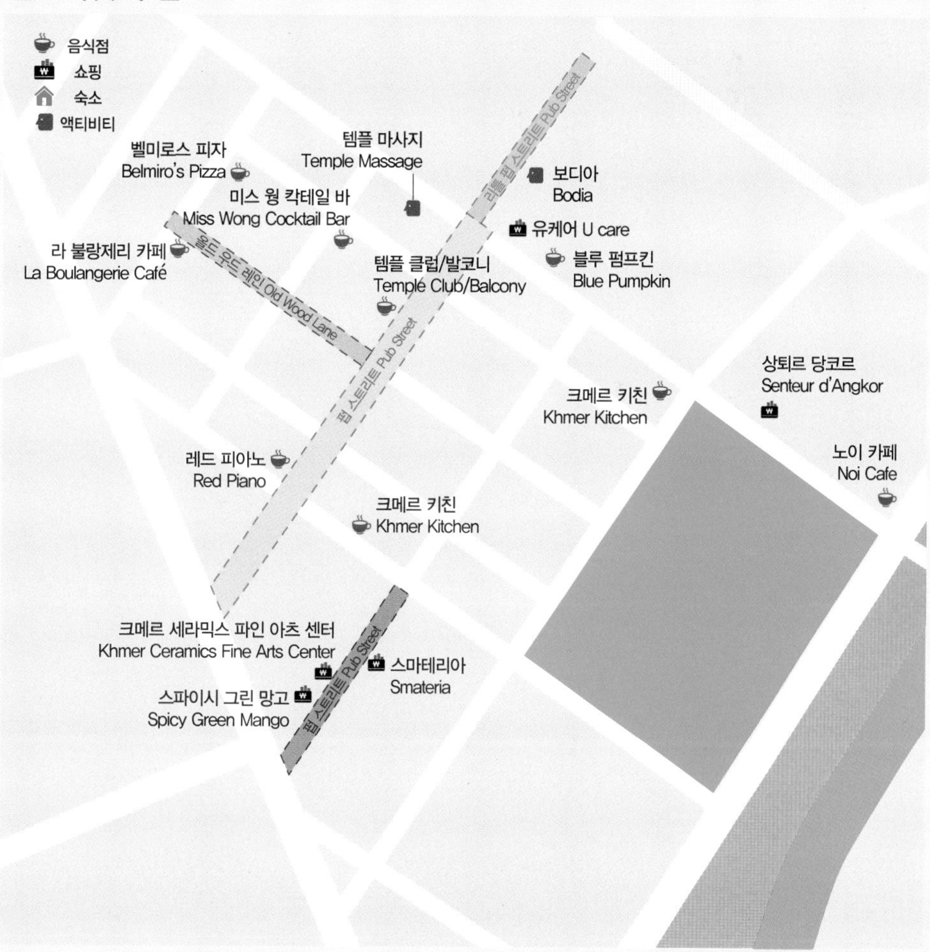

# 당신이 앙코르 & 시엠립 여행에서 꼭 만나야할 12가지 순간

앙코르와트 다섯 봉우리 뒤로 해가 떠오르고
사물이 모두 붉게 물드는 새벽

바이욘의 거대한 미소가 마치 살아있는 거인의
그것처럼 느껴지는 마법같은 순간

툭툭, 또는 자전거를 타고 유적의 숲길을 달릴 때
눈과 코로 전해지는 열대 밀림의 짙은 색과 향기

앙코르와트, 바이욘, 반띠에이 스레이의 섬세한 조각 속에서
살아 숨쉬는 앙코르의 생활상 그리고 예술 정신과 마주치기

프놈 바켕, 프레 룹 등 오래된 유적 위에서
느긋하게 바라보는 일몰

인적 드문 유적의 돌계단 위에 앉아있노라면
어느새 예쁜 새소리가 귓전을 메우는 고즈넉한 순간

인적 드문 유적의 돌계단 위에 앉아있노라면
어느새 예쁜 새소리가 귓전을 메우는 고즈넉한 순간

아시아에서 가장 큰 호수 톤레 삽의 수평선 너머로
저녁해가 떨어지고 사위가 모두 빨갛게 물드는 환상적인 순간

시장과 골목, 현지인 마을에서 마주치는
캄보디아 아이들의 햇살보다 더 밝은 웃음

잠시 모든 것을 잊고 새파란 하늘과 하얀 구름에
모든 것을 맡기는 평화로운 순간

Starting to Angkor

MYANMAR
THALAND
LAOS
◎ 앙코르와트
CAMBODIA
VIETNAM
Indochina
MALAYSIA
캄보디아
CAMBODIA
국기
정치 형태 입헌 군주제
수도 프놈펜 Phnom Penh
국교 불교
언어 크메르어
한국과의 시차 2시간 (GMT+7)
화폐단위 US달러 & 리엘
1인당 GDP $1135 (2017년 기준)
전압 220V
국제전화 국가번호 +855

# Starting to Angkor

>>>

# 어린 시절 〈세계의 미스테리〉에서 보았던 신비의 유적, 앙코르와트.

이제 그곳으로 떠나는 가슴 설레는 첫발을 내딛을 차례다.
어디서부터 어떻게 준비해야 할지 눈앞이 캄캄한 당신. 걱정하지 말자. 막상 알고보면 어려울 것 하나 없는
앙코르 유적 여행. 무엇부터 시작해야 할지 하나하나 차근차근 살펴보자.

# 앙코르 유적•씨엠립 여행 기초 지식 Q&A

캄보디아 하고도 씨엠립으로의 여행을 결정한 당신. 그러나 막상 아는 것은 '앙코르와트' 다섯 글자뿐이다. 세상 모든 것은 아는 만큼 보이는 법. 좀 더 제대로 보고 즐기는 여행을 위해, 앙코르 유적과 씨엠립에 대한 가장 기초적인 궁금증들을 한곳에 모아보았다.

### 씨엠립은 어떤 도시죠?

씨엠립은 캄보디아 제 2의 도시이자 최고의 관광도시입니다. 영어 표기는 Siem Reap이라고 합니다. 캄보디아 내에서 손꼽힐 정도로 큰 도시이자 부자도시인데요. 어디까지나 '캄보디아 내'에서의 얘기일 뿐, 세계적인 기준으로 보자면 그냥 자그마한 소도시예요. 맥도널드도 아직 안 들어왔는 걸요. 도시의 편안함과 시골의 아늑함을 동시에 느낄 수 있는 매력적인 동네랍니다.

씨엠립 시내에서 조금만 벗어나도 논밭과 허허벌판을 쉽게 볼 수 있다.

### 앙코르 유적군요? 앙코르와트 아니고요?

의외로 많은 분들이 '앙코르와트' 달랑 하나만 생각하시는데요, 그렇지 않습니다. 앙코르와트는 '앙코르 유적군(Angkor Ruins)'에 속한 사원 유적 중 하나예요. 앙코르 유적군이란 9~15세기에 캄보디아 북부 씨엠립 부근에 있었던 앙코르 왕국의 힌두-불교 석조 사원 유적군을 말해요. 현재 남아 있는 앙코르 왕국 유적의 숫자를 다 합치면 100여 곳에 달합니다. 혹시 영화 〈툼 레이더〉나 〈킹스맨2〉의 배경으로 나온 곳이 앙코르와트라고 생각했나요? 아니에요. 그곳은 '타 프롬'이라고 하는 별개의 사원이랍니다.

앙코르와트, 앙코르 톰과 더불어 앙코르 유적 3대 인기스타로 꼽히는 타 프롬.

### 볼 것 많나요?

앙코르 유적군은 상당히 넓고 볼거리가 많은 곳입니다. 제대로 보려면 2~3일은 걸리고요. 정말정말 대표적인 유적들만 콕콕 찍어 본다고 쳐도 아침 해 뜰 때부터 저녁 해 질 때까지 꼬박 하루가 소요됩니다. 상당한 강행군이죠. 그 밖에도 동양 최대의 호수인 톤레 삽도 있고요, 시내도 골목골목 볼만한 곳들이 꽤 됩니다. 요즘 좋은 리조트나 부티크 호텔이 많이 생겨서 관광과 휴양 두 마리 토끼를 잡으러 오는 사람도 많습니다. 최소 3~4박은 염두에 두세요!

요즘 씨엠립 관광의 대세로 떠오른 맹그로브 숲 투어

### 여행하는 데 불편은 없을까요?

캄보디아가 매우 가난한 나라기는 하지만, 씨엠립에서 불편을 느낄 일은 별로 없다고 보셔도 됩니다. 전기 수도 24시간 다 들어오고요. 일정 수준 이상의 숙소에서는 모두 뜨거운 물 샤워가 가능합니다. 유적 내 화장실은 모두 깨끗한 수세식이고요. 시내에서 에어컨이 나오는 레스토랑이나 카페도 찾기 어렵지 않습니다. 간혹 외국인 바가지가 있긴 하지만 심한 편은 아니랍니다.

서울에 있어도 손색이 없을 것 같은 세련된 카페들도 속속 들어서는 중.

### 영어는 잘 통하나요?

호텔, 레스토랑, 여행사 등에서는 영어가 다 통합니다. 한국 사람들 평균 실력보다는 캄보디아 여행 종사자들 영어가 더 뛰어나다고 생각하셔도 좋아요. 심지어 관광객들에게 물건 파는 행상 꼬맹이들도 영어 잘해요. 툭툭이나 대절 택시를 모는 사람들이 가장 못하는 편인데요, 그래도 대부분 기초적인 영어는 알아 듣습니다.

여행 종사자들은 대부분 영어를 잘하지 발음 때문에 처음에는 약간 알아듣기 힘들다.

### 여행하기 가장 좋은 건 언제죠?

1년 내내 무더운 열대 기후로, 11~5월까지가 건기, 6~10월이 우기입니다. 가장 좋은 때는 11~12월의 건기 초입으로, 비가 오지 않고 기온도 30℃ 안팎으로 비교적 선선합니다. 설날 연휴 때도 날씨는 괜찮습니다만 최성수기라 항공료가 많이 비싸요. 7~8월 휴가 시즌과 추석 연휴는 우기에 속합니다. 예전의 우기는 하루 한 차례 스콜이 내리는 식이었는데요, 요즘은 몇날 며칠 비 한 방울 없다 한꺼번에 홍수가 날 정도로 폭우가 오는 식으로 변해가는 중입니다. 지구 온난화 때문이라고 하네요. 최악의 여행 시기는 건기가 끝날 무렵인 4~5월로서 기온이 40℃를 훨씬 넘습니다. 유적 돌다가 더위 먹기 딱 좋아요. 단, 요즘은 이상 기후가 심해서 이런 날씨 분류가 딱 맞지는 않습니다. 건기 초입에 홍수가 나기도 하고 우기에 이상 저온이 이어지기도 합니다. 잘 맞기로 소문난 날씨 앱을 꼭 참고하세요.

씨엠립은 하수도 시설이 부실하여 폭우가 오면 물바다가 되곤 한다.

### 위험하지는 않나요?

기초적인 여행 안전 수칙만 지켜주세요. 밤늦게 혼자 돌아다니지 않기, 출입금지 지역에 들어가지 않기, 괜한 시비를 일으키지 않기 등등 상식적인 것만 지키면 위험할 일이 거의 없습니다. 시내를 다닐 때 가방과 지갑은 약간 조심하는 편이 좋아요. 날치기 사고가 가끔 일어나거든요. 그런 사고도 썩 흔하지는 않으니까 너무 불안해하지는 마세요.

씨엠립 최고의 번화가 펍 스트리트. 안전하고 평화로우나 소매치기는 간혹 발생하므로 너무 맘 놓지는 말 것.

### 돈은 많이 드나요?

환율과 개인의 사정에 따라 차이가 있습니다만, 항공료를 포함한 1인당 비용은 3박 여행 기준 성수기 100~120만 원 안팎, 비수기가 80~100만 원 정도 됩니다. 숙소를 4성 호텔 이상급으로 잡고 각종 비용을 넉넉하게 썼을 때의 예산이에요. 저비용 여행자라면 저 예산의 70% 정도로도 해결 가능해요.

비수기에는 고급스러운 4~5성 호텔이 1박에 50달러 정도의 파격가로 나오곤 한다.

### 앙코르와트가 문 닫는다는데요?

'앙코르와트가 조만간 문을 닫고 장기 보수에 들어간다더라'라는 소문은 여행자들 사이에서 상당히 오래전부터 떠돌던 '카더라'입니다. 한 20년 된 얘기네요. 결론부터 말할게요. 안 닫습니다. 예정된 바 없어요. 다른 소문에 의하면 유네스코 측에서 관광객 출입 통제와 전면 보수를 요구하고 있지만 캄보디아 정부에서 국가 재정을 문제로 거부하고 있다고 하네요. 계속 여기저기를 꾸준히 보수하면서도 관광객의 입장은 막지 않고 있습니다. 걱정 말고 가세요!

최신 앙코르와트 보수공사 소식. 해자를 건너는 돌다리를 수리중이라 옆에 놓인 임시 부교를 이용해야 한다.

## 앙코르 유적, 어떻게 갈까?

앙코르 유적과 씨엠립으로 떠날 마음의 준비를 마친 당신. 그러나 어떻게 가야 할지는 아직 결정하지 못했다면?
내 몸과 마음에 가장 어울리는 여행 타입을 한번 찾아보자.

### 여행사 단체 상품

여행사에서 숙소와 항공편, 관광 루트까지 완벽하게 구성하여 하나의 상품으로 내놓은 것. 일명 패키지 여행이라고 한다. 씨엠립-앙코르 상품은 동남아시아 패키지 여행의 인기 스타 중 하나라 어느 여행사에서든 쉽게 찾아볼 수 있다. 유적 가이드 투어가 포함되어 있어 별도의 비용을 들이지 않고도 숙련된 가이드에게 유적에 대한 설명을 들을 수 있다는 것, 대중교통이 발달하지 않은 씨엠립에서 대절 버스로 편하게 이동할 수 있다는 것이 최고의 장점이다. 그러나 자유도가 매우 떨어지기 때문에 자유로운 여행을 원하는 여행자들에게는 잘 맞지 않는다. 지나치게 저렴한 상품을 이용할 경우 유적 관광은 수박 겉핥기로 끝나고 쇼핑으로만 끌려다닐 위험도 있다. 음식 선택의 여지가 없는 것도 단점 중 하나. 씨엠립-앙코르 상품은 주로 베트남과 엮여 구성되는 경우가 많은데, 이동 거리가 길어 피로도가 높다는 것을 염두에 둘 것.

**이런 당신에게 추천!**

- ☑ 여행을 준비할 시간이 극도로 적은 사람
- ☑ 여행의 실패가 두려운 해외여행 초보 오브 초보
- ☑ 연로한 어르신을 동반하는 사람
- ☑ 상황버섯·라텍스·보석 등 전형적인 패키지 쇼핑 아이템을 원하는 사람

### 자유 여행

항공, 숙박, 여행 루트, 하다못해 밥 먹을 곳 하나까지 모든 것을 여행자가 알아서 마련하는 형태의 여행이다. 일정을 내 마음대로 짤 수 있다는 건 물론, 준비하기에 따라 패키지보다 훨씬 저렴한 가격에 여행 준비할 수 있고, 원치 않는 쇼핑을 하지 않아도 되며, 음식을 마음껏 골라 먹을 수 있다는 것 등의 장점이 있다. 씨엠립은 해외여행 난이도를 상중하로 나뉜다면 하에 들어갈 정도로 쉬운 곳이라 초보라도 자유여행에 도전할 만하다. 세계적인 대도시가 아니라서 예약이나 정보찾기에 어려움이 있을 것 같지만 오히려 그 반대다. 모든 여행사 및 예약 사이트에서 씨엠립 항공편이나 숙소를 취급하고, 국내 블로그 등에서도 아주 쉽게 정보를 얻을 수 있다. 정보를 수집하거나 예약을 하는 과정이 막막하게 느껴질 수 있으나 한번 해보면 '별것 아니다'라는 생각이 들 정도로 쉽다.

**이런 당신에게 추천!**

- ☑ 해외여행을 단 한 번이라도 해본 사람
- ☑ 답답하고 꽉 짜인 일정이 싫은 사람
- ☑ 유적, 맛집, 친구 만들기, 휴양 등 확실한 나만의 테마가 있는 사람
- ☑ 상황버섯에 연연하지 않는 사람

## 항공권, 이렇게 구하자!

씨엠립은 작은 도시지만 워낙 세계적인 인기 관광지다 보니 우리나라에서도 여러 편의 항공편이 취항하고 있다. 바로 갈지 아니면 거쳐 갈지, 편하게 갈지 혹은 싸게 갈지, 어느 도시에서 출발할지 등 선택의 여지도 다양하다.

### 어떤 비행기를 탈까?

**• 직항**

인천공항에서 씨엠립 공항까지 에어서울이 직항으로 다닌다. 대한항공, 아시아나, 이스타항공도 직항 노선이 있었으나 최근 철수한 상황. 재취항한다는 소문은 무성하나 2018년 10월 현재까지는 특별한 소식은 들려오지 않고 있다. 성수기나 휴가시즌 운임은 왕복 기준으로 에어서울이 20~50만 원. 에어서울은 과거 아시아나항공의 항공기와 서비스를 거의 고스란히 도입하여 운영하기 때문에 저비용 항공치고는 자리가 넓고 서비스도 좋다. 캄보디아 국적 항공사인 JC인터내셔널항공, 로열크메르 항공 등이 성수기에 직항을 내놓을때가 있다. 태사랑 등 동남아시아 여행 커뮤니티 등에서 정보를 얻을 수 있다. 이스타항공은 최근 정기편은 운항하지 않으나 가끔 청주항공 등에서 전세기편을 띄운다.

**에어서울** 출발 19:15 → (약5시간 25분 소요) → 22:40 도착

**• 경유편**

베트남항공, 싱가포르항공, 말레이시아항공, 에어아시아, 비엣젯, 남방항공 등에서 인천부터 씨엠립까지 경유편을 운영한다. 가격이 저비용 직항과 비슷하거나 다소 높은 정도라 메리트가 아주 크다고는 볼 수 없다. 동남아시아를 전반적으로 여행하려는 사람, 또는 정말 마지막까지 직항 티켓을 구하지 못한 사람들이 부득이하게 이용하는 경우가 많다. 경유지에서 하루 넘게 대기하는 스케줄도 흔하여 여행 기간이 짧은 여행자들에게는 절대 비추. 여행자들이 가장 선호하는 경유편은 베트남항공으로, 대기시간이 비교적 짧고 가격도 저렴하다. 또한 최근 취항한 베트남 국적의 저비용 항공사 비엣젯 Viet Jet이 종종 매우 저렴한 가격의 특가 항공권을 내놓으므로 시간은 많고 예산은 적은 저비용 여행자들이라면 주시할 것.

### 부산 출발 항공편

에어부산에서 부산 김해공항 출발 씨엠립 직항편을 운영한다. 가격도 인천 출발 에어서울과 비슷하거나 오히려 더 저렴하다. 성수기(11~2월)에는 매일, 평수기·비수기에는 주 2~4회 운항한다. 서울보다 부산에서 더 가까운 곳에 살고 있다면 굳이 인천공항까지 움직일 필요 없이 에어부산을 이용할 것.

**에어부산** 출발 20:05 → (약5시간 25분 소요) → 23:30 도착

## 항공권, 여기서 예매한다!

**• 항공사 사이트에서 직접 예약하기**

에어서울·에어부산 등 저비용 항공사는 자사 사이트 및 앱에 예약 시스템을 마련해 두고 있다. 비엣젯·에어아시아 등 해외의 저비용 항공사도 마찬가지. 저비용 항공사들은 온라인 예약 사이트나 비교검색 앱에 아예 뜨지 않는 경우도 허다하니 가급적 직접 확인하는 편이 좋다. 여행 전 미리 뉴스레터를 신청하거나 앱을 받아두어 할인 이벤트 같은 꿀 행사가 생기면 재빠르게 대응하자.

**에어서울** flyairseoul.com
**에어부산** www.airbusan.com
**비엣젯항공** www.vietjetair.com
**에어아시아** www.airasia.com

**• 항공권 예약 or 가격 비교 사이트 이용하기**

일반 국적기나 해외 대형 항공사의 경유편을 예약하고자 할 때는 온라인 항공권 예약 사이트를 이용하는 것이 일반적이다. 세 군데 이상의 사이트를 매일 체크하며 가격과 스케줄이 모두 맞는 곳을 찾아볼 것. 카약·스카이스캐너 등의 가격 비교 검색 사이트를 이용하면 가장 저렴한 스케줄을 한눈에 찾아볼 수 있다. 스마트폰 앱도 출시되어 있으므로 앱스토어나 구글플레이를 뒤져볼 것.

**카약** www.kayak.co.kr
**스카이스캐너** www.skyscanner.co.kr
**익스피디아** www.expedia.co.kr
**인터파크투어** tour.interpark.com
**온라인투어** www.onlinetour.co.kr
**웹투어** www.webtour.com

## 무시할 수 없는 혜택, 마일리지

**• 마일리지를 모으자!**

한국-씨엠립 왕복으로 적립되는 마일리지는 4,000마일 남짓. 현재 항공사 마일리지를 모으는 중이며 금번 씨엠립 여행에서 저비용 항공사가 아닌 해외 항공사 경유편을 이용해야 하는 상황이라면, 해당 항공사가 소속되어 있는 마일리지 프로그램을 꼭 확인할 것.

**스카이팀 Skyteam** 대한항공, 중국 동방항공, 중국 남방항공, 베트남항공
**스타얼라이언스 Star Alliance** 싱가포르항공
**원월드 One World** 캐세이퍼시픽, 말레이시아항공

### 저비용 항공사의 마일리지는?

저비용 항공사들은 자체 마일리지 시스템을 운영하거나 마일리지 제도를 아예 운영하지 않는 경우가 많다. 에어부산은 '스탬프', 에어아시아는 '빅 로열티 Big Loyalty'라고 하는 자체 시스템을 운영중이고, 에어서울 · 비엣젯은 마일리지 제도가 없다.

# 숙소 구하기

숙소는 여행 중 집을 대신하는 곳으로, 하루의 피로를 풀어주는 기본적인 역할 외에도 여행의 각종 편의와 부가적인 즐거움을 주며 때로는 좋은 친구를 만나게 해주는 장소이다. 씨엠립은 동남아시아의 대표적인 관광 도시답게 수준 높고 쾌적한 숙소들이 많으며, 가격도 비교적 저렴하다. 최근에는 도심형 리조트나 부티크 호텔 등 다양한 형태의 세련된 숙소들이 속속 생겨나는 추세이다.

## 호 텔

해외여행 시 가장 무난하게 선택할 수 있는 숙소 타입. 편의성, 안전성 모두 높으며 수영장, 뷔페, 레스토랑 등 다양한 부대시설을 이용할 수 있다. 씨엠립의 호텔은 등급에 비해 저렴한 편이므로, 저비용 여행이 아니라면 호텔에서 묵는 것을 추천한다. 훌륭한 수영장을 갖춘 곳들이 많아 관광을 위한 숙박 외에 휴양지 기분으로도 즐길 수 있다.

### 예약하기

**호텔 예약 사이트**

가장 확실하고 편안한 방법이다. 다양한 호텔을 한 번에 보며 비교해서 선택할 수 있고, 할인율도 높은 편이다. 다른 이용자들의 리뷰도 볼 수 있어 선택에 도움이 된다. 동남아시아 지역에서는 '아고다가 진리'라는 말이 있을 정도로 아고다가 숙소 입점수나 가격 모두 뛰어나다.

- **아고다** www.agoda.com/ko-kr
- **익스피디아** www.expedia.co.kr
- **부킹닷컴** www.booking.com
- **호텔스닷컴** www.hotels.com

**여행사**

여행사 웹사이트를 이용하거나 직접 전화 또는 방문을 해서 예약할 수 있다. 보편적으로 널리 쓰이는 방법이다. 웬만한 유명 여행사에서는 모두 씨엠립 호텔을 취급한다.

- **하나투어** www.hanatour.co.kr
- **모두투어** www.modetourda.com
- **여행박사** www.tourbaksa.com

### 호텔 직접 예약

호텔 웹사이트나 전화를 통해 직접 예약하는 방법이다. 많은 호텔들이 웹사이트에서 수시로 프로모션 행사를 열고 있으므로, 기회를 잘 잡으면 예약 사이트보다 싼 가격에 예약하는 행운을 누릴 수 있다. 영어에 능숙한 여행 달인들은 호텔 측에 메일을 보내 '호텔 예약 사이트에서 이 정도 가격에 보았는데 직접 예약하는 경우 좀 더 할인이 가능한가'라며 흥정을 하거나 생일, 결혼을 비롯한 각종 기념일 이벤트를 얻어내기도 한다.

### 씨엠립 호텔 예약할 때 꼭 확인할 것들

**위치** – 예약 사이트에 올라와 있는 모든 호텔은 홍보 문구만 봐선 모두 '최고의 위치'에 있다. 그러나 그 말을 곧이곧대로 믿었다가는 바보 되기 십상. 지도를 클릭해서 위치를 꼭 보자. 숙소 상태에 비해 가격이 저렴할 경우에는 위치가 시내 중심가에서 멀 확률이 높다. 유적 관광 중심으로 조용하게 여행하고 싶다면 먼 곳도 괜찮지만 음주가무와 쇼핑까지 즐기고 싶다면 시바타 거리 및 올드 마켓에서 너무 벗어나지 말 것.

**수영장** – 씨엠립은 일 년 내내 더운 곳이라 사시사철 수영이 가능하다. 숙소가 설비나 서비스에 비해 상당히 저렴한 도시이기도 하다. 따라서 가격대에 비해 꽤 훌륭한 수영장을 갖추고 있는 호텔들이 많다. 물 공포증이나 수영장 트라우마가 있는 게 아니라면 하루 쯤은 수영장에서 쉬다 온다고 생각하자. 그리고 같은 값이면 넓고 예쁜 수영장을 가진 숙소를 선택하자.

**리뷰** – 먼저 여행했던 여행자들의 리뷰를 꼼꼼히 살피다 보면 의외로 큰 힌트를 많이 얻는다. 주변에 슈퍼마켓이나 가게가 있는지, 너무 후미진 곳에 있는 것은 아닌지, 식사는 잘 나오는지, 청결 상태는 어떠한지 등등 호텔 측에서 내놓은 핑크빛 홍보 문구에서는 전혀 찾을 수 없는 생생하고 솔직한 경험담들을 읽을 수 있다. 특히 한국인들은 전 세계에서 가장 부정적이고 까다로운 리뷰를 쓰는 것으로 유명하므로 한글로 된 리뷰를 유심히 읽어볼 것.

## 호텔의 종류

### 특급 호텔

최고 수준의 객실과 서비스, 부대시설을 즐길 수 있는 여행 숙소계의 끝판왕. 성급으로 따지면 4.5~5성이 여기 해당한다. 씨엠립은 호텔의 가성비가 높은 지역이라 특급호텔 가격도 저렴한 편이지만, 그래도 특급은 어쩔 수 없는 특급이라는 사실. 성수기 1박이 보통 200~300달러 대이고, 더 비싼 곳도 있다. 조식 레스토랑에서 다채로운 열대과일과 고급 동남아 음식을 즐길 수 있는 것도 장점. 수영장과 스파 시설을 강화하여 리조트 풍으로 꾸며놓은 곳도 많다. 골프 리조트와 함께 운영되는 곳도 있다.

#### 추천 호텔

- **보레이 앙코르** (Borei Angkor)
- **빅토리아 앙코르 리조트 앤 스파** (Victoria Angkor Resort & Spa)
- **소카 앙코르 리조트** (Sokha Angkor Resort)
- **신타 마니 앙코르** (Shinta Mani Angkor)
- **벨몬드 라 레지던스 당코르** (Belmond La Residence d'Angkor)
- **파크 하얏트 시엠 립** (Park Hyatt Siem Reap)
- **프린스 당코르 호텔 & 스파** (Prince d'Angkor Hotel & Spa)
- **소마데비 앙코르 부티크 앤 리조트** (Somadevi Angkor Boutique & Resort)

### 3·4성급 호텔

씨엠립 여행에서 가장 보편적으로 묵는 숙소. 여행자의 절반 정도는 이런 숙소에 묵는다고 봐도 된다. 쾌적한 객실과 친절한 서비스를 제공하며 안전도도 높다. 다른 나라 비슷한 수준의 숙소에 비해 가격이 크게 저렴한 것이 씨엠립 호텔의 매력. 저렴한 곳은 30~70달러, 약간 수준이 있는 곳도 100달러 안팎이면 충분히 만족할 만한 숙소를 구할 수 있다. 서비스는 비슷비슷하게 모두 좋으므로 냉장고, TV, 수영장, 벌레 유무 등의 여부를 여행자들의 리뷰를 통해 꼼꼼하게 확인하자.

#### 추천 호텔

- **로터스 블랑 호텔 & 리조트** (Lotus Blanc Hotel & Resort)
- **프렌들리 앙코르 부티크** (Friendly Angkor Boutique)
- **더 나이트 호텔** (The Night Hotel)
- **보파 레지던스** (Bopha Residence)
- **골든 버터플라이 빌라** (Golden Butterfly Villa)

### 부티크 호텔

규모는 작지만 고급스럽고 개성 있는 호텔. 대형 호텔의 규격화된 인테리어와 달리 호텔만의 개성이 가득 담긴 독특한 인테리어를 자랑한다. 규모가 작으므로 수영장이나 부대시설의 규모가 다소 아쉬울 수는 있으나 그만큼 개개인에 대한 서비스가 더욱 섬세하게 운영된다. 호텔 예약 사이트에서 최고의 찬사를 받으며 별점을 왕창 받고 있는 씨엠립 호텔 중에 부티크 호텔이 상당수를 차지하고 있다. 객실 수가 많아야 30실 정도이므로 맘에 드는 곳이 있다면 누구보다 빨리 예약할 것. 가격대는 1박에 150~200달러 안팎이며, 더 저렴한 곳도 있다.

#### 추천 호텔

- **수메루 부티크 호텔 & 스파** (Sumeru Boutique Hotel & Spa)
- **디 에이비어리 호텔** (The Aviary Hotel)
- **메모이레 당코르 부티크 호텔** (Memoire d'Angkor Boutique Hotel)
- **골든 템플 레지던스** (Golden Temple Residence)
- **힐록스 호텔 & 스파** (Hillocks Hotel & Spa)

## 호스텔

배낭여행자, 저비용 여행자를 위한 숙소이다. 씨엠립에는 상당히 많은 호스텔이 있으며, 주로 올드 마켓 주변과 시바타 로드, 타풀 로드 일대에 몰려 있다. 여러 명이 한 방에서 잠을 자는 도미토리(dormitory)를 중심으로 운영하나 싱글룸·더블룸·트윈룸 등의 독실을 갖춘 곳도 적지 않다. 온수 샤워 가능 여부, 아침 제공 여부, 에어컨 사용 여부 등이 가격을 좌우하는 중요한 요소가 된다. 툭툭 및 가이드 알선, 여행 상품 예약 및 각종 바우처 발행 등 간단한 여행사 업무를 겸하는 곳이 많다. 최근 씨엠립에는 수영장을 갖춘 호스텔도 많고, 다채로운 이벤트나 파티를 여는 재미있는 곳도 찾아보기 어렵지 않다.

**1박 기준** 도미토리 7~15달러 / 싱글룸 15~30달러

### 추천 호스텔

- **오아시스 호스텔** (Oasis Hostel)
- **원더즈 호스텔 씨엠립** (Onederz Hostel Siem Reap)
- **풀 파티 호스텔** (Pool Party Hostel)
- **원스탑 호스텔 씨엠립 @ 펍 스트리트** (One Stop Hostel Siem Reap @ Pub Street)
- **럽 디 캄보디아 씨엠립** (Lub d Cambodia Siem Reap)

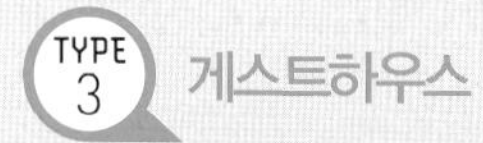

## 게스트하우스

동남아시아에서 가장 흔한 형태의 저비용 숙소. 보통 객실을 10~20실 정도 갖추고 있는데, 대부분 더블 또는 트윈룸으로 운영되지만 도미토리를 갖춘 곳도 적지는 않다. 간단한 조식이 제공되는 곳도 많다. 호텔보다는 저렴한 가격에, 호스텔보다는 좀더 차분하게 쉬고 싶은 여행자에게 권한다. 보안이나 친절도는 호텔에 못 미친다는 것은 미리 염두에 둘 것. 가격대는 천차만별이나 1박에 15~20달러 수준이면 깔끔한 숙소를 얻을 수 있다. 얼마 전까지는 한인 게스트하우스가 몇 곳 있었으나 최근 거의 다 문을 닫았다. 폐업이 잦아 한두달 전 봐둔 숙소가 사라지기 일쑤이므로 리뷰를 잘 볼 것. 굳이 예약하지 않고 현지에서 바로 흥정하여 방을 얻을 수도 있다.

### 추천 게스트하우스

- **유레카 빌라스 씨엠립** (Eureka Villas Siem Reap)

Tip

### 에어비앤비는 있나요?

최근 여행 숙소 스탠더드 중 하나로 자리 잡아가고 있는 에어비앤비. 씨엠립같이 좀 낙후되어 보이는 지역에도 에어비앤비가 있을까 의심할 수도 있겠지만, 당연히 있다. 대도시처럼 남는 방 하나 내지는 스튜디오 아파트를 내놓는 정도가 아니라 수영장 딸린 근사한 독채 빌라를 내놓은 것도 어렵지 않게 볼 수 있다. 2주 이상의 장기 투숙을 생각한다면 에어비앤비도 꼭 뒤져볼 것.

# 비자를 받자

캄보디아 입국을 위해서는 반드시 비자가 필요하다. 비자라고 해서 어렵게 생각하거나 겁먹지 말 것. 간단한 서류와 발급비만 내면 쉽게 받을 수 있다. 관광용 비자와 비즈니스 비자 두 종류가 있는데 여행자는 T비자(관광용 비자, 1개월 체류 가능)를 받으면 된다.

## 대사관 직접 발급

한남동에 위치한 주한 캄보디아 대사관에서 직접 발급받는다. 발급비용이 다소 비싸고 일부러 시간을 내서 발품을 팔아야 하는 치명적인 단점이 있으나 어쨌든 가장 속편하고 안전한 방법이다. 오전에 접수하면 당일에, 오후에 접수하면 다음날 발급되나 비수기에는 오후에 신청해도 당일 발급되는 경우가 종종 있다. 대사관에 전화로 문의하면 자세한 안내와 신청서 양식이 담긴 이메일을 받아볼 수 있다.

- **주소** 서울특별시 용산구 대사관로20길 12 (서울특별시 용산구 한남동 653-110)
- **전화** 02-3785-1041
- **필요서류** 여권 원본, 여권 사본 1매, 사진 (사이즈 제한없음), 신청서
- **발급비용** 관광 비자 일반 발급 40,000원 급행 발급 60,000원 (현금만 가능)

## e-비자

캄보디아 외교부처에서 운영중인 비자 발급 사이트를 이용하여 온라인으로 비자를 발급받는 것. 대사관을 찾아갈 때 발생하는 귀찮음과 도착비자를 낼 때 발생하는 피곤함을 모두 겪지 않아도 되는 양수겸장의 방법이다. 그러나 비자 발급 사이트의 안정성이 떨어져 다운될 때가 많고, 발급비가 제대로 결제되지 않는 경우도 종종 있으며 심지어 해킹되었다는 소문까지 돌아 꺼려하는 사람들이 적지 않다.

- **홈페이지** www.evisa.gov.kh
- **필요서류** 최소 6개월 이상 유효기간이 남은 여권, 디지털 포맷으로 된 여권 사이즈의 최근 사진(JPEG 또는 PNG 포맷), 유효한 신용카드(VISA/MASTER)
- **발급비용** 30달러(발급비용)+6달러(수수료)

## 도착비자

캄보디아 공항이나 국경에 도착한 뒤 바로 비자를 받을 수도 있는데, 이를 도착비자라 한다. 가장 저렴하고 손쉽게 비자를 낼 수 있는 방법이라 압도적으로 많은 사람들이 이 방법으로 비자를 받는다. 과거에는 바가지를 씌우려는 직원과 실랑이가 종종 벌어지곤 했으나 최근에는 그러한 일이 극도로 줄었다. 단, 서류가 미비한 경우에는 여전히 웃돈을 요구하는 일이 있으므로 철저히 준비할 것. 도착비자 받는 방법은 54페이지를 참고하자.

- **필요 서류** 여권, 사진 1매, 비자 신청서(기내 또는 국경 비자 사무실에서 받을 수 있음)
- **발급 비용** 비자비용 30달러+α(혹시 모르는 웃돈)
- **주의사항** 사진을 반드시 챙길 것. 사진이 없다면 웃돈을 두고 피곤한 실랑이가 일어날 수 있다.

### 다시 보자, 내 여권!

① **빈 페이지가 있는가?**
캄보디아 비자를 붙이기 위해서는 여권 한 페이지가 통째로 필요하다.

② **유효기간이 얼마나 남았는가?**
캄보디아 입국을 위해서는 여권의 유효기간이 6개월 이상 남아 있어야 한다. 아니라면 입국 심사 받다가 집에 돌아가는 불상사가 생길 수 있다.

# 여행비용, 이렇게 가져가자!

**이제 여행 가서 쓸 비용을 준비할 차례. 과연 한국에서 캄보디아 돈 환전이 될까? 카드는 가져가야 하나? 가져간 돈이 모자라면 어떡해야 하지? 지금부터 이러한 고민들을 깨끗하게 해결해보자.**

## 현금 – 전액 US달러로!

**왜 달러?** 달러로 가져가서 현지에서 캄보디아 돈으로 환전해야 할까? 답은 No. 캄보디아의 기본 통화는 US달러로서, 모든 상거래가 다 달러로 이루어진다. 심지어 ATM에서도 달러가 나온다. '리엘'이라는 자국 통화가 있으나 현지인들의 거래 및 1달러 미만의 잔돈으로만 쓰인다. 즉, 여행 비용 전액을 달러로 가져가면 만사 오케이!!

### 달러 챙길 때 꼭 알아 둘 두 가지

**① 헌 돈 주의!**

캄보디아에서는 파손 화폐를 상당히 엄격하게 취급한다. 지나치게 구겨진 헌 돈이나 찢어진 돈으로는 아예 상거래가 불가능하다. 환전 시 현찰을 받아들면 혹시 파손된 지폐가 없는지 꼼꼼히 살펴볼 것. 씨엠립 여행 시에도 거스름돈을 받을 때또는 ATM에서 돈을 인출할 때 혹시 헌 돈이 섞여 있는지 주의해서 봐야한다.

**② 잔돈으로!**

환전할 때 은행 창구에다 '1달러짜리를 넉넉하게 달라'고 할 것. 캄보디아는 물가가 저렴하여 고액권을 사용할 일이 크게 없다. 툭툭이나 작은 상점들은 아예 고액권을 바꿔줄 만큼 현금을 보유하지 않는다. 50달러, 100달러 짜리만 들고 갔다가는 돈 바꿀 때까지 툭툭 한 번 타지 못하고 1~2km를 생짜로 걸어야 하는 불상사가 벌어질 수도 있다.

### 잊지 말자, 환율 우대!

환전을 할 때는 반드시 환율 우대를 물어볼 것. 환전 수수료를 할인해주는 것으로, 액수가 크면 이익을 쏠쏠하게 볼 수 있다. 주거래 은행이라면 상시 40~50% 정도 환율 우대를 받을 수 있고, 농협이나 KEB하나은행 등에서는 여행 성수기에 종종 80% 우대 행사를 연다. 각 금융기관의 인터넷 환전이나 스마트폰 앱 환전을 이용하면 70~90%의 파격 할인을 받을 수 있다.

## 신용카드 – 비자 또는 마스터로!

신용카드는 그야말로 비상용으로 하나 챙겨두자. 씨엠립에는 카드 받는 곳도 많지 않고, 카드를 써야 할 만큼 큰돈 쓸 일도 딱히 없다. 현금을 모자라지 않게 준비했다면 카드는 비상용으로 깊숙이 하나만 챙겨두자. 비자와 마스터 외에는 받지 않는 곳도 많으니, 반드시 둘 중 하나로 준비한다.

## 국제 현금카드 – 누군가에겐 효과적인 비상수단

여행 기간이 긴 편이라면, 그래서 큰 돈을 현금으로 들고 다니는 것이 부담스럽다면, 그런데 평소 은행이나 카드 수수료에 대범했다면, 국제 현금카드가 정답이다. 씨엠립 시내 곳곳에 ATM 머신이 흔하게 놓여 있어 현금이 필요할 때마다 기동력 있게 찾아 쓸 수 있다. 가장 치명적인 단점은 수수료. 전신 환율에 2% 은행수수료가 붙고, 거기에 더해 무려 5달러의 ATM 수수료가 또 붙는다. 밥 한 끼 이상의 금액을 수수료로 내야 하는 셈이다. 한 번 인출 할 때 최대한 많은 금액을 하는 것이 요령이라면 요령. 시중 은행 어디를 가도 쉽게 국제 현금카드를 만들 수 있는데, 가장 인기가 높은 것은 하나 비바카드.

### ATM은 어디 있지?

올드 마켓 주변 및 시바타 로드에 대부분의 은행과 ATM이 밀집되어 있다. 가장 ATM을 이용하기 좋은 곳은 럭키 몰(284p.)로서, 여러 대의 ATM이 몰려 있어 현금 부족의 위험이 적다. 씨엠립의 ATM은 현금을 적게 채워 넣는 편이라 주말이면 시내 ATM이 죄다 빈 깡통이 되곤 하는데, 앙코르 마켓(291p.) 옆에 자리한 ATM 기계가 주말에도 유일하게 마르지 않는 샘으로 평가받고 있다.

# 짐 싸기에 대한 몇 가지 Tip

항공권 준비 완료! 숙소 예약 완료! 환전 완료! 출발이 며칠 남지 않은 시점. 이제는 짐을 싸야 할 차례다. 가볍고 실속 있게, 그리고 충실하게 짐 싸는 방법을 하나하나 알아보자.

## 옷가지, 이렇게 챙기자!

### 무조건 시원하게!

열대의 더위는 한국 사람들의 예상을 훌쩍 넘어선다. 무조건, 무조건 시원하게 챙기자. 웬만큼 추위를 타는 사람이라도 청바지나 두꺼운 셔츠는 애물단지로 느껴질 것이다.

### 유적 복장은 별도로!

시내에서는 얼마든지 얇고 짧고 비치는 옷을 입어도 상관없지만 유적 관람할 때는 얘기가 다르다. 캄보디아인들에게는 성스러운 곳이기 때문에 그에 맞는 단정한 차림을 요구하기 때문. 얇은 카디건, 랩스커트 등을 준비해서 가지고 다니다 유적에 들어갈때만 위에 살짝 걸치는 것도 요령이다.

### 가벼운 겉옷 필수!

일 년 내내 더운 나라지만 겨울에 해당하는 11~1월에는 새벽과 한밤중이면 약간 쌀쌀한 기운이 느껴진다. 낮의 햇빛과 밤의 벌레를 막기 위해서도 긴 옷이 효과적. 아주 얇은 카디건이나 셔츠면 충분하다.

### 흰옷은 참아주세요!

캄보디아의 물은 석회질과 철분이 많은 데다 수도 정화시설이 좋지 않다. 요즘은 과거에 비해 훨씬 좋아졌지만, 아직도 저렴한 숙소에서는 수돗물에서 녹물냄새가 나는 경우가 종종 있다. 이런 물에 흰옷을 빨면 붉거나 누런 물이 들 수 있다. 되도록 어두운 색 옷을 챙겨갈 것. 여행 기간이 길지 않다면 빨래를 할 필요가 없도록 갈아입을 옷을 넉넉히 가져가자.

### 사서 입어도 굿!

나이트 마켓이나 올드 마켓 등의 시장에 가면 여행자들을 위한 의류를 많이 팔고 있다. 햇빛과 벌레를 피할 수 있도록 가리는 부분이 많으면서 통풍이 잘 되도록 몸에 붙지 않는 얇은 소재로 되어 있다. 가격도 저렴하므로 입다가 버리고 가도 되고, 기념품으로 가져가도 좋다.

### 신발은 최소 두 개!

유적 관광용으로 밑창이 두껍고 아주 가벼운 운동화를, 일상용 및 시내 관광용으로 가벼운 샌들이나 슬리퍼를 챙긴다. 사원 관람시 맨발이 드러나서는 안 된다는 것을 유의할 것. 구두는 절대 필요하지 않다.

### 수영복 필수!

씨엠립에는 수영장이 딸려 있는 숙소가 흔하다. 수영장 없는 숙소에서 묵을 경우에도 인근의 호텔이나 호스텔의 수영장을 저렴한 가격에 이용할 수 있다. 프놈 쿨렌, 톤레 삽 호수 등에서도 수영이 가능하다.

## 씨엠립&앙코르유적 여행 필수품

### 자외선 차단제

SPF 지수가 높은 것으로 선택한다. 자주 덧발라줘야 하므로 선크림과 선스프레이를 모두 준비하자.

### 선글라스

열대의 햇빛은 그 무엇을 상상하든 그 이상으로 지독하다. 선글라스 없이 유적을 돌다가는 자칫 일시적인 시력저하를 겪을지도 모른다.

### 모자 or 양산

선글라스만으로는 햇빛을 다 막을 수 없다. 특히 자전거 하이킹을 고려하고 있다면 모자를 꼭 챙기자. 머리 윗부분이 뚫린 선캡 추천.

### 수분 보충용 스킨케어 용품

햇빛은 강하고 공기는 건조한 캄보디아. 피부에는 가장 혹독한 환경이다. 보습 및 진정 성분의 화장품을 충분히 준비하자. 수분크림, 팩, 알로에젤 강추.

### 세면도구

호스텔이나 게스트하우스 이용자는 모두 챙겨갈 것. 3성 이상의 호텔에는 어지간한 세제는 모두 갖추고 있고 칫솔과 면봉까지 준비되어 있으나 질이 썩 좋은 편은 아니다. 예민한 사람이라면 모두 챙겨가는 것이 좋다.

### ◦ 상비약

소화제, 해열제, 진통제, 소염제 및 다쳤을 때 쓸 반창고와 연고 등 상비약은 모두 챙기는 것이 좋다. 유적 관광을 하다 보면 풀이나 돌에 쓸려 자잘한 생채기가 생기곤 한다.

### ◦ 벌레 대비

더운 나라기 때문에 무는 벌레가 유난히 많다. 벌레 기피제와 벌레 물린 데 바르는 약을 챙기자.

### ◦ 마스크

토양의 성질 자체가 습기가 적은 황토라 흙먼지가 쉽게 인다. 호흡기를 소중하게 아껴주고 싶다면 마스크를 꼭 챙길 것.

## 휴대용 선풍기는 핸드캐리로!

열대의 나라로 여행을 떠날 때는 누구나 가슴속에 USB로 충전하는 휴대용 선풍기 하나쯤은 품고 있기 마련입니다. 앙코르 유적 여행 때도 당연히 유용합니다. 시원한 유적 그늘에 앉아 선풍기 바람 쐬고 있으면 세상 부러운 것이 없어요. 꼭 챙겨 가세요. 다만 비행기 타실 때 선풍기는 꼭 핸드캐리로 들고 타셔야 돼요. 부치는 수하물에 넣으면 안 됩니다. 낭패 봐요. 비행기 탈 때 보조배터리를 부치는 수하물에 넣으면 안 되는 거 아시죠? 휴대용 선풍기 안에 들어 있는 충전지도 같은 종류랍니다. 모르고 넣었다가는 온 공항에 본인의 이름이 울려퍼지는 가벼운 망신살을 겪을 수 있습니다. 신경 써주세요.

## STEP 3 짐 싸면서 알아둘 몇 가지

### ◦ 갈 때는 가볍게, 올 때는 무겁게!

여행 가방의 최소 ⅓ 정도는 비워서 가져가는 것이 좋다. 시장이나 슈퍼마켓 등을 돌다 보면 의외로 이것저것 살 것이 많기 때문. 기내용 사이즈 캐리어나 배낭 하나만 달랑 들고 갔다가는 후회할 수도 있다.

### ◦ 조심하자, 짐 무게!

위탁 수하물, 즉 '부치는 짐'의 무게는 항공사 규정마다 조금씩 다르다. 일반 항공사는 20~23kg, 에어서울·에어부산 등 저비용 항공사(LCC)는 16kg 안팎이다. 이 무게를 넘기면 일명 '오버차지'라고 하는 요금을 지불해야 하는데, 1kg당 2~3만 원의 적지 않은 돈이다. 여행 전 해당 항공사의 수하물 규정을 미리 체크할 것.

### ◦ 액체류는 위탁 수하물에!

화장품이나 세면도구 등의 액체 물질은 반드시 위탁 수하물에 넣을 것. 기내에서 쓸 핸드크림이나 가글, 인공 눈물 정도만 따로 챙기자.

**Tip**

**겨울옷, 어떻게 할까?**

3층 출국장에 자리한 택배 사무소에서 겨울옷 보관 서비스를 하고 있다. A카운터 부근에는 CJ대한통운이, M카운터 부근에는 한진택배가 있다. 지하 1층에 자리한 공항 세탁소를 이용하는 것도 좋은 방법. 세탁비가 약간 들지만 여행기간 동안 옷을 안전하게 보관하고, 옷을 찾을 때도 깨끗하고 개운하게 찾을 수 있다.

**한진택배·CJ대한통운** 24시간 운영

**세탁소** 08:00~20:00

## 여행 선배들이 말하는 앙코르 여행 준비물

"책을 꼭 챙기라고 말해주고 싶어요. 스라 스랑이나 프레 룹처럼 고즈넉한 유적의 그늘에 앉아 책을 읽고 있으면 천국이 따로 없어요."

"사진 좋아하는 분들은 광각렌즈를 꼭 챙기세요. 웅장한 유적, 파란 하늘, 넓은 대지 등을 찍을 때 광각 없으면 서운해요."

"폴라로이드 카메라 강추합니다! 다이어리나 지갑에 보관할 사진을 찍을 수도 있고요, 유적이나 동네에서 아이들을 만나면 한 장씩 기념으로 찍어서 선물해도 좋아요!"

"보냉통 추천요! 유적 다닐 때 늘 찬물을 마실 수 있다는 거 정말 놓치기 힘들 정도로 큰 메리트예요!"

"때수건 필수죠. 땀을 많이 흘리고 나면 아무리 샤워를 해도 찝찝한 느낌이 남거든요. 그럴 때 때수건으로 가볍게 묵은 때를 밀어 주면 오케이!"

"안약이나 인공눈물 가져가세요. 하도 햇볕이 강하다 보니 나중에는 눈이 너무 피곤해요. 자기 전에 몇 방울 넣고 자면 다음 날 개운해져요."

"전자제품을 많이 가져간다면 멀티탭 하나 정도는 챙겨 가세요!! 전압은 한국과 같은 220V니까 그냥 걱정 없이 가져가셔도 돼요."

"소주, 담배 사가지 마세요! 소주 진짜 싸요. 일반 마트에서는 한 병에 2~3달러, 업소에서도 5~7달러 정도면 마실 수 있어요. 담배도 말보로 라이트 한 보루에 10달러 선으로 한국 면세점 반값도 안 돼요. 단, 진짜 독하다는 건 미리 알아두시고요."

Tip

## 미리 알아두면 조금 더 편한 몇 가지

◎ 예방주사, 필요 없어요!

말라리아, 뎅기열, 황열병 등 열대 전염병이 걱정되는 여행자들이 있을 것이다. 예방주사를 맞고 가야 하나? 예방약을 챙겨 가야 하나? 굳이 그러지 않아도 좋다. 씨엠립은 전염병을 걱정해야 하는 밀림이나 오지가 아니다. 게다가 예방주사 맞는 가격이 만만치 않으며 부작용도 심해 배보다 배꼽이 더 클 수 있다. 약이나 처방보다는 평소 건강을 유지하고 몸을 지나치게 피로하게 만들지 않는 것이 더 좋은 예방책이다.

◎ 캄보디아로 전화하기

호텔, 게스트하우스, 툭툭 등을 예약하기 위해 현지로 전화를 해야 할 경우가 있다. 만일 전화번호가 일반 전화와 휴대전화 두 가지로 나와 있다면 휴대전화로 먼저 전화를 하자. 일반 전화보다는 휴대전화를 받을 확률이 훨씬 높다. 캄보디아의 국가 번호는 855이며, 씨엠립의 지역번호는 063이다. 이외 012, 017 등의 국번은 모두 휴대폰이라고 생각하면 된다. 요즘 툭툭이나 대절 택시 기사, 현지 가이드 중에는 카카오톡을 이용하는 사람들도 많다.

◎ 병원이 필요하면 국제 병원으로

과거 캄보디아의 의료수준에 대한 슬픈 우스갯소리가 하나 떠돈 바 있었다. 캄보디아는 세계에서 가장 암 진단률이 낮은 국가인데, 그 이유가 암을 진단할 수 있는 의사가 없기 때문이란다. 현재는 이보다 훨씬 나아졌지만 아직도 의료 수준은 세계 평균치에 한참 못 미친다. 지병이 있는 경우는 약이나 치료 도구를 넉넉하게 준비할 것. 만일 여행 중에 긴급하게 병원을 이용해야 하는 일이 생긴다면 6번 국도 선상에 있는 국립 국제 병원을 이용하자. 24시간 응급실과 앰뷸런스를 운영하며 영어도 잘 통한다. 응급처치 후에는 여행을 중단하고 한국으로 돌아가 정식으로 치료를 받는 것이 좋다.

- **전화번호** (855) 63 761 888 / (855) 12 235 888
- **홈페이지** www.royalangkorhospital.com

◎ 엽서를 쓰자!

앙코르 유적의 어느 한갓진 그늘에 앉아 엽서를 한 장 써서 한국의 지인들에게 보내보면 어떨까? 씨엠립 강변에 우체국이 있다. 한국으로 보내기 위해서는 엽서 한 장당 1달러 상당의 우표를 붙이면 된다. 한국에 도착하기까지 빠르게는 4~5일, 보통 일주일이 넘게 소요되므로 종종 사람이 엽서보다 빨리 가는 민망한 사태도 벌어진다. 소포 및 EMS 우편도 보낼 수 있으나 분실 사고가 잦아 권장하지는 않는다. 앙코르 유적을 소재로 한 다양한 기념우표 세트도 판매한다.

- **우체국 업무시간** 7:00~17:30

# 모바일 인터넷, 이렇게 쓴다!

**밥 없이, 물 없이, 사랑 없이는 살아도 스마트폰 없이는 못사는 현대인에게 모바일 인터넷은 필수 중에 필수. 그런데 캄보디아에서도 모바일 인터넷이 터지긴 하는 걸까? 답을 먼저 하자면, Yes다. 터진다. 속도가 한국보다는 약간 느리긴 하나 쓰는 데 큰 지장은 없다. 씨엠립-앙코르 여행에서 모바일 인터넷을 쓰는 세 가지 방법에 대해서 알아보자.**

## 가성비 최강, 현지 유심

가장 많이 쓰이는 방법으로, 아주 저렴한 가격에 LTE인터넷을 마음껏 쓸 수 있다. 아이폰과 안드로이드폰 모두 가능하다. 현지의 휴대폰 대리점에서 유심을 손쉽게 구할 수 있다. 통신사 및 점포마다 가격이 조금씩 다르므로 몇 곳을 비교해볼 것. 심카드와 프리페이드 상품을 따로 구매하여 충전하는 방식으로, 1~3달러 선에 심카드를 구매한 뒤 2달러 정도 충전하면 데이터를 2~4기가 정도 쓸 수 있다. 캄보디아의 대표적인 통신사는 스마트 Smart와 셀카드 Cellcard, 멧폰 Metfone으로 씨엠립에서는 스마트가 가장 흔하다. 심카드를 무료로 주는 경우도 적지 않으므로 반드시 '프리 심카드'를 물어볼 것. 심카드를 구매 후 장착과 충전까지 부탁하면 친절하게 해준다.

- **스마트** www.smart.com.kh
- **셀카드** www.cellcard.com.kh/en
- **멧폰** www.metfone.com.kh

## 공항 유심이 제일 비싸요!

씨엠립 공항 입국장에서 밖으로 나오면 바로 오른편에 유심 판매소가 줄지어 있다. 시내에서는 3~5달러면 4기가 상품을 구할 수 있지만 이곳에서는 무려 10달러. 각 통신사들에서 내놓은 '쓸데없는 고퀄리티' 스펙의 여행자용 데이터팩 상품을 판매하고 있기 때문. 공항에서 급하게 인터넷을 써야 할 상황이 아니라면 유심 구매는 시내에서 할 것.

## 차선의 선택, 도시락

휴대용 와이파이 기기, 일명 '와이파이 도시락'을 대여할 수도 있다. 캄보디아 여행 시 1일 대여료는 원래 7,200원이지만 할인 행사를 자주 하고 쿠폰도 쉽게 얻을 수 있어 5~6천 원 정도의 가격에 구하는 것도 어렵지 않다. 그러나 어떻게 해도 현지 유심을 쓰는 것보다는 비용이 더 드는 것이 사실. 한국에서 중요한 전화를 꼭 받아야 하는 사람, 유심 교체 핀을 잃어버린 아이폰 유저, 유심 교체 공포증 등 현지 유심을 사용하지 못할 사정이 있는 사람들이 제한적으로 이용하는 것을 권한다. 인터넷으로 신청한 뒤 여행 당일 공항 지정 장소에서 픽업하면 된다.

**와이파이 도시락** www.wifidosirak.com

### 와이파이 에브리웨어

모바일 인터넷에 대한 아무 준비를 하지 않았다고 해서 크게 걱정할 것은 없다. 씨엠립 시내에는 어디든 와이파이가 흔하게 깔려 있다. 특히 여행자들이 즐겨 찾는 식당이나 카페, 숙소는 거의 100%라고 해도 좋을 정도로 와이파이 설비를 갖추고 있다. 유적 내부에는 와이파이 시설이 없지만, 그 일대는 워낙 오지라 현지 모바일도 잘 안 터질 때가 많다. 다만 모바일을 준비하는 것이 백배쯤 더 편한 것만은 사실.

## 정말 어쩔 수 없는 사람만, 자동 로밍

모든 통신사에서 캄보디아 자동 로밍을 지원하며, 일 9,900원짜리 무제한 로밍도 가능하다. 단, 통화 품질 및 인터넷 속도가 그다지 만족스럽지 못한 것에 비해 가격이 너무 비싸다는 것이 단점. 도시락 대여 시의 기계 분실이나 현지 유심 이용 시의 원래 유심 분실이 걱정되는 프로걱정러에게만 추천.

### 씨엠립&앙코르 여행에서 매우 쓸만한 스마트폰 기능

◎ 구글 지도

전 세계를 제패한 지도 애플리케이션의 제왕. 씨엠립 시내는 물론 유적도 상당히 정확하게 나타내기 때문에 이것만 있으면 길 잃을 염려가 절반 이하로 줄어든다.

◎ 나침반

앙코르 유적은 사면이 정확한 방위를 바라보고 있기 때문에 나침반이 있으면 방향 잡기가 한결 수월하다. 특히 여러 유적을 도보로 돌아보는 앙코르 톰에서는 필수라고 봐도 좋다.

◎ 플래시

씨엠립의 밤은 꽤 어둡다. 가로등이 없는 길도 흔하고 있어도 빛이 파리하여 플래시 불빛이 고마울 때가 적지 않다. 특히 일출 보러 갈 때나 일몰 보고 돌아올 때 몹시 유용하다.

◎ 이북 리더

유적의 그늘에 앉아 책을 한 권쯤 읽고 싶지만 들고 다니기 거추장스럽다면 스마트폰이나 태블릿에 이북을 넣어 갈 것.

## 유적에서 모바일 인터넷이 터질까?

씨엠립은 어엿한 시내지만 앙코르 유적은 또 어엿한 밀림이죠. 이런 곳에서 과연 모바일 인터넷이 잡힐지 궁금하실 거예요. 네. 잡히긴 잡힙니다. LTE는 안 잡히지만 3G 인터넷은 잡힙니다. 다만 안정적이지는 않습니다. 잡혔다, 안 잡혔다 왔다갔다 해요. 경험상 앙코르와트는 전체 다 잘 잡혔고, 약간 외곽 유적 쪽에서는 왔다갔다 했습니다. 사실 유적 안에서 인터넷 쓸 일은 구글 지도와 기사와의 연락, 그리고 SNS 정도인데요. 구글 지도는 한번 목적지를 세팅해 두면 오프라인 상태에서도 실시간 경로를 보여줍니다. 인터넷 잡히는 데서 목적지만 잘 찍어주세요. SNS 여행 뽐뿌질은…. 천천히 하세요. 안 급합니다. 시내 가서 하셔도 됩니다.

# 입국부터 시내까지 A to Z

한국의 공항에서 비행기를 타는 것까지는 어렵지 않다. 그러나 씨엠립 공항에 내린 후를 생각하면 머리가 복잡해진다. 입국은 어떻게 하지? 비자는 어떻게 받지? 시내까지는 어떻게 가야 할까? 하나하나 차근차근 풀어보자.

## 기내에서 – 서류작성

비행기가 착륙하기 전 승무원이 캄보디아 입국에 필요한 서류 3종 세트(입국신고서, 비자 신청서, 세관신고서)를 건네준다. 기내에서 미리 써두면 나중에 허둥댈 필요가 전혀 없다. 이때를 대비하여 볼펜 하나쯤 미리 챙겨두자. 다 쓴 서류는 여권 사이에 고이 끼워 잘 보관할 것.

**Tip**

### 서류 작성할 때 주의사항

- 모든 글씨는 알파벳 대문자로 칸에 맞춰 또박또박 쓴다.
- 생년월일은 일–월–년의 순서로 쓴다.
- 캄보디아 주소를 꼭 적을 것. 아주 구체적으로 적을 필요는 없으며, 숙소의 이름을 적으면 충분하다. 에어비앤비 등으로 현지인의 집에 묵을 경우는 주소를 미리 알아둘 것. 한국 주소는 시군구 정도만 적으면 충분하다.
- 입국신고서와 출국신고서는 한 장에 붙어 있다. 한꺼번에 써두면 편하다.

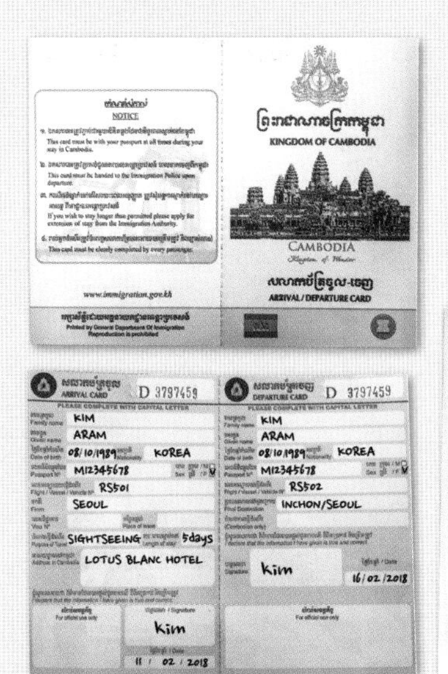


출입국신고서

출입국 신고서는 양면으로 되어있다. 한쪽 면은 표지면이다.

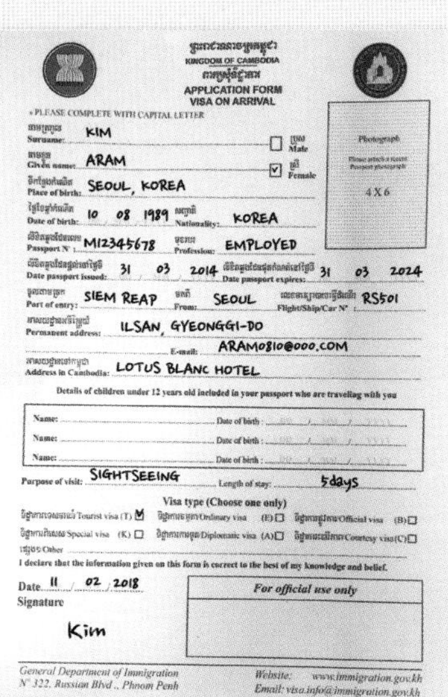


비자 신청서

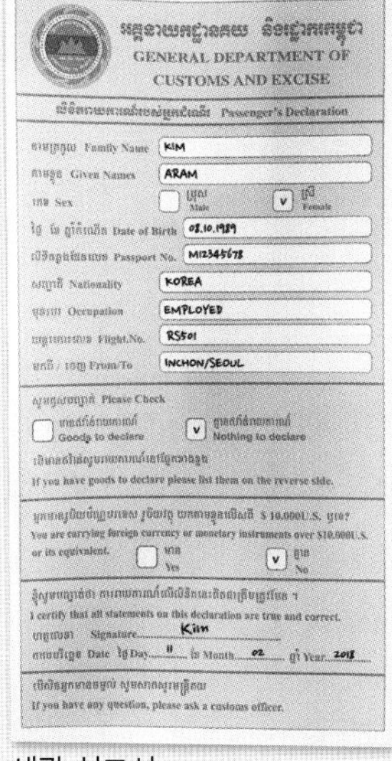


세관 신고서

## STEP 2 입국장 가기 – 걸어서 간다!

항공기에 놓인 사다리를 통해 주기장으로 내려간다. 외국 순방중인 대통령의 기분을 느낄 수 있다.

입국장 건물은 주기장을 등지고 왼쪽 방향에 있다.

씨엠립 공항은 규모가 아주 아담해 청사 사이를 오가는 모노레일도, 에스컬레이터가 얽히고 설킨 복잡한 진입로도 없다. 따라서 주기장에서 터미널로 브리지를 놓지도, 셔틀버스를 이용하지도 않는다. 그저 비행기에서 계단을 따라 내려간 뒤 안내를 따라 10시 방향에 있는 건물로 걸어서 들어가면 된다. 공항이 의외로 예뻐서 놀라는 사람들이 많다.

## STEP 3 도착 –도착비자를 받자!

입국장 안으로 들어간 뒤 오른쪽으로 가면 비자 신청소, 왼쪽으로 가면 입국 심사대가 있다.

입국장 입구로 부근에 ATM기계가 있다. 깜빡 잊고 환전을 해오지 않았더라도 비자피 낼 걱정은 하지 않아도 좋다.

입국장으로 들어가면 정면에서 살짝 오른쪽에 비자 신청소가, 왼쪽으로 입국 수속대가 보인다. 한국에서 비자를 받아 왔다면 바로 입국 수속대로 가고, 도착비자를 받아야 한다면 비자 신청소로 가서 줄을 서자. 자기 차례가 되면 여권, 비자신청서, 사진 1매와 비자 발급비 30달러를 낸다. 접수 후 잠시 기다리고 있다가 직원이 자신의 이름을 호명하면 여권을 받아 들고 입국장으로 가면 된다.

## 도착비자 바가지 리포트

과거에 비해서는 정말 많이 나아졌습니다만, 캄보디아의 국경 및 공항에는 여전히 도착비자에 소소하게 바가지를 씌우려는 나쁜 사람들이 있다는 소식이 들려옵니다. 많게는 3~5달러, 보통 1~2달러 정도니까 액수는 썩 크지 않습니다만, 그래도 기분 나쁘죠. 그럼 과연 어떤 경우에 얼마를 요구하는지 알아봅시다. 가장 흔한 것이 사진을 준비하지 않았을 경우입니다. 그 다음으로는 비자신청서를 쓰다가 틀린 경우고요. 자기들이 다시 써주겠다고 하며 웃돈을 요구합니다. 아예 자기가 다 써주고 돈을 달라고 할 때도 있습니다. 어르신을 동반한 여행, 어린 자녀를 동반한 여행에도 바가지를 요구하는 직원들이 종종 있습니다. 이 외에도 그동안 가격이 올랐다, 수속료가 따로 붙는다, 빨리 받고 싶으면 급행료를 내라 등 다 거짓말입니다. 30달러 이외에는 고스란히 공무원 주머니로 들어갑니다.

바가지를 막기 위한 방법은 몇 가지가 있습니다. 첫째, 서류를 완벽하게 갖춥니다. 특히 사진 꼭 챙기세요. 둘째, 발급비를 10달러짜리 지폐 세 장으로 준비합니다. 거스름돈 주고 자시고 할 것 없이 딱 30달러에 맞춰서 줘버리세요. 이 외에는 돈이 절대 없다고 손사래를 치면 됩니다. 웃돈 조금 얹어주면 조금 더 빨리 들여보내준다는 말도 있습니다만, 이제 그런 관행은 여행자들 선에서 근절합시다.

## 입국 수속 및 짐 찾기

짐 찾는 레인의 숫자가 10개가 채 되지 않는다.

비자를 받았다면 재빨리 입국장으로 가자. 입국 수속 과정 자체는 다른 나라와 아무 차이가 없다. 줄을 서서 기다리다가 여권과 입국신고서를 내고 입국 도장을 받으면 끝이다. 과거에는 입국 수속 도중 담당 공무원이 입국세 명목으로 1~2달러를 요구하는 경우가 있었는데, 요즘은 그런 케이스도 아주 많이 줄었다. 진짜 세금이 아니라 그냥 웃돈이므로 '돈이 없다'고 우기면 대부분 그냥 보내준다. 입국 수속을 마친 뒤 표지판을 따라 가면 얼마 안가 바로 짐 찾는 곳이 보인다.

## 시내 들어가기 – 픽업은 미리미리!

여행사 및 호텔, 게스트하우스 등지에서 나온 픽업들이 줄지어 있다.

입국 수속이 끝나면 짐을 찾고 밖으로 나온다. 이제 시내로 가야 할 차례. 씨엠립 공항 앞에는 셔틀버스도, 택시도 없다. 그러므로 가급적 미리 숙소에 픽업을 신청하는 것이 좋다. 씨엠립의 호텔이나 게스트하우스는 대부분 픽업 서비스를 시행하고 있고, 프로모션 등으로 무료 픽업 행사도 자주 한다. 툭툭이나 승용차를 한국에서 미리 예약했다면 여행 전 기사에게 픽업을 부탁할 수도 있다. 툭툭 및 승용차 이용법은 56페이지를 참조할 것. 픽업을 미리 마련하지 못한 경우 다음의 두 가지 방법 중 하나를 택하면 된다.

### 툭툭

오토바이에 좌석을 붙인 동남아시아 특유의 교통수단으로, 자세한 설명은 56페이지를 참고하자. 기본 4인승이나 짐을 싣고 나면 1~2명밖에 못 탄다. 짐을 싣기 불편하므로 짐과 인원수가 적은 여행자에게 추천한다. 요금은 일반적으로 7~10달러를 부르나 5~7달러 선으로 흥정이 가능하다. 소요시간은 시내까지 15~20분 정도.

### 승용차 택시

일반 승용차를 이용해 택시 영업을 하는 경우다. 공항 근처에서 호객하고 있는 기사들을 흔히 볼 수 있다. 주로 토요타 사의 캠리(CAMRY)가 많은데 3~4인이 이용 가능하며 트렁크에 짐도 넉넉하게 실을 수 있다. 요금은 15달러 안팎을 부르지만 10달러 선으로 흥정 가능하다. 소요시간은 시내까지 10분 정도.

# 씨엠립 교통수단 정복

씨엠립에는 버스나 택시 같은 일반적인 대중 교통수단이 전혀 없다. 그렇다고 해서 내내 걸어다녀야 하는 것은 아니니 걱정하지 말자. 앙코르 여행에 독특한 추억 하나를 더해줄 교통수단들을 소개한다.

## 툭툭 Tuk Tuk

오토바이 뒤에 마차처럼 생긴 좌석을 매단 것으로, 동남아 일대에서 흔히 볼 수 있는 교통수단이다. 유적을 돌아볼 때나 시내에서 이동할 때 가장 흔히 쓰인다. 이용료도 저렴하거니와 거리나 숲의 바람을 고스란히 느낄 수 있는 등 다른 이동수단에서는 경험할 수 없는 독특한 매력이 있다.

툭툭은 최대 4인승이나 보통 2~3인이 이용하는 경우가 많다. 전세 이용이나 편도 이용 모두 흥정은 기본!

### 전세 이용

유적 관광을 할 때는 툭툭을 전세내어 이용하는 것이 일반적이다. 비용이 저렴하고 숲과 자연이 주는 청량감을 제대로 느낄 수 있어 매력적이다. 일반적인 하루 전세비용은 15달러 안팎으로, 오전 8시부터 오후 6시 전후 일몰 시간까지 이용 가능하다. 반나절 이용의 경우는 8달러 안팎이다. 3명까지는 기본요금이며, 4명이 꽉 채워서 이용할 경우 추가 요금이 약간 붙는다. 속도가 느리고 더위와 비를 피할 수 없다는 단점이 있으므로 혹서기와 우기에는 비추.

### 편도 이용

한국에서 택시를 이용하는 것처럼 빈 툭툭을 불러 세우거나 정차해 있는 툭툭을 타면 된다. 시내 대부분의 지역은 2~3달러에 이동 가능하나 탑승 인원이 3명이 넘거나 성수기에는 조금 더 부르기도 한다. 3달러를 부르면 1.5~2달러로, 4~5달러를 부르면 3달러 정도로 흥정하면 된다.

## 승용차

씨엠립에 돌아다니는 승용차는 대부분 토요타 캠리 또는 그와 비슷한 스타일의 세단이다. 색은 애쉬 골드 계열이 가장 흔하다. 대절할 때 차종과 색으로 기억했다가는 큰 낭패를 볼 수 있으므로 반드시 번호판을 사진으로 찍어둘 것.

3명 이상의 인원으로 유적을 돌아볼 때, 먼 곳에 있는 유적을 방문할 때, 어린이나 어르신을 동반할 때, 좀 더 편하게 다니고 싶을 때는 승용차를 대절해서 이용하는 것이 좋다. 특히 더운 계절이나 우기 때는 승용차의 에어컨이 아주 유용하다. 4명 이하일 때는 일반 승용차를, 그 이상일 때는 밴을 이용하면 된다. 이용료는 거리마다 조금씩 다르나 승용차가 하루 35~40달러, 밴이 40~60달러 선이다. 대절 요금에 운전기사 인건비 및 유류대, 각종 통행료가 모두 포함되어 있다. 숙소 또는 여행사에서 예약 가능하다. 현지에서는 승용차 전세 대절을 '택시'라고 통칭한다.

Tip

## 툭툭, 승용차 전세 이용 시 알아둘 것

- 출발할 때 반드시 구체적인 일정을 기사에게 일러줘야 한다.
- 오후 12시~14시 사이에 휴식시간을 2시간 정도 주어야 한다. 기사들은 이 시간을 이용해 점심도 먹고 낮잠도 잔다.
- 원칙적으로 주차비, 식대 등은 모두 대절 요금에 포함되어 있다. 직접 흥정할 경우는 이 부분을 확실하게 따지자. 툭툭 요금을 시세보다 한참 싸게 부르고 나중에 저런 부가 요금을 덧붙이는 기사들도 있다. 단, 친절한 기사라면 밥 한 끼 정도는 사주는 것도 나쁘지 않다.
- 툭툭이나 승용차를 종일 전세로 사용한 뒤에는 기사에게 매너팁을 주는 것이 일반적. 툭툭은 1~2달러, 승용차는 3~5달러, 밴은 10달러가 씨엠립 팁 시세이다.

Tip

## 이동수단별 전세 이용료 및 추가요금

툭툭과 승용차, 밴의 이용료는 하루 또는 반나절 기본 이용 요금에 거리나 시간에 따른 추가 요금이 있다. 하루의 기준은 오전 8시에서 오후 18시 정도이고, 기본 거리는 씨엠립 시내 및 주요 유적 지역(앙코르와트, 앙코르 톰, 타 프롬 & 동부유적)이다. 아래 소개하는 요금은 한인 가이드 업체의 소개 가격으로, 절대적인 것은 아니다. 가격을 가늠하는 기준으로 참고할 것.

| | | 툭툭 (2인승) | 자동차 (4~5인승) | 밴 (9인승) |
|---|---|---|---|---|
| 기본요금(반일 사용) | | 8 | – | – |
| 기본요금(전일 사용) | | 15 | 36 | 40 |
| 추가 이용 | 툭툭 3인 이상 사용 | +2 | – | – |
| | 일출 | +5 | +10 | +15 |
| | 뜨레 삽 호수 (총크니어) | +5 | +10 | +15 |
| | 뜨레 삽 호수 (깜풍 플럭) | +10 | +15 | +20 |
| | 롤루오스 유적군 | +3 | +5 | +5 |
| | 공항 | +3 | +5 | +5 |
| | 반띠에이 쌈레·쓰레이 | +7 | +10 | +15 |
| | 프레아 칸 등 북부유적 | +2 | +5 | +5 |

## 기사 미리 보고 가기

아시아 배낭여행 대표 커뮤니티인 〈태사랑〉에는 캄보디아 툭툭과 승용차 기사에 대한 추천 게시판이 있다. 기사들의 연락처도 있어 미리 예약도 가능하다.

**태사랑 캄보디아 기사 추천 게시판**
www.thailove.net/bbs/board.php?bo_table=cam_tuktuk

## TYPE 3 오토바이

현지어로는 모또라고 한다. 오토바이로 택시 영업을 하는 것으로서 툭툭만큼이나 흔하게 볼 수 있는 이동수단이다. 툭툭의 절반 정도 가격에 이용이 가능하며, 주로 시내의 단거리 편도 이동수단으로 쓰인다. 저렴한 가격이 거부할 수 없는 매력이지만, 안전을 생각하면 거부하는 것이 낫다. 헬멧도 씌워주지 않으므로 자칫 큰일 나는 수가 있다.

## TYPE 4 자전거·오토바이 대여

내 마음대로, 발길 닿는 대로 씨엠립과 앙코르 유적을 자유롭게 돌아보고 싶은 여행자라면 자전거나 오토바이 대여를 고려해보자. 기분 전환과 추억 만들기에서 강한 힘을 발휘하는 이동수단이다. 자전거나 오토바이를 잘 타고 체력과 시간이 넉넉한 여행자라면 하루 정도는 두 바퀴에 몸을 맡겨보는 것도 좋다.

## 자전거 대여

씨엠립은 거의 대부분이 평지라 자전거 타기 매우 좋다. 올드 마켓 및 껀달 빌리지 주변에서 대여소를 쉽게 찾아볼 수 있으며, 호텔·호스텔·게스트하우스·에어비앤비 등지에서도 자전거를 대여해주는 곳이 많다. 두 발로 정직하게 바퀴를 굴리는 일반 자전거와 전기의 힘을 빌어 살짝만 밟아도 쌩쌩 잘 나가는 전기 자전거 두 종류가 있는데, 최근에는 전기 자전거의 인기가 압도적이다. 시내는 물론 유적 내에서도 충전소를 쉽게 찾아볼 수 있으므로 중간에 자전거 끌고 올 걱정은 하지 않아도 좋다. 대여료는 전기자전거가 24시간에 10달러, 일반 자전거는 1~2달러 선이다. 숙소 중에는 일반 자전거를 공짜로 빌려주는 곳도 적지 않다.

요즘 씨엠립 대세, 전기 자전거

## 오토바이 대여

평소 속도에 몸을 내맡겨 풍진 인생을 살아왔다면 오토바이 대여도 고려해 보자. 1일 대여료는 5~15달러 선. 최근 규제가 화끈하게 풀리며 운전면허가 없어도 대여 및 운전이 가능해졌으나, 도로에 오토바이가 워낙 많은 데다 길이 거칠어 운전에 능숙한 사람이 아니라면 그다지 권하고 싶지 않은 것도 사실. 여행자 보험도 꼼꼼하게 들어두고, 만일에 대비하여 국제 면허증도 챙겨두는 것이 좋다. 이 모든 것을 갖춘 사람에게는 어쩌면 씨엠립에 가장 최적화된 수단일 수도 있다.

'Motor'를 대여해준다고 해서 정말 모터만 덜렁 주는 것은 아니다. '모터사이클'의 캄보디아식 준말인'모토'를 뜻하는 것.

# 앙코르 유적 관광 준비하기

이제 정말로 앙코르가 코앞에 다가왔다. 아주 중요한 단계 하나와 사소한 단계 몇 가지가 남았을 뿐이다. 이것까지 준비를 마치면 이제 환상의 유적 앙코르로 거침없이 달려가기만 하면 된다.

## 앙코르 패스를 끊자!

앙코르 유적의 입장권은 어떻게 끊는 걸까? 혹시 유적이나 사원마다 일일이 끊어야 하는 걸까? 다행히 우리는 그렇게 귀찮은 짓을 하지 않아도 된다. 앙코르 유적의 입장권은 앙코르 패스(Angkor Pass)라고 하는, 놀이동산의 자유이용권과 비슷한 개념의 통합 입장권이기 때문. 입장권은 날짜별로 세 종류가 있다.

앙코르 패스는 이렇게 생겼다. 사진은 티켓 발급 창구에서 즉석으로 찍어준다.

| | 1일권 | 일주일내 3일권 | 한달내 7일권 |
|---|---|---|---|
| 가 격 | $37 | $62 | $72 |

## 어디서 끊지?

시내에서 동쪽으로 약 3km 가량 떨어진 곳에 티켓 오피스가 있다. 유적 관람 첫날에 툭툭이나 차량기사에게 티켓이 없다는 얘기를 하면 알아서 데려다준다. 시내에서 꽤 떨어진 곳이라 기사가 엉뚱한 곳으로 끌고 간다는 오해가 들 수 있으나, 기사가 정말 나쁜 사람이 아닌 다음에는 다 티켓 오피스로 무사히 데려다주므로 마음 놓아도 좋다. 온라인 발매 및 예매 시스템은 아직 갖춰져 있지 않다.

**앙코르 티켓 오피스 구글 GPS** 13.376641, 103.882590

티켓 오피스의 내부. ATM 머신이 곳곳에 있어 현금 인출도 가능하다.

티켓 오피스의 외관. 기념품 판매소와 간단한 매점도 있다.

### 카드도 된다!

얼마 전까지만 해도 현금 구매만 가능했으나 최근 신용카드 결제 시스템을 갖추었다. 비자, 마스터, 유니온페이, JCB, 다이너스 클럽, 디스커버리 6개 중 하나의 카드를 갖고 있다면 멋지게 카드로 긁어도 좋다.

### 안 되는 유적도 있다!

앙코르 패스는 유적 대부분을 커버하나, 몇몇 원거리 유적 중에는 입장권을 별도로 끊어야 하는 곳이 있다. 벵 밀리아, 프놈 쿨렌, 코 케르, 프레아 비헤르 등이 별도 입장권이 필요한 곳이다. 이런 곳에 갈 때는 기사들이 알아서 먼저 입장권 판매소에 들렀다가 유적으로 향한다.

### 재발급·대여 안 돼요!

티켓 검사는 꽤 엄격한 편으로, 아주 작은 규모의 사원에서도 깨알같이 티켓 검사를 한다. 티켓 발매시 디지털 카메라로 일일이 사진을 찍어 티켓에 박아주는데, 실물과 사진을 매의 눈으로 꼼꼼히 대조하기 때문에 타인에게 대여나 양도는 아예 불가능하다. 분실시 재발급도 되지 않으므로 잘 보관할 것. 투명 목걸이 네임택이 가장 많이 쓰인다.

### 앙코르의 입장료가 오른다고요?

최근 가끔씩 "앙코르 유적 입장료가 오른다는데 무슨 소리냐"라고 묻는 분들이 계십니다. 결론만 말씀드리면, 당분간은 안 오릅니다. 2017년 초에 한번 화끈하게 올랐거든요. 2016년까지 20달러이던 1일권의 가격이 무려 37달러로 올랐으니 따져보면 인상률이 거의 100%에 달해요. 그 전까지 앙코르 유적군의 관리를 베트남계 호텔&리조트 회사인 소카 호텔 그룹에서 맡고 있었는데, 이것이 캄보디아 정부 측으로 이관되며 요금도 덩달아 오른 것이라고 합니다. 앞으로도 물가 상승률에 따라 조금씩 올리지 않을까 하는 예측도 있긴 합니다만 아직까지 공식적인 추가 상승 관련 발표는 없습니다. 이렇게 훌쩍 오른 것이 썩 반갑지는 않죠. 근데 사실 생각해보면 지금까지의 입장료가 유적의 규모나 역사적 중요도에 비해 많이 저렴했던게 맞아요. 앞으로 더 오르지 않기만을 바랄 뿐입니다.

## STEP 2 가이드를 구해볼까?

패키지 여행의 답답함은 싫다. 하지만 자유여행의 막막함도 싫다. 유적 여행에 필요한 역사 공부 및 루트 짜기는 정말 골치아프다. 나만 이렇게 생각하는 걸까? 아니다. 많은 이들이 씨엠립-앙코르 여행에서 고민하는 부분이다. 그리하여 씨엠립 여행에서는 가이드 투어가 크게 성행하는 중. 현지 가이드 고용과 한국인 가이드투어, 그리고 현지 여행사 투어 상품 이용, 이렇게 총 세 가지가 있다. 물론 가이드 없이 〈앙코르와트 내비게이션〉 한 권 들고 씩씩하고 자유롭게 돌아봐도 OK!

### ① 현지인 가이드

유적 가이드 자격증을 정식으로 취득한 캄보디아인 가이드를 일일 고용하여 투어를 받는 것. 영어를 중심으로 다종다양한 언어 가이드가 있는데, 한국어 가이드들은 한국인이라고 해도 믿을 만큼 능통한 우리말 실력과 앙코르 유적에 대한 깊은 이해를 뽐내는 실력파들이 많다. 한국어 가이드는 하루 50달러, 영어 가이드는 하루 30달러이고 여기에 일출이나 톤레 삽 호수 등 추가 일정마다 20~30달러 선의 추가 요금이 붙는다. 유적 외에도 기타 일반 관광이나 체험에 필요한 티켓이나 예약 및 차량 수배도 가이드에게 부탁할 수 있다.

**이렇게 예약한다!** 가이드들의 개인 연락처로 직접 컨택해야 한다. 앙코르에서 한국인을 대상으로 활동 중인 가이드들은 카카오톡이나 라인 아이디를 거의 100% 갖고 있고 블로그를 운영하는 경우도 많다. 동남아시아 또는 캄보디아 여행 관련 커뮤니티, 블로그 등지에서 가이드들에 대한 리뷰 및 메신저 아이디 정보를 쉽게 찾아볼 수 있다. 보타나, 위레악, 봉구 등이 현재 가장 인기가 높다. 여행 초기 단계에서 숙소나 항공을 예약해 둔 뒤 천천히 찾아보는 것이 좋으나, 현지에서 여행사나 호텔 컨시어지, 온라인 커뮤니티 등을 통해 급하게 구하는 것도 불가능하지는 않다.

- **캄보디아 배낭여행기** cafe.naver.com/jiniteacher
- **태사랑 툭툭기사-가이드 추천 게시판** www.thailove.net/bbs/board.php?bo_table=cam_tuktuk2

유적 안내도를 보고 설명 중인 현지인 가이드. 정식 자격증이 있는 현지인 가이드는 노란 상의에 남색 바지로 구성된 유니폼을 착용하고 목에 가이드 자격증을 걸고 있다.

### ② 한인 가이드투어

현지에서 소규모 여행사나 게스트하우스를 운영하는 한인들이 운영하는 가이드투어 상품을 이용하는 것으로, 최근 앙코르 유적 여행자들이 가장 선호하는 형태이다. 대부분 앙코르 유적 가이드 자격을 정식으로 취득한 사람들이 운영한다. 아무래도 한국 사람들이다 보니 현지인들보다 훨씬 귀에 쏙쏙 들어오는 우리 말을 구사하는 것이 큰 장점. 개인 가이드를 고용하는 것보다 저렴한 가격에 투어 상품을 내놓는 곳도 있다. 단, 여러 명이 한꺼번에 움직이는 것이라 자유도가 다소 떨어진다는 것은 염두에 둘 것. 비수기에는 모객 상황에 따라 운영하지 않을 때도 있다. 가격대는 20~100달러까지 코스와 인원수, 업체에 따라 크게 차이 난다.

한인 업체 가이드들 중에는 스냅사진 서비스를 하는 곳도 종종 있으므로 잘 알아볼 것. 투어는 보통 10인 이하의 소그룹으로 진행되나 극성수기에는 20~30인 규모의 대형 그룹이 함께 다닐 때도 있다.

**이렇게 예약한다!** 포털 사이트에서 카페를 운영하는 업체 및 가이드가 많다. 카페를 통해 문의와 예약은 물론 이후 커뮤니티 활동까지 할 수 있다. 가격이 싸고 서비스가 좋은 곳도 있고 가격대는 다소 높으나 코스가 차별화된 곳도 있다. 골고루 살펴본 뒤 자신에게 맞는 곳을 찾을 것. 마이리얼트립이나 클룩, 오케이데어 등의 여행 가이드 투어-액티비티 전문 사이트 에서도 씨엠립 상품을 어렵지 않게 찾아볼 수 있다. .

- **마이리얼트립** www.myrealtrip.com
- **클룩** www.klook.com/ko/
- **오케이데어** www.okthere.com
- **스토리카페 압사라 앙코르** cafe.naver.com/apsaraangkor

### ③ 현지 여행사

씨엠립 중심가에는 관광객을 상대로 하는 로컬 여행사들이 성업 중이다. 이러한 여행사에서 가이드와 차량이 포함된 투어 상품을 예약할 수 있다. 가격대는 한인 투어와 비슷하거나 약간 저렴한 편이나, 예약과 투어 진행의 모든 과정을 영어로 해야 한다는 치명적인 아픔이 존재한다. 한인 업체에서 잘 다루지 않거나 비싼 가격에 진행하는 원거리 유적 투어를 중점적으로 알아볼 것. 여러 나라의 여행자들과 어울리며 여행 기분을 만끽할 때도 좋다.

씨엠립 현지 여행사 중 가장 대표적이라 할 수 있는 이지 투어. 위치는 14페이지의 지도를 참고할 것. 구글 GPS 13.359243, 103.854538

**이렇게 예약한다!** 시바타 로드, 타풀 로드, 올드 마켓, 컨달 빌리지 등 여행자들이 많이 오가는 거리에서 오프라인 로컬 여행사를 쉽게 찾아볼 수 있다. 업체들마다 가격이 조금씩 다르므로 몇 군데를 비교하는 것이 좋다.

#### 일반 관광 예약도 한인 업체 or 현지 여행사에서!

씨엠립에는 앙코르 유적 외에도 톤레 삽 호수 투어, 짚 라인, 스마일 오브 앙코르, 캄보디아 민속촌, 앙코르 박물관 등 인기 관광지들이 많다. 이러한 관광지로 갈 때도 한인 가이드투어 업체나 현지 여행사를 이용하면 된다. 톤레 삽 등 교통수단이 필요한 관광지는 반일~종일 가이드 투어를 민속촌이나 박물관처럼 시내 교통수단으로 이용 가능한 관광지는 할인 바우처를 구할 수 있다. 자세한 사항은 각 관광지에 대한 상세 페이지를 참고할 것.

#### 유적별 입장시간

**일반 유적** 07:30~17:30
**앙코르와트·스라스랑** 05:00~17:30
**프레 룹·프놈 바켕** 05:00~19:00

## 잡상인이 없어졌어요!

과거 앙코르 유적의 대표적인 풍경(?) 중 하나는 물건 파는 아이들의 모습이었습니다. "원 달러" "사장님 멋있어요"를 외치며 달려들어 팔찌나 엽서를 파는 아이들을 보면 안쓰럽기도 하고 난감하기도 하고 그랬더랬습니다. 그러나 이제는 그러한 모습을 많이 볼 수 없게 되었습니다. 유적 경내에서의 잡상행위가 전면 금지되었거든요. 팔찌 파는 애들뿐 아니라 스카프 파는 아주머니나 조잡한 기념품 악기를 파는 아저씨들도 없어졌습니다. 물론 다 없어진 것은 아닙니다. 예전에는 입구부터 안쪽까지 따라붙었다면, 이제는 주차장에서 떠나는 여행자들을 노립니다. 그 숫자가 예전같지는 않지만요. 다른 건 특별히 모르겠는데요, 맥주 파는 행상까지 없어진 건 좀 아쉽습니다. 프레 룹이나 프놈 바켕에서 일몰을 바라보며 마시는 앙코르 비어는 정말로 일품이었거든요.

이제는 보기 힘들어진 모습들

# 캄보디아 출국하기 시뮬레이션

즐거운 앙코르유적-씨엠립 여행이 끝나고 한국으로 돌아갈 시간이 왔다. 끝까지 안전하고 쾌적한 여행을 위해 캄보디아 출국 과정에 대해 꼭 알아야 할 것들을 하나하나 살펴보자. 다른 나라와 출국 과정에 큰 차이는 없으므로 크게 불안해하거나 걱정할 것은 없다.

## 공항 도착

한국으로 돌아가는 비행기는 대부분 밤 11시를 훨씬 넘긴 시간에 출발한다. 공항에 두 시간 전에 도착하기 위해서는 시내에서 밤 9시 정도에는 출발하는 것이 좋다. 출발 전 허겁지겁 교통편을 알아보다가는 낭패를 겪을 수 있으므로 반드시 미리미리 알아둘 것. 대절했던 툭툭이나 자동차가 있다면 공항 센딩도 같이 예약해두는 것이 좋다.

Tip 숙소에서 픽업은 대부분 무료로 해주지만, 센딩은 10~20달러 선에 유료로 운영하거나 아예 하지 않는 경우가 많다. 미리 물어볼 것.

## 출국장 입구

차와 헤어진 뒤 출국 수속을 밟기 위해 공항 건물 안으로 들어간다. 기사가 생전 처음 영업하는 것이 아니라면 모두 출국장 앞에 제대로 잘 내려준다. 출국장 앞에는 스타벅스가 자리하고 있다.

## 비행수속

씨엠립 공항의 비행 수속은 다른 공항과 거의 다르지 않다. 출국 수속 담당 직원이 현지인이라도 간단한 한국어와 영어로 문제없이 소통 가능하므로 걱정하지 말 것.

## 출국심사

비행 수속을 마친 뒤 'Passport Control (여권 심사)' 표지판을 따라간다. 워낙 작은 공항이라 복도 하나만 지나가면 바로 여권 심사대가 눈에 보인다. 입국할 때 써 두었던 출국 신고서에 출국할 때 탈 비행기 편명 정도만 적어두면 준비는 끝. 캄보디아에서 큰 범법행위를 저지르지 않았다면 시간 크게 들이지 않고 무사히 통과 가능하다.

## 비행 시간 기다리기

여기까지 왔으면 이제 출발 시간까지 여유롭게 기다리면 된다. 씨엠립 공항에는 게이트마다 벤치도 넉넉히 마련되어 있고, 식음료 매장도 비교적 잘 되어 있는 편. 단, 대부분의 매장이 오후 10~11시 사이에 문을 닫아 한국행 비행기가 출발하는 자정 무렵에는 영업하는 곳이 거의 없다. 면세점도 작은 규모로 자리하고 있으나 가격과 구색이 뛰어나지는 않다.

## 집으로 출발!

시간이 되면 항공기를 탑승한다. 입국할 때와 마찬가지로 내 발로 걸어서 항공기까지 간 뒤 임시 계단을 타고 올라간다.

# 앙코르+씨엠립 여행 추천 여행코스

**+ 떠나기 전에, 일정짜기 전에**

## 스몰 투어 & 그랜드 투어 Small Tour & Grand Tour

과거 앙코르 유적 여행자들을 가장 골치아프게 만들었던 것 중 하나가 바로 유적 관람 일정짜기였다. 효율적인 동선, 역사적인 연관성, 볼거리의 완급조절 등 고민할 부분이 적지 않았다. 그러나 최근 그런 고민을 한결 덜어주는 신개념이 등장했다. 바로 '스몰 투어'와 '그랜드 투어'. 씨엠립의 툭툭, 택시, 밴 등 대절 교통편 기사들 사이에서 통용되는 유적 관람 코스로, 인기도와 동선을 위주로 짠 루트라 특별한 계획이나 목적이 있는 사람이 아니라면 누구에게나 무난하게 잘 맞는다. 어려운 유적 이름을 일일이 꼽아가며 기사들과 루트 조정을 할 필요 없이 단 한마디로 끝낼 수 있다는 것이 가장 큰 매력. 단, 시간대나 역사적 연관성은 그다지 고려된 루트가 아니므로 사진 여행이나 본격적인 역사 탐방 등 뚜렷한 목적이 있다면 직접 루트를 짜는 편을 권한다.

### ● 스몰 투어

최고 인기 유적 3곳(앙코르 톰-앙코르와트-타 프롬)과 그 주변의 소규모 유적을 묶은 루트. 앙코르 유적의 핵심유적을 모두 볼 수 있어 유적 관람을 하루로 끝내려는 사람에게 가장 적합한 루트이다.

- **요금** 툭툭 $15, 승용차 $35, 밴 $40

앙코르와트 Angkor Wat → 앙코르 톰 남문 South Gate → 바이욘 Bayone → 코끼리 테라스 Elephant Tarrace → 타 케오 Ta Keo → 타 프롬 Ta Phrom → 반띠에이 크데이 Banteay Kdey or 프놈 바켕 Phnom Bakheng

### ● 그랜드 투어

주로 앙코르 톰 북부 유적 및 동부 유적을 묶은 루트로, 지명도가 다소 떨어지는 유적으로 구성되어 있다. 투어의 유적들보다 좀더 한산하고 폐허의 맛이 강하기 때문에 본격 유적 탐험을 즐기고 싶은 사람들에게는 만족도가 높다. 보통 스몰투어를 받은 뒤 2일차 루트로 이용한다.

- **요금** 툭툭 $17~20, 승용차 $40, 밴 $45

프레아 칸 Preah Khan → 니악 포안 Neak Pean → 타 솜 Ta Som → 동 메본 Eastern Mebon → 프레 룹 Pre Rup or 스라 스랑 Sra Srang

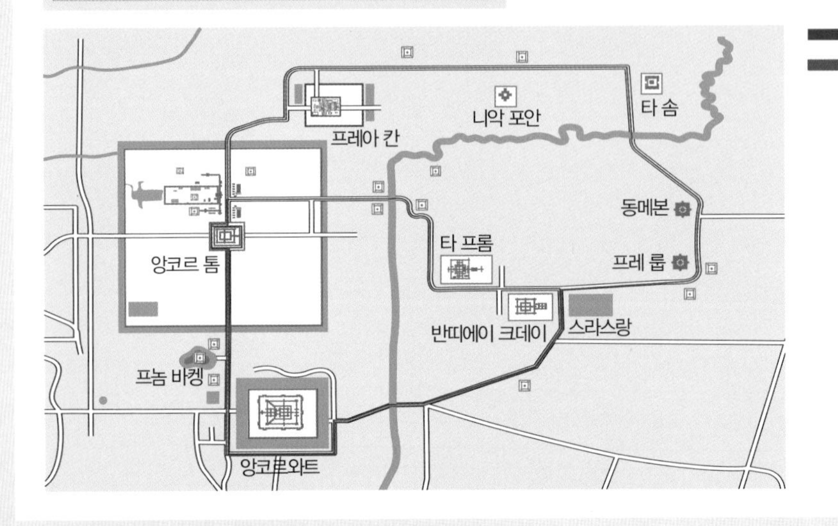


스몰투어 코스
그랜드 투어 코스

# 요즘 대세 코스
## – 유적+관광 3일 일정

최근 씨엠립과 앙코르 유적을 여행하는 사람들이 보편적으로 선택하는 코스로, 이틀 동안 유적을 비롯한 곳곳을 돌아보고 하루는 느긋하게 쉬는 일정이다. 볼거리는 알짜로 챙기면서 일상의 피로도 깨끗하게 풀어낼 수 있어 직장인들이 많이 선호한다.

**추천 대상**

- 짧은 휴가를 이용하여 앙코르 유적 및 씨엠립을 돌아보려는 사람
- 부모님을 모시고 여행하는 사람
- 열대의 나른한 휴식과 앙코르의 감동을 모두 즐기고 싶은 사람

### 1 일차

08:00 숙소 출발(뚝뚝, 자동차 탑승)

08:20 매표소 – 앙코르패스 1일권 끊기

08:30 **스몰 투어 시작 – 앙코르와트**

스몰 투어는 앙코르와트에서 시작한다. 오전에는 빛이 역광이라 사진찍기는 별로지만 사람이 적어 다니기는 좋다. 하루에 많은 유적을 봐야하므로 꼼꼼히 볼 시간은 없다. 1층의 부조와 3층의 성소 중심으로 볼 것.

10:40 **앙코르 톰**

남문에서 시작하여 바이욘 → 바푸온 → 피미엔나카스 등을 돌아본 뒤 코끼리 테라스로 빠져나가 기사와 합류한다.

12:30 **점심식사**

유적지에도 식당이 있으나 어차피 기사에게 2시간 이상의 휴식 시간을 줘야하므로 시내로 나오는 것을 권한다. 템플 베이커리나 브라운 커피, 블루 펌프킨 처럼 에어컨 잘 나오는 곳을 추천한다. 세 곳 다 기본은 카페지만 식사류를 충실히 갖추고 있다.

14:30 **오후 일정 출발 – 타 프롬**

타 프롬에 도착하기 전 타 케오를 거치게 되는데, 잠시 멈출지 말지는 시간과 사정을 보아 선택할 것. 타 프롬은 앙코르 유적의 간판스타이니만큼 인증샷 남길 곳이 가장 많다. 시간을 넉넉히 들여 천천히 즐길 것.

16:30 **반띠에이 크데이 & 프놈 바켕**

반띠에이 크데이는 타 프롬 바로 옆에 있는 작은 유적이고 프놈 바켕은 일몰을 보러 가는 곳이다. 사람이 많을 때는 바켕에 최소 일몰 두 시간 전에는 올라가야 하므로 크데이를 과감히 생략해도 좋다.

19:00 **저녁식사 – 크메르 키친**

캄보디아 전통 음식을 푸짐하게 즐겨보자. 맥주도 한 잔 곁들이는 것을 추천한다.

20:30 **마사지 – 아시아 허브 어소시에이션**

피로 회복을 위해 전신 마사지 또는 발 마사지를 받자. 오일 마사지도 OK.

## 2 일차

**07:00** 숙소 출발 (승용차 또는 밴 이용)

둘째 날의 오전 코스는 벵 밀리아. 이곳은 오전 9시만 넘어도 단체 관광객으로 심하게 북적이므로 되도록 일찍 출발하는 것이 좋다. 늦어도 7시에는 출발할 것.

**08:00** 벵 밀리아

별도의 입장권을 끊어야한다. 기사가 알아서 매표소에 세워준다. 아직 본격적인 복원 전이라 밀림속 유적 탐험의 느낌을 그 어느곳 보다 잘 느낄 수 있다. 책이나 맥주라도 챙겨가서 느긋한 시간을 즐기고 올 것.

**11:00** 시내 복귀 – 스파 즐기기

열대의 더위와 일상의 피로에 지친 몸을 스파 트리트먼트로 풀어보자. '보디아' 등 시내의 인기 스파에 예약을 해도 좋고, 묵고 있는 호텔 스파도 OK. 저렴한 마사지숍에서 허브 볼 찜질이나 오일 마사지를 2시간 정도 느긋하게 받는 것도 좋은 방법이다.

**13:00** 점심식사

숙소 가까운 곳 또는 시내에서 가볍게 먹는다.

**14:00** 휴식

숙소의 수영장 또는 객실 등에서 열대의 더위와 일상의 피로에 지친 몸을 쉬어보자. 숙소에서 풀 사이드 스낵을 운영한다면 점심까지 이곳에서 해결하는 것을 추천.

**18:00** 저녁식사 – 펍 스트리트

씨엠립 최고의 여행자거리 펍 스트리트에서 맛있는 저녁식사와 함께 배낭여행 분위기를 만끽하자. 안젤리나 졸리가 단골이었다는 '레드 피아노'나 맛있는 피자로 유명한 '벨미로스', 독일식 레스토랑 '텔' 등이 무난하다.

**20:00** 나이트 마켓 쇼핑

열대 여행지 기분을 만끽하며 기념품과 소소한 선물거리를 챙기자. 주변의 대형 슈퍼마켓에서 실용 쇼핑까지 한 큐에 해결하는 것도 OK.

## 3 일차

**10:00** 체크아웃 or 숙소 휴식

한국으로 돌아가는 비행기가 밤 늦게 있기 때문에 마지막날 오전에는 숙소 체크아웃을 하는 경우가 많다. 레이트 체크아웃을 신청했거나 하루 더 묵는다면 느긋하게 휴식을 즐길 것.

**11:00** 씨엠립 시내 구경

올드마켓, 컨달 빌리지, 씨엠립 강 주변 등을 천천히 돌아본다. 기온이 많이 높지 않다면 자전거를 타고 돌아보는 것도 추천.

**12:30** 점심식사

캄보디아 청년의 자립을 돕는 레스토랑인 헤이븐 또는 스푼스에서 맛있고 뜻깊은 식사를 즐기자. 밥을 먹은 뒤에는 올드 마켓 주변이나 컨달 빌리지에 있는 카페에서 느긋하게 커피와 디저트를 즐기자.

**15:00** 톤레 삽 투어 출발

업체에 따라 숙소로 픽업을 오는 곳과 시내의 정해진 집합 장소에 모이는 곳이 있다. 출발은 건·우기에 따라 조금씩 다르나 오후 3~4시에는 대부분 출발한다. 아시아의 가장 큰 호수에 떨어지는 일몰을 즐긴 뒤 시내로 귀환한다.

**19:00** 저녁식사

마지막 식사인만큼 성대하게 즐겨볼 것. 시간이 넉넉하다면 퀴진 왓 담낙에서 캄보디아식 프렌치 코스 요리를 즐겨보자. 라넥스의 프랑스 비스트로 요리나 텔의 독일 요리, 레드 크랩의 태국식 해산물 요리도 좋다. 귀국편 비행기까지 시간이 넉넉하거나 하루 더 묵는다면 식사 후 마사지를 즐기자.

## 앙코르 퍼펙트 코스
### – 유적+관광 4일 일정

어쩌면 인생 단 한번 뿐일지도 모르는 앙코르 유적을 가능한 한 샅샅이 봐주고 싶은 여행자라면 스몰 투어나 그랜드 투어 같은 것으로 만족하지 못할 수 있다. 그런 여행자를 위해 주요 유적과 관광지를 관람 최적 시간대까지 고려하여 돌아보는 퍼펙트 코스를 준비했다.

**추천 대상**
- 앙코르 유적이 평생의 로망 여행지 중 한 곳인 사람
- 웬만한 규모의 유적은 다 가보고 싶은 사람
- 사진 여행자

### 1일차

07:40 ↓ 숙소 출발 (툭툭, 승용차 등)

08:00  매표소 – 앙코르패스 3일권 끊기

08:20 ↓ **앙코르 톰**

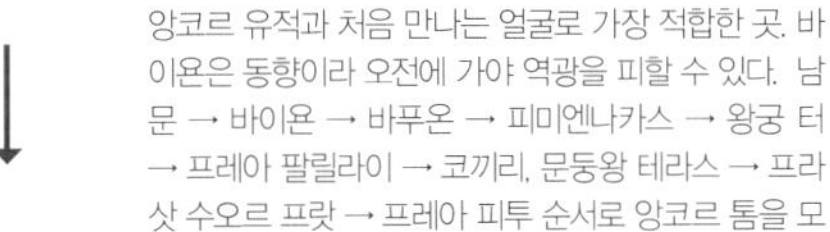

앙코르 유적과 처음 만나는 얼굴로 가장 적합한 곳. 바이욘은 동향이라 오전에 가야 역광을 피할 수 있다. 남문 → 바이욘 → 바푸온 → 피미엔나카스 → 왕궁 터 → 프레아 팔릴라이 → 코끼리, 문둥왕 테라스 → 프라삿 수오르 프랏 → 프레아 피투 순서로 앙코르 톰을 모두 훑는다. 3~4시간 소요.

12:00 ↓ **점심식사**

동선이 꽤 긴 편이므로 유적 안에서 식사를 할 것. 앙코르와트 맞은편에 있는 앙코르 카페가 가장 좋다. 유적을 벗어나지 않으면서 가장 맛있는 식사를 할 수 있는 곳.

13:40 ↓ **오후 일정 출발**

14:00 ↓ **프레아 칸**

앙코르 톰에 이어 자야바르만 7세 유적을 둘러본다. 관광적인 매력은 조금 떨어질지 모르나 역사적 가치와 볼거리는 인기 유적 못지 않다. 찬찬히 그리고 꼼꼼히 둘러보자.

15:00 ↓ **니악 포안**

앙코르 전체에서 가장 독특한 유적이다. 연못으로 이루어진 사원으로 우기 및 건기 초입에는 아주 아름답다. 건기 중반을 넘어가면 물이 말라 바닥이 드러나고 매력이 감소하지만 이 유적의 독특한 가치까지 사라지는 것은 아니다.

16:00 ↓ **타 솜**

앙코르 유적을 통틀어 가장 예쁜 고푸라가 있는 곳이다. 아주 작은 유적이므로 잠깐 발만 들였다 빼는 기분으로 들르면 충분하다.

16:30

### 동 메본

과거 동 바라이라는 넓은 저수지가 있던 곳에 위치한 소규모 유적이다. 날씨가 맑은 날에는 인상적인 모습을 자랑한다. 역시 잠깐 들렀다 나오면 충분하다.

17: 00

### 프레 룹

첫 날의 일몰은 프레 룹에서 감상한다. 해는 일반적으로 18시 전후로 지지만 자리를 잡아야 하므로 일찍 가서 기다리자. 따스하고 평화로운 일몰 풍경을 즐길 수 있다. 해가 완전히 지기 전에 출발하여 시내로 돌아갈 것.

19:00

### 스마일 오브 앙코르

앙코르 문화의 다채로운 양상이 무용과 조명, 무대연출 등으로 다양하게 펼쳐지는 쇼. 뷔페식사가 별로라는 의견이 많으므로 포용이나 리리 레스토랑 등 저렴하고 빨리 나오는 곳에서 저녁을 가볍게 해결하고 갈 것. 공연을 본 뒤 일찍 잠자리에 들자.

## 2 일차

04:20

### 숙소 출발 (툭툭, 승용차 등)

일출을 보기 위한 발길이다. 겨울철에는 일출 감상 후 바로 다음 일정으로 넘어가야 하므로 아침 식사용 도시락을 준비해두는 것이 좋다. 일출은 계절마다 조금씩 달라지므로 미리 확인할 것.

05:30

### 앙코르와트 일출

앙코르와트의 명물 일출을 볼 시간이다. 다섯 봉우리 뒤로 붉고 장엄하게 타오르는 아침노을에 감동해보자.

06:30

### 앙코르와트

하루종일 사람으로 미어터지는 앙코르와트지만 일출 직후 시간만은 한산하다. 앙코르와트의 개방시간이 다른 유적보다 빠르다는 점을 이용하여 앙코르와트를 전세내듯 즐겨보자. 이따 다시 돌아올 예정이므로 40~50분 정도 둘러보는 것에 만족할 것.

07:30

### 타 프롬

타 프롬의 진가는 사람이 드물때 제대로 느껴진다. 아침 햇살에 비친 따 프롬의 모습은 자못 신비롭기까지 하다. 몸은 고되지만 이런 모습의 따 프롬을 볼수 있다면 괜찮지 않을까. 일찍 움직인 대신 천천히 움직이자. 해의 방향을 고려하여 동쪽 출입구로 들어가서 서쪽 출입구로 나올 것.

09:00 **타 케오**

조각품이 하나도 없는유적이다. 아찔한 계단에서 등산을 즐길 것이 아니라면 머무는 시간을 최소로 해도 무방하다.

09:30 **차우 세이 테보다 & 톰마논**

앙코르 톰 동문 앞에 있는 미니 유적 두 곳이다. 지나치지 말고 꼭 발도장을 찍어두자.

10:00 **숙소 귀환**

슈퍼마켓에서 요깃거리를 사들고 숙소로 돌아가서 샤워를 한 후 모자란 잠을 보충하자. 새벽부터 수고가 많았다.

14:00 **오후 일정 시작**

14:30 **앙코르와트**

이미 아침에 한 차례 돌아봤으므로 오후에는 역광에 방해받지 않는 정면 인증샷과 오전에 못본 곳을 공략한다. 몇 번을 와도 새삼새삼 감동스러운 곳이다.

16:30 **프놈 바켕**

앙코르의 대표적인 일몰 명소. 일몰 시간 한시간 반 전에는 와야 자리를 잡을 수 있다. 일몰 시간은 계절마다 조금씩 차이가 있으므로 미리 확인할 것.

18:30 **저녁 식사**

변변한 끼니를 챙기기 힘든 하루였으므로 저녁만은 푸짐하게 먹자. 펍 스트리트의 〈템플〉에서 다양한 메뉴와 함께 무료 압사라 댄스를 즐기는 것도 OK.

20:00 **마사지**

고생한 하루의 끝은 마사지로 풀자. 고급 스파도 좋고 저렴한 마사지숍도 OK.

## 3 일차

07:00 **숙소 출발 (승용차 또는 밴 이용)**

3일차는 벵 밀리아로 출발한다. 앙코르 패스가 통하지 않아 별도 입장권을 끊어야 하는 것을 잊지 말 것. 일찍 가는 것이 여러모로 좋다. 가장 이상적인 것은 유적의 오픈시간인 7시 30분 이지만 그렇게하면 조식을 포기해야 할 확률이 있으므로 적당히 7시 언저리에 출발할 것.

08:00 **벵 밀리아**

복원 전 밀림속 유적 탐험의 느낌을 만끽할 것. 마음에 들면 시간을 넉넉하게 잡아도 좋다.

10:30 **숙소 복귀 – 휴식**

일상의 피로를 떨러 온 여행에서 강행군을 하는건 슬픈 일이다. 숙소로 돌아와 풀사이드 등에서 편하게 쉬자. 스파 트리트먼트를 받는 것도 Good.

13:30 **점심 식사**

풀사이드나 호텔에 딸린 레스토랑에서 먹어도 좋고, 시내에서 먹어도 OK. 숙소 또는 집합 장소와 멀지 않은 곳에서 먹는다.

15:00 **톤레 삽 투어 출발**

맹그로브 숲의 풍경이나 수상 마을의 정취, 그리고 아시아에서 가장 큰 호수에 떨어지는 일몰을 즐긴다. 벵밀리아와 톤레 삽을 하루에 돌아보는 투어 상품도 있으므로 잘 찾아보자.

19:00 **저녁식사 & 쇼핑**

펍 스트리트로 나가 맥주와 함께 식사를 즐기며 여유롭게 보내자. 레드 피아노, 벨미로스 피자, 텔 등 여러 레스토랑 중 마음에 드는 곳을 골라서 즐기자. 식사를 마친 후에는 나이트마켓과 슈퍼마켓에서 쇼핑을 즐기자.

## 4 일차

07:30 **숙소 출발**

08:00 **프라삿 크라반**

작지만 강한 인상을 남기는 유적이다. 오래 머물 필요는 없으나 지나쳐 가지는 말 것. 특히 내부의 부조는 꼭 보자.

08:40 **반띠에이 스레이**

오전 일정의 하이라이트. 규모는 작으나 섬세한 부조를 꼼꼼히 보다보면 시간이 꽤 걸린다. 한가롭게 보고 싶다면 되도록 일찍 갈 것.

10:30 **반띠에이 삼레**

휴식 같은 유적이다. 역사적 중요도는 떨어지나 아름다움과 고즈넉함만은 어느 곳에도 뒤지지 않는다. 독서나 음악감상 등을 즐기기도 좋다.

12:00 **반띠에이 크데이 & 스라 스랑**

시내로 돌아가는 길에 잠깐 작은 규모의 유적 두 곳을 들른다. 길을 사이에 두고 나란히 위치해 있다. 둘 중 한 곳만 보거나 둘 다 패스해도 무방하다.

12:30 **점심식사**

시내로 돌아와서 식사를 한다. 에어컨이 나오는 곳으로 고르는 것을 추천.

14:30 **오후 일정 시작**

15:00 **롤루오스 초기 유적군**

앙코르 초기의 유적이 남아있는 곳으로, 스산한 유적 특유의 느낌이 강하게 난다. 3개의 주요 유적 중 바콩은 중요한 일몰 포인트이므로 17:00 전후에 가자. 유적에 대한 관심이 높지 않다면 패스하고 시내 관광이나 스파, 풀사이드 휴식을 즐기는 것도 OK.

18:30 **저녁식사**

마지막 만찬을 즐긴다. 비행 시간이 급하지 않거나 하루 더 묵는 사람은 저녁식사 후 마사지도 즐겨주자.

# 학구파를 위한 앙코르 연대별 여행
## – 유적 3일 일정

앙코르 유적은 역사의 흔적. 다 비슷비슷해 보일 수 있으나 엄연히 만들어진 시대가 다르고, 거기에 얽힌 역사가 다르다. 역사를 제대로 느끼며 시간여행을 해보고 싶은 학구파 여행자라면 아래의 루트를 따르자. 다소 효율이 떨어지는 동선이라 툭툭 기사가 짜증을 낼 수 있으므로 팁을 조금 넉넉히 챙겨 줄 것.

**추천 대상**

- 유적을 통해 앙코르의 역사와 문화를 제대로 짚어보고 싶은 역사 덕후
- 일출, 일몰 같은 이벤트에 집착하지 않는 사람

### 1일차

08:00 숙소 출발

↓

08:20 유적 매표소

↓

09:00 **롤루오스 초기 유적군**

바콩의 일몰 때문에 저녁 때 들르는 사람들이 많으나, 역사를 생각한다면 반드시 첫날 첫 장소로 택해야 할 곳이다. 앙코르 왕국의 초창기 수도로서 현존하는 앙코르의 가장 오래된 도시 유적이다. 연대에 따라 프레아 코 → 바콩 → 롤레이 순으로 돌아볼 것.

12:00 **점심식사**

시내로 돌아와서 점심식사를 하자. 기왕 앙코르 문명을 제대로 보기로 작정했으니 음식도 캄보디아 전통 음식을 먹자. 크메르 키친이나 크메르 그릴, 릴리 팝 등을 추천한다.

13:30 **앙코르 국립 박물관**

오후 일정이 헐렁한 편이므로 박물관을 잠시 들렀다 가자. 앙코르 역사 흐름의 맥을 잡기 좋다.

14:30 오후 답사 시작

↓

15:00 **동 메본**

롤루오스에서 현재 앙코르 유적지로 수도를 옮긴 야소바르만 1세는 넓은 저수지를 축조하는데, 그것이 바로 동 바라이다. 지금은 사라진 거대한 저수지의 모습을 상상해야 이곳을 찾은 가치를 제대로 느낄 수 있다.

16:00 **프놈 바켕**

야소바르만 1세가 수도를 옮긴 후 자신을 위해 건설한 사원이다. 주로 일몰을 보기 위해 들르는 사원이지만, 이곳이 가지는 역사적 의미와 힌두 신앙적인 상징에도 주목하자. 물론 일몰도 보자.

19:00 저녁식사

## 2 일차

07:00 **숙소 출발**

07:30 **프레 룹**

이 날은 초기 앙코르 역사에서 가장 혼란했고 가장 찬란했던 시기의 유적들을 둘러본다. 이 유적은 대표적인 일몰 스폿이나, 오전 나절에도 충분히 아름답다.

08:30 **반띠에이 스레이**

앙코르 유적을 통틀어 가장 화려한 사원인 반띠에이 쓰레이를 돌아보자. 아울러 이 사원을 지은 이 시기의 중요 인물 야흐나바라하의 존재감을 제대로 느껴보자. 돌아가는 길에 반띠에이 삼레를 잠깐 들르는 것도 좋다.

11:00 **타 케오**

역시 초기 후반의 유적으로, 조각이 하나도 없는 미완성 유적이다. 평범해 보이는 유적이지만 역사를 알고 나면 눈에 다른 풍경이 들어온다.

12:00 **점심식사**

시내로 나오자. 기왕이면 올드 마켓 및 강가에 자리한 현지인들의 노천 식당을 가 볼것. 역사와 더불어 살아가는 캄보디아인들의 현재 식생활을 엿본다는 거창한 생각정도는 가져도 좋다.

14:00 **오후 일정 시작**

14:30 **앙코르와트**

앙고르 문명이 만들어낸 인류 최고의 문화유산과 드디어 만날 차례다. 입구의 해자와 나가, 1층 회랑의 부조, 2층의 압사라와 3층 중앙 성소까지 하나도 빼놓지 말고 꼼꼼하게 둘러보자. 수리야바르만 2세의 위대한 야심, 그러나 결국 이루지 못한 꿈을 유적 곳곳에서 느껴보자.

18:00 **저녁식사**

스마일 오브 앙코르 공연을 보기 전에 맛있고 빠르게 한 끼 해결한다.

19:00 **스마일 오브 앙코르**

앙코르와트의 압사라 부조를 봤다면 현실의 압사라 댄스와 조우할 차례다. 압사라 댄스를 공연하는 극장식 뷔페식당을 찾거나 〈템플〉의 무료 압사라 댄스를 보는 것도 나쁘지 않다.

## 3 일차

07:30 **숙소 출발**

08:00 **타 프롬**

앙코르 왕국 후반기의 위대한 왕이자 왕국 멸망의 단초를 제공한 왕인 자야바르만 7세. 3일차는 그가 남긴 유적들을 돌아본다. 자야 7세 탐구는 그가 어머니를 위해 만든 사원 타 프롬에서 시작한다. 부처를 파낸 흔적들을 유심히 보자.

9:20 ↓

### 스라 스랑 & 반띠에이 크데이

왕의 대형 목욕탕 및 물놀이 장소였던 곳이다. 자야 7세 당시의 영화를 온몸으로 느낄 수 있다. 두 곳 모두 들러도 되고, 시간이 없다면 스라 스랑만 들러도 된다.

10:10 ↓

### 니악 포안

자야 7세가 지은 여러 병원 중 힌두적 상징성과 아름다운 조형미, 실용성까지 고루 갖춘 가장 뛰어난 곳이다. 백성들에게 직접 영향력을 미치려 했던 자야 7세의 불교 정신 및 야심을 엿볼 수 있다.

11:00 ↓

### 프레아 칸

아버지를 위해 만든 사원. 언뜻 평범해 보이지만 역사와 상징을 알고 꼼꼼히 보면 이만큼 흥미로운 사원도 없다.

12:00 ↓

### 점심식사 및 휴식

프레아 칸 근처 식당에서 식사를 하거나 도시락을 먹자. 원래는 뚝뚝 기사에서 두 시간 정도 휴식을 줘야 하지만, 쁘레아 칸 근처는 더위를 피할 곳이 없다는 게 문제. 정 더위를 못 참을 것 같다면 앙코르와트 앞에 있는 앙코르 카페로 가자.

14:00 ↓

### 앙코르 톰

자야 7세가 건설한 앙코르 문명 최후의 수도이다. 일반적으로는 남문 → 바이욘 → 바푸온 → 피미엔나카스 → 왕궁 터 → 테라스의 순으로 보지만, 프레아 칸에서 시작한다면 순서가 거꾸로 된다. 앙코르 카페에서 시작할 경우에는 일반적인 순서를 따르면 된다. 어느 쪽이든 일몰은 바이욘에서 보자.

19:00

### 저녁식사

여유롭게 저녁 시간을 즐기자. 펍 스트리트에서 여행자 기분을 한껏 내보는 건 어떨까. 아무리 학구적인 사람이라도 여행을 마무리하는 저녁쯤은 재밌게 보내는 것 이 좋을 듯.

Tip

### 프놈 쿨렌 & 코 케르

두 유적 모두 비용과 시간이 만만치 않게 들기 때문에 일정이 짧은 여행자에게는 추천하기 힘들다. 그러나 역사를 제대로 느끼고자 하는 여행자에게는 필수코스라 할 수 있다. 프놈 쿨렌은 앙코르 왕국이 개국된 장소이고, 코 케르는 한때 분열된 앙코르 왕국의 북쪽 수도였다. 순서를 따지자면 프놈 쿨렌은 여행 전체 일정 맨 첫날, 코 케르는 롤루오스에 다녀온 다음날 다녀오는 것이 좋으나 형편에 따라 일정을 조정해도 상관은 없다.

# 가족과 함께하는 앙코르 여행
## – 유적+관광 3일 일정

앙코르 유적 및 씨엠립은 가족 여행 및 효도 여행으로 유난히 인기가 높은 곳이다. 대부분의 가족 여행자는 안전하고 편안한 패키지 여행을 택하지만, 준비하기에 따라 자유 여행도 얼마든지 가능하다. 우리 가족만을 위한 단란하고 즐거운 앙코르 여행을 준비해보자. 어르신을 모시고 여행하는 가족 여행에 조금 더 적합하다.

### 1일차

**08:00 숙소 출발 (승용차, 밴)**

툭툭 보다는 가급적 승용차나 밴 등 에어컨이 설치된 교통편을 이용하자. 건기에는 툭툭도 그럭저럭 쓸만하나 우기에는 에어컨이 정말 절실하다.

**08:20 매표소 – 앙코르패스 1일권 끊기**

**08:40 스몰 투어 시작 – 앙코르와트**

앙코르 유적 탐방은 스몰 투어를 이용한다. 앙코르와트는 워낙 넓어 지칠 위험이 있으니 쉬엄쉬엄 체력 조절을 잘 하자.

**11:30 앙코르 톰**

남문에서 시작하여 바이욘을 돌아본 뒤 코끼리 테라스로 빠져나가 기사와 합류한다.

**12:30 점심식사**

시내로 나와서 식사를 한다. 아직 현지 음식을 받아들일 마음의 준비가 되지 않았다면 아리랑, 대박 등 한식당을 찾자.

**15:00 오후 일정 출발 – 타 프롬**

앙코르 유적의 간판스타. 나무 뿌리와 유적과 세월이 뒤엉킨 풍경 속에서 평생 기억에 남을 가족 사진을 남겨보자.

**17:00 프놈 바켕 or 프레 룹**

원래 코스 대로라면 프놈 바켕이지만 기사에게 부탁하면 프레 룹에서 끝내는 것도 가능하다. 평소 등산 등으로 체력이 다져진 가족이라면 프놈 바켕으로, 그렇지 않다면 프레 룹으로 갈 것. 어느 쪽이든 풍경은 아름답다.

**19:00 저녁식사**

시내에 있는 레스토랑에서 푸짐하게 즐긴다. 〈레드 피아노〉와 〈템플〉은 동남아 음식을 잘 먹는 사람이나 못 먹는 사람 모두에게 다 좋은 곳.

**20:30 장보기**

다음 날 일정에서 시내에 있는 대형 슈퍼마켓에서 맥주, 고기, 과일 등 장을 본다. 간단하게 쇼핑을 함께 즐기는 것도 ok.

## 2 일차

**08:00** 숙소 출발 (승용차, 밴)

툭툭 보다는 가급적 승용차나 밴 등 에어컨이 설치된 교통편을 이용하자. 건기에는 툭툭도 그럭저럭 쓸만하나 우기에는 에어컨이 정말 절실하다.

**09:30** 프놈 쿨렌

프레아 앙토, 물속의 링가 등을 구경한 뒤 방갈로를 하나 잡고 물놀이를 즐기자. 한국의 계곡 옆 캠핑장에서 물놀이 하는 것과 비슷하게 생각하면 틀리지 않다.

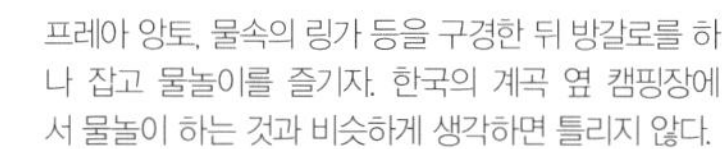

**16:00** 시내 귀환

**16:30** 마사지 or 앙코르 민속촌

휴식을 원하는 사람들이라면 깔끔한 마사지 숍에서 가족들이 사이좋게 마사지를 받으며 유적 관람과 물놀이로 쌓인 피로를 풀어보자. 무언가 하나라도 더 보고 싶다면 앙코르 민속촌으로 발걸음을 옮겨 〈신랑 고르기〉를 즐겨볼 것.

**18:00** 저녁식사

스마일 오브 앙코르를 보러 가기 전 빨리 식사를 마칠 것. 뷔페식이 포함된 패키지를 구입할 수도 있으나 그러기에는 식사의 평가가 너무 좋지 못하다.

**19:00** 스마일 오브 앙코르

어르신들에게 특히 더 평가가 좋은 쇼. 가족 여행에서는 빼놓을 수 없는 코스라고 해도 무방하다.

**21:00** 나이트 마켓

며칠 되지 않는 여행의 나날이 아쉽고 체력이 남았다면 나이트 마켓을 들러 볼 것. 선물거리와 기념품 구입을 위해서라도 꼭 필요한 시간이다.

## 3 일차

**10:00** 숙소 출발

마지막날이므로 천천히 움직이자. 벵 밀리아 일정을 빼고 시내에서 시간을 보내는 것도 OK.

**11:00** 벵 밀리아

앙코르 패스가 필요하지 않은 유적이라 반나절 코스로 딱 좋다. 설날과 추석의 성수기, 여름 휴가 기간에는 사람이 지나치게 많으므로 패스하는 편이 나을 수도 있다.

**13:00** 시내 복귀

**13:30** 점심 식사

시내의 한식당이나 깔끔한 현지 식당에서 점심을 먹는다.

**15:00** 톤레 삽 투어 출발

맹그로브 숲의 풍경이나 수상 마을의 정취, 그리고 아시아에서 가장 큰 호수에 떨어지는 일몰을 씨엠립 여행 마지막 추억으로 간직하자.

**19:00** 저녁식사

〈톤레 메콩〉이나 〈쿨렌 Ⅱ〉 등 압사라 댄스 뷔페를 즐겨보자. 〈톤레 메콩〉은 한국인 단체 여행객이 즐겨 찾는 곳이라 김치 등 한국 음식도 찾아 볼 수 있다.

# Let's go to Angkor

>>>

# 그곳에 한 발 들이는 순간,<br>당신은 시간여행을 시작한다.

한때 인도차이나를 호령하는 강대국이었고, 오랫동안 역사 속에서 자취를 감춘 미스터리였던 곳.
지금은 갈색의 유적이 되어 찾는 이들에게 당시의 영광을 증명하고 있는 그 이름, 앙코르(Angkor).
밀림과 하늘, 그리고 유적이 이뤄내는 신비한 풍경 속으로 이제 성큼, 다가설 차례다.

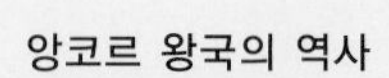

미리 읽고 가자

# 앙코르 왕국의 역사

앙코르의 유적들은 어느 날 외계인이 나타나 난데없이 지어 놓은 것이 아닌, 캄보디아가 자랑하는 위대한 역사의 흔적이다. '아는 만큼 보인다'는 앙코르 유적에서도 여전히 통하는 진리. 역사에 대한 기초적인 지식을 가지고 있으면 좀 더 깊이 있는 감상이 가능하다. 세계 역사에서는 중세에 해당하는 시간, 캄보디아에서는 어떤 일이 있었는지 차근차근 살펴보자.

## 앙코르 왕국 이해하기

### 앙코르 유적은 언제 어떻게 생겼나

앙코르 왕국은 서기 802년부터 1431년까지 629년간 현재 캄보디아의 씨엠립을 중심으로 존재하던 국가이다. 우리나라 역사에서는 후삼국시대부터 조선 초기 정도로 보면 된다. 역사 속에서 혼란과 부침을 거듭하지만, 12세기 초엽에는 인도차이나 최강대국으로 전성기를 구가하며 현 캄보디아는 물론 태국과 베트남 영토의 상당 부분을 차지하였다. 최고 전성기라 불리던 자야바르만 7세 이후로 위태위태하던 왕국은 1431년 아유타야 왕국(현재의 태국)의 침략으로 종언을 맞이하고, 1557년에 이들의 후손인 앙찬 1세가 밀림에 뒤덮인 사원들을 발견하기까지 약 100여 년간 역사 속에서 완전히 사라지게 된다. 19세기부터 앙리 무오 등 이 유적을 돌아본 유럽인들이 자기의 나라로 돌아가 하나 둘 소개하기 시작하며 앙코르 유적은 전 세계에 알려졌고, 현재는 세계에서 가장 중요한 역사 유적 중에 하나로 손꼽히고 있다.

### '신왕사상'이란?

앙코르 왕국을 이해하기 위한 가장 중요한 키워드는 바로 '신왕사상(神王思想)'이다. 왕이 곧 신이라는 사상으로, 앙코르의 모든 왕은 힌두의 신인 시바의 화신(化身, Avatara)으로 여겨졌다. 당시의 캄보디아를 비롯한 인도 문화권은 힌두 신앙이 정치 사회 전반에 걸쳐 깊숙이 뿌리내리고 있었다. 사람들은 많은 것이 다르마와 신의 뜻에 따라 결정된다고 믿었다. 이렇다 보니 '왕은 곧 신'이라는 사상은 백성들을 통치하는 데 상당히 효과적일 수밖에 없었다. 왕의 통치에 거역하면 하늘에서 신의 벌이 내린다는 믿음을 주입할 수 있기 때문. 앙코르의 많은 왕들은 치열한 왕권 다툼을 통해 왕좌에 올랐는데, 그렇게 왕위에 오른 자일수록 '나는 신이기 때문에 다른 이들을 물리치고 이 자리에 오르는 것이 정당하다'라는 당위가 필요했다. 따라서 신의 사원이나 신전을 짓는 것은 정당성 확보와 왕권 확립, 백성의 통치를 위해 필수불가결한 사업이었다. 그리하여 앙코르의 왕들은 영토 곳곳에 신의 세계를 본뜬 거대한 석조 건축물을 수없이 만들었으니, 이것이 바로 현재의 앙코르 유적이다.

### 19세기 앙코르 유적 홍보 대사, 앙리 무오

앙리 무오(Henri Muhout, 1826~1861)는 프랑스의 박물학자 겸 탐험가입니다. 1857년부터 인도차이나 반도의 곳곳을 여행하며 동식물을 연구 하던 그는 1860년 앙코르 유적을 방문하게 됩니다. 나중에 그는 자신의 여행 및 탐험 과정을 〈시암, 캄보디아, 라오스 여행기 (Travels in Siam, Cambodia and Laos)〉라는 제목의 책으로 출간하는데, 이 책으로 인해 유럽에 일약 앙코르 유적 붐이 일어나게 됩니다.

간혹 그를 앙코르 유적의 발견자라고 칭하는 책이나 문헌을 볼 수 있는데요, 아닙니다. 엄연한 오류예요. 그 자신이 발견자라고 칭한 적도 없거니와, 심지어 그는 첫 번째 유럽인 방문자조차 아니에요. 그가 방문하기 전인 1857년, 프랑스인 신부 샤를 부유보가 앙코르 유적 방문기를 책으로 펴냈거든요. 그렇다면 부유보가 발견자냐, 그것도 아니에요. 16세기에 앙코르를 다녀간 포르투갈인들에 대한 기록이 있어요. 19세기쯤 되면 캄보디아에서는 이미 그곳이 '잃어버린 문명' 따위가 아니었어요. 당시 새로운 것에 대한 '발견'에 천착하던 유럽인들이 그에게 제멋대로 '발견자'라는 타이틀을 덧씌워 버린 것뿐이죠.

앙리 무오의 여행기에 유럽인들은 왜 그렇게 열광했을까요? 우선 좋은 책이었습니다. 글이 생생하고 흥미가 넘쳤대요. 다양한 스케치가 실려 생생한 시각적 효과도 있었고요. 또 하나, 그는 앙코르 유적을 이집트 피라미드에 비교해서 서술했는데, 이것이 유럽인들의 지적 호기심을 빵 터뜨렸다고 합니다. 아시아의 밀림 속에 그런 고대 문명이 있다는 것이 19세기 제국주의 유럽인들에게는 기절초풍할 일인 거죠. "아니, 사람도 잡아먹을 것 같은 야만인들이 그토록 엄청난 건축물들을 지었다니!" 어쨌든 앙리 무오가 발견자는 아니지만 홍보 대사 역할을 톡톡히 해낸 것만은 사실입니다. 그러나 아인슈타인이 본의 아니게 원자폭탄을 만들어낸 것처럼, 그의 꼼꼼한 여행기는 프랑스의 캄보디아 식민화의 도화선이 되었다는 비난을 받게 됩니다. 진심으로 그의 본의가 아니었습니다. 그의 책은 그가 라오스에서 말라리아로 쓸쓸히 죽어간 후 출간되었거든요.

## 〈진랍풍토기(眞臘風土記)〉를 읽자!

주달관은 13세기 원나라 사람으로, 1296년 진랍국(앙코르 왕국)에 사신으로 파견되어 1년 동안 앙코르 톰에 거주합니다. 그 기간 동안 그가 보고 들은 앙코르 왕국의 생활상과 종교, 제도, 관습, 풍속 등을 아주 꼼꼼하고 재미있게 기록한 여행기가 바로 〈진랍풍토기〉입니다. 오랜 동안 조용히 잠자고 있던 이 문헌은 19세기 프랑스의 학자 폴 펠리오에 의해 발굴되어 서구 세계에 알려졌습니다. 처음에는 허무맹랑한 책 취급을 받았다고 합니다. 앞서 말한 '어디 그런 미개인들이…'라는 시선이었죠. 그러나 앙코르 유적 발굴 및 복원이 진행될수록 이 책의 진가는 점점 더 빛나게 되었고, 현재는 앙코르 시대를 알리는 가장 중요하고도 결정적인 문헌으로 자리매김하고 있습니다. 앙코르 유적을 좀 더 깊게 알고자 하는 사람이라면 반드시 읽어야 할 책이라 하겠습니다. 한국어판도 출간되어 있으며 서점에서 어렵지 않게 구할 수 있습니다.

## 앙코르 왕국 역사 훑어보기

앙코르 왕국의 역사는 약 600여 년. 그 안에는 그 어느 나라의 역사에도 뒤지지 않을 정도로 드라마틱하고 흥미진진한 이야기가 숨어 있다. 세계사 교과서에서는 제대로 알려주지 않았던 앙코르의 역사, 그것을 지금부터 찬찬히 훑어본다.

### 802년

**● 자야바르만 2세, 앙코르 왕조를 열다**

프놈 쿨렌

이야기는 앙코르 이전의 왕조인 첸라로 거슬러 올라간다. 첸라 왕국은 말레이족의 나라인 자바 왕국에게 패망한 뒤 속국이 되어 조공을 바치고 왕자를 볼모로 보내게 된다. 자야바르만 2세는 첸라의 왕자로, 10~15년간 볼모로 자바에 억류되었다가 자바 왕국에 의해 왕으로 추대되어 (일설에는 탈출) 캄보디아로 돌아온다. 본국으로 돌아온 자야 2세는 프놈 쿨렌(228p.)에서 스스로가 '신왕'임을 선언하는 '데바 라자(Deva Raja)' 의식을 거행하고 독립국 앙코르 왕조를 개창한다.

바콩

### 877년

**● 인드라바르만 1세, 왕위에 오르다**

자야 2세가 죽자 그의 아들이 '자야 3세'로 즉위한다. 그에 대한 기록은 단 하나, '코끼리 사냥꾼'이었다는 것뿐이다. 그는 오랜 기간 앙코르의 왕위에 있지만, 그가 지었다는 유적은 단 한 개도 없다.

인드라 1세는 자야 3세의 뒤를 이어 3대 왕에 오른다. 그는 자야

2세의 아들이기는 하나, 피는 전혀 섞이지 않았다고 한다. 기록에는 없으나 인드라 1세가 왕위 찬탈자가 아니었을까 조심스럽게 추측하는 사람들도 있다. 그는 왕위에 오르자마자 도읍인 하리하랄라야(현재의 롤루오스 지역)에 인공 저수지인 인드라타타카, 부모를 위한 사원인 프레아 코(215p.), 자신을 위한 사원이자 최초의 피라미드 사암 사원인 바콩(218p.)을 짓는다. 그의 3대 업적인 저수지, 부모를 위한 사원, 자신을 위한 사원은 후대 왕들의 롤 모델이 된다.

롤레이

## 889년

### 야소바르만 1세, 왕위에 오르다

야소 1세는 인드라 1세의 두 아들 중 하나로, 왕위 계승권에서 밀려나자 형제와 치열한 골육상쟁을 통해 왕위에 오른 인물이다. 앙코르 초기의 왕들 중 가장 용맹하고 정력적인 왕이다. 인드라타타카 저수지 정중앙에 인공 섬을 만들고 그 가운데 부모를 위한 사원으로 롤레이(Lolei, 221p.)를 세운다. 인도의 문자를 본떠 크메르 문자를 만든 왕이기도 하다.

프놈 바켕

## 연대미상

### 야소바르만 1세, 도읍을 옮기다

야소 1세는 롤레이를 만든 뒤 자신을 위한 사원도 만들려 하나 뜻대로 되지 않는다. 그는 자신을 따르는 세력을 데리고 하리하랄라야(현재의 롤루오스 지역)에서 현재의 앙코르 유적지 중심부로 도읍을 옮긴다. 수도를 이전하고 가장 먼저 만든 사원이 프놈 바켕(Phnom Bakeng, 158p.)이다. 또한 선대의 업적을 따라 인공저수지를 축조하는데, 이름은 야소다라타타카라고 하며 현재의 동 바라이 지역에 해당한다.

## 921년

코 케르

### 왕국, 분열하다

910년 야소 1세가 죽은 후 그의 아들인 하샤바르만 1세로 왕위가 승계된다. 하샤 1세와 그의 숙부는 왕권을 놓고 전쟁을 벌였는데, 여기서 패한 숙부가 수도를 버리고 코 케르로 이동하여 독자적인 데바 라자 의식을 올린 뒤 자야바르만 4세라는 이름으로 왕위에 오른다. 이로써 앙코르 왕국은 20여 년간 야소다라푸라를 중심으로 하는 남쪽 왕조와 코 케르를 중심으로 하는 북쪽 왕조로 분열된다.

## 944년

### 왕국이 다시 통일되다

944년, 자야 4세의 조카인 라젠드라바르만 2세가 북쪽 왕조의 왕으로 즉위한다. 그는 남쪽 왕조와 왕권 전쟁을 벌인 끝에 왕국을 다시 통일하고 수도를 다시 야소다라푸라로 옮긴다. 라젠드라 2세는 베트남 남부, 라오스, 태국 일부와 중국까지 영토를 거대하게 확장했고, 동 메본, 피미엔나카스, 프레 룹 등 건축 사업 또한 활발하게 벌인다. 라젠드라 2세가 죽은 뒤 왕위는 아들인 자야바르만 5세로 이어지고, 1002년 왕국이 다시 분열될 때까지 앙코르 초기 최고의 황금시대를 구가한다.

프레 룹

반띠에이 스레이

## 신을 지배한 사나이, 야흐나바라하

라젠드라 2세와 자야 5세로 이어지는 치세 동안 앙코르 왕국은 국력과 문화 양면에서 번영을 누립니다. 이 당시의 높은 미의식을 보여주는 유적이 바로 반띠에이 스레이입니다. 그런데 이 유적은 왕이 건설한 것이 아닙니다. 야흐나바라하라고 하는 신하가 만든 것이죠.
공식적인 기록에 의하면 야흐나바라하는 왕가의 핏줄을 이은 브라만 계급으로, 의학자·음악가·천문가 등 다양한 분야에서 활동했다고 합니다. 라젠드라 2세의 정신적 스승(guru)이자 자야 5세의 장인으로 왕가 및 백성들의 신망이 높았다고 해요. 그런데 말입니다, 이 인물에게는 당시 막후의 진짜 실력자가 아니었나 하는 의혹(?)이 제기되어 있답니다. 어떤 이유에 의해 이런 얘기가 나오는지 한번 살펴봅시다.
어느 문헌에 야흐나바라하가 제사를 지낸 후 더 이상 번개를 맞지 않게 되었다는 사원에 대한 이야기가 남아 있습니다. 제사의식에 소요되는 제물과 인원까지 상세히 나와 있지만, 어떤 왕의 치세 때인지는 남아 있지 않습니다. 자, 한번 생각해봅시다. 앙코르의 왕들은 '신'이었어요. 번개 같은 하늘의 일은 신이 알아서 해야겠죠? 그런데 신하가 제사를 지냈다는 거예요. 그런 얘기가 당당히 기록까지 남아 있을 정도면, 이 사람의 권위가 도대체 어느 정도였다는 얘기일까요?
이 사원이 어디인가는 학계에서도 의견이 분분하다고 합니다. 개중 가장 유력한 것은 코 케르 지역의 어느 사원이라는 설과 피미엔나카스라는 설이라고 해요. 만일 코 케르 지역이라면 이 인물이 자야 4세를 비롯한 코 케르 왕조를 쥐고 흔든 게 됩니다. 피미엔나카스라면 라젠드라 2세 및 자야 5세가 그의 손아귀에 놓인 게 됩니다. 라젠드라 2세야 워낙 땅 넓히느라 바쁜 분이었고, 자야 5세는 어린 나이에 등극했으니 그가 끼어들 틈이 넓고도 넓었겠죠. 어쨌든 이분, 심상치 않은 인물이었다는 것 하나는 분명합니다. 무엇보다 참 오래 살았나 봐요. 코 케르 왕조부터 자야 5세까지 무려 80년 세월 동안 앙코르 왕국을 쥐락펴락했으니 말이에요.

타 케오

## 1002년

### ○ 왕국, 갈갈이 찢어지다

자야 5세가 죽은 후 1001년 그의 인척인 우다야디티야바르만 1세가 즉위한다. 그는 단 1년 동안 왕위에 있었을 뿐, 그 이후 사망, 실종, 폐위 등 그 어떤 기록도 남기지 않은 채 역사 속에서 홀연히 증발한다. 후계자 계승 또한 제대로 이루어지지 않아 왕국은 서로 자신이 왕권 계승자임을 주장하는 이들에 의해 분열된다. 이 중 가장 큰 세력을 이루고 있던 것은 자야비라바르만 1세와 수리야바르만 1세로, 둘 사이에서 9년간의 피 튀기는 왕위 쟁탈전 끝에 수리야바르만 1세가 승리하게 된다.

## 1011년

### ○ 수리야바르만 1세, 왕국을 통일하고 절대군주가 되다

서 바라이

숙적 자야비라 1세를 꺾은 수리야 1세는 1011년 아직도 남아 있던 군소 왕들을 모두 처단한 뒤 충성서약을 받고 드디어 통일을 이룬다. 외부로는 현재의 태국 영역으로 영토를 확장하고, 내부는 군사력을 기본으로 한 철권통치를 펼쳐 앙코르 역사상 전무후무한 절대왕권을 누린다. 앙코르 톰의 기틀을 다지고 저수지인 서 바라이를 축조하였으나 정작 이렇다 할 사원은 세우지 않아 유적을 중심으로 한 역사에서는 과소평가되고 있는 왕이다.

## 1050년

**○ 왕국, 다시 혼란에 빠지다**

바푸온

수리야 1세가 죽은 후 그의 아들인 우다야디티야바르만 2세가 어린 나이로 즉위한다. 어린 왕을 우습게 여긴 지방 호족 및 귀족들이 사방에서 반란을 일으키지만 다행히 능력 있는 장군에 의해 수습된다. 바푸온, 서 메본 등이 이때 건설된다. 문제는 우다야디티야 2세의 사망 후에 발생한다. 동생인 하샤바르만 3세가 즉위한 뒤 참족의 침공과 지방 호족의 잇단 반란으로 나라가 시끄러워진 것. 한동안 왕좌를 둘러싼 뺏고 뺏기는 피비린내 나는 싸움이 계속되다 1113년 수리야바르만 2세가 왕위에 오르며 겨우 종식된다.

## 1113년

**○ 태양왕 수리야바르만 2세 즉위하다**

호족들과의 치열한 대립 끝에 결국 승리한 수리야바르만 2세는 1113년 왕위에 오른다. 오랜 왕권 다툼으로 약해진 왕조의 권위를 복귀하여 강력한 중앙 통치를 실시했고, 대월국 및 참파 (둘 다 현재의 베트남에 해당)와 전쟁을 반복하다 결국 참파 정벌 도중 사망한다. 그는 자신의 업적을 길이 남기기 위해 역대 최대의 사원을 건축하는데, 그것이 바로 앙코르와트이다.

앙코르와트

바이욘

## 1181년

**○ 유적의 왕 자야바르만 7세 즉위하다**

앙코르 왕국 최전성기를 이끈 왕인 동시에 앙코르 왕국 쇠망의 단초를 제공한 왕이다. 기나긴 앙코르 역사를 통틀어 가장 파란만장한 왕이자 가장 매력적인 왕으로 손꼽힌다. 역대 그 어떤 왕보다 사원 건설 및 증축에 힘을 쓴 왕으로서, 수도를 재정비하여 현재의 앙코르 톰을 구축하고 그곳에 바이욘을 새롭게 짓는다. 어머니를 위한 사원으로 타 프롬을, 아버지를 위한 사원으로 프레아 칸을 세운다. 이 외에도 왕과 왕족을 위한 사원만이 아닌 백성들을 위한 병원, 상인들을 위한 휴게소, 수많은 도로와 다리를 건설한다. 다른 왕과는 달리 불교를 믿었던 터라 그가 지었던 사원도 불교 색채가 강하다. 덕분에 후대의 학자들에게 '도대체 이건 어느 신의 사원이냐'라는 거대한 고민을 안겨 준 왕이기도 하다.

## 1215년

**○ 불교 수난 시대가 시작되다**

훼손된 불상

자야 7세가 왕위에서 물러난 후 힌두교 세력이 다시 권력의 핵심을 장악하였고, 이에 불교 사원이 대대적인 수난을 겪게 된다. 자야바르만 8세 때 불교 탄압은 절정을 맞이하는데, 이때 바이욘, 타 프롬, 프레아 칸 등에 새겨진 불상 부조가 모두 깎여 나가고, 바이욘의 불상은 우물 안에 처박히는 수난을 겪게 된다. 그러나 14세기부터는 소승불교가 자리잡기 시작하여 많은 힌두교 사원이 불교화되었고, 앙코르 왕국이 멸망한 이후로도 소승불교는 캄보디아 사회 전반에 튼튼하게 뿌리 내려 현재까지 확고한 국교로 이어져오고 있다.

## 1431 년

**왕국, 멸망하다**

자야 7세 이후로는 사실 변변히 남아 있는 역사 기록이 없다. 이 시대의 역사를 추정하는 데 가장 큰 단서가 되는 것 중 하나가 바로 사암 사원인데, 자야 7세가 사암을 다 써버리는 바람에 후대에는 사원을 별로 건설하지 못했던 것. 이후의 역사는 주변 국가의 기록과 주달관의 〈진랍풍토기〉 정도에 의존하여 추정하는 것이 전부이다.

어쨌든 자야 7세의 바로 다음 왕인 인드라바르만 2세의 통치 초기부터 왕국은 쇠망의 길을 걷기 시작하는데, 주변 국가들은 상대적으로 크게 성장한다. 앙코르의 용병 민족에 불과하던 타이족이 수코타이, 아유타야 등의 통일 왕국을 건설하고, 원나라가 인도차이나 반도까지 진출하며, 라오스가 세력 확장을 시작한다. 이 가운데 쇠퇴를 거듭하던 앙코르 왕국은 결국 1431년 아유타야 왕국의 침공으로 완전한 종언을 맞는다.

### 앙코르 왕국 멸망과 미스테리

이로써 신들의 나라를 꿈꾸던 앙코르 왕국은 역사와 작별을 고하게 됩니다. 그리고 100여 년 후 그들의 후손인 앙찬 1세가 코끼리 사냥을 나왔다 밀림에 뒤덮인 사원들을 발견할 때까지 이 문명은 완벽하게 사람들의 기억 속에서 사라집니다.

그런데 여기 갑자기 튀어나온 앙찬 1세는 또 어느 나라의 왕이란 말인가요? 이 또한 설이 분분합니다. 앙코르 왕조가 망한 뒤 남은 왕족들이 도읍을 남쪽(현재의 프놈펜 또는 우동)으로 옮겨 왕조를 이어 나갔다는 설이 있고, 앙코르 왕조가 망할 무렵 지방에서 새롭게 일어난 속국 또는 호족의 나라가 성장한 것이라는 설도 있어요. 어쨌든 앙코르가 망한 뒤에도 크메르 민족들은 현재 캄보디아 땅에서 왕국을 꾸리며 살았다는 것만은 확실합니다.

기록에 의하면 앙찬 왕은 이 유적을 발견하고 너무도 신기해합니다. 마치 이러한 거대한 도시가 존재했다는 것을 전혀 몰랐던 것처럼 말이죠. 이후 그는 이 유적을 손질하여 일부 복원하고 앙코르와트 1층 회랑의 미완성 벽화를 그려 넣기도 하죠. 앙코르 시대와 앙찬 왕의 시대가 천년쯤 떨어져 있다면 모르겠습니다만, 기실 백년 정도밖에 차이 나지 않습니다. 그 정도면 충분히 구전으로 이야기가 남을 수 있는 시간입니다. 그런데 앙찬 왕은 전혀 몰랐던 겁니다. 왜일까요.

이 미스터리를 더 복잡하게 만드는 이야기가 있습니다. 아유타야 왕국은 1431년 1차 침공으로 숙적 앙코르 왕국을 굴복시키고 나라를 뺏습니다. 그리고 그 이듬해, 아유타야 왕국은 군사를 몰고 다시금 앙코르 왕국으로 진격합니다. 그리고 그들은 경악합니다. 앙코르 왕국이 텅 비어 있었거든요. 태국 역사서에 기록된 바에 의하면 '단 한 명의 사람도, 단 한 구의 시체도 없었다'고 합니다. 앙코르 왕국의 전성기 시절 인구는 자그마치 100만. 그런데 그 엄청난 인구가, 고작 1년 사이에 깨끗하게 증발해 버린 겁니다. 정말 그렇게 사람들이 깡그리 사라져 버렸다면 이곳의 역사가 도려낸 듯 사라진 것도 이상한 일은 아니죠.

이 이유에 대해서는 여러 가지 추측만 난무할 뿐입니다. 단순 이주설부터 노예 반란, 전염병(말라리아), 심지어 외계인들이 데려갔다는 주장도 있습니다. 외계인설, 장난 아닙니다. 진지한 거예요. 앙코르 유적들의 배치가 캄보디아에서는 보이지 않는 별자리를 그린다는 점, 그런데 씨엠립 인근에는 앙코르 유적의 전체 배치를 조망할 수 있는 높은 곳이 없다는 점 등 인간의 기술로는 설명할 수 없는 게 이 유적 곳곳에 있거든요.

어쨌든 명확한 답은 아직 없습니다. 외계인이 안 데려갔다는 증거도 없지만, 데려갔다는 증거도 딱히 없거든요. 그래서 오늘날까지도 앙코르 왕국 멸망 이후는 미스터리로만 남아 있습니다. 정말, 다들 어디로 간 걸까요?

미리 읽고 가자

# 앙코르 문명과 힌두 신화

힌두 신앙은 인도와 인도차이나 등 범인도 문화권에서는 삶의 모든 부분에 녹아 있는 철학적 배경이자 가장 중요한 전승 문학이었다. 앙코르 유적의 건축물들은 힌두 신화의 나오는 신의 세계를 구현하며 지어졌고, 수많은 부조와 벽화들에서는 힌두 신화에 나오는 이야기와 신성, 상징들이 등장한다. 앙코르를 이해하기 위해 힌두 신화는 꼭 거치고 넘어가야할 필수 과목이라고 봐도 좋다.

## STORY 1 앙코르에서 만나는 힌두 신화의 세계관

### 신들이 사는 곳, 메루 산

힌두 신화에서는 세계의 중심에 일곱 개의 산맥이 있고, 그 중심에 메루(meru) 산이라는 높은 산이 존재한다. 이 산은 대륙의 중심을 회전축처럼 꿰뚫고 있으며 꼭대기에는 신들이 살고 있고 그 바닥은 지옥까지 닿는다. 불교에서는 수미산(須彌山)이라 하며, 히말라야 산맥의 카일라쉬 산을 모델로 한 것이라 한다. 유적의 중심에 위치한 중앙 탑은 바로 이 메루 산을 형상화한 것. 성벽은 메루 산을 둘러 싼 일곱 산맥을 의미한다.

피라미드형 사원의 중앙 탑은 메루 산을 상징한다.

### 신계와 인간계를 구분하는 바다

힌두 신화에서는 일곱 산맥을 둘러 싼 바다가 있다고 한다. 앙코르 유적의 해자는 바로 이 바다를 표현한 것. 해자를 경계로 사원은 세속으로부터 분리된 신성한 신의 세계가 된다.

앙코르와트의 해자. 이 해자를 경계로 앙코르와트는 신계가, 그 바깥은 인간계가 된다.

### 마르지 않는 샘, 아나바타프타

세계의 정중앙에 있는 샘으로, 세상이 창조될 때 가장 먼저 물이 찼고 세상이 파괴될 때에도 마지막까지 물이 남아 있는 곳이다. 인더스, 갠지스, 아무다리야, 황하 등의 발원지로 여겨진다. 앙코르의 인공저수지 유적은 아나바타프타를 모델로 지어진 경우가 많다.

아나바타프타를 모델로 한 대표적인 유적인 니악 포안

### 생을 좌우하는 법칙, 다르마

힌두 신앙의 가장 중요한 교리로서, 인간사의 모든 규범과 도리를 일컫는다. 올바른 인과관계, 윤리, 종교의 가르침 등으로 이를 충실히 따르는 것이 올바른 삶이다. 앙코르의 왕들은 다르마에 정통한 존재로 여겨졌다.

앙코르와트의 1층 회랑 부조 중 '천국과 지옥'. 다르마에 어긋난 삶을 산 사람이 지옥에서 벌을 받는 모습이다.

### 무지개, 인간계와 신계를 연결하다

해자에는 사원과 연결되는 다리가 놓여 있고, 다리의 난간은 나가로 되어 있는 경우가 많다. 어느 학자의 주장에 의하면 다리 또한 단순히 물을 건너기 위한 도구가 아니라 무지개를 상징하는 것이라 한다. 고대 세계에서 무지개란 인간계와 신계를 연결하는 다리로 여겨졌는데, 이를 형상화한 것이 바로 다리와 나가로 된 난간이라는 것.

앙코르와트의 다리를 지키고 있는 늠름한 나가 장식

## STORY 2 힌두 신화의 신들을 소개합니다!

힌두 신앙은 다신교로서 세계의 생성과 유지, 종말을 관장하는 삼주신(三主神)을 중심으로 다양한 신들이 있는데, 그 수가 무려 3억 3천만이라 한다. 그중 앙코르를 이해하기 위해 꼭 알아야 하는 신 및 신성한 존재 들을 소개한다.

### 브라흐마(Brahma)

우주만물을 창조한 신. 머리가 네 개 달린 모습이다. 원래는 다섯 개였으나 하나가 시바의 안광(眼光)으로 타 버렸다고도 한다. 백조를 타고 다니는 것으로 묘사된다. 배우자는 지혜의 여신 사라스와티이다.

### Column 인기 없는 신, 브라흐마

브라흐마는 힌두의 3주신 중 가장 인기가 없는 신입니다. 비슈누나 시바를 믿는 신앙 및 신전은 힌두 문화권 곳곳에서 쉽게 발견되지만 브라흐마의 것은 찾아보기 힘들죠. 왜 이렇게 푸대접을 받는 걸까요? 바로 그가 '창조의 신'이기 때문이에요. 세계가 창조된 일은 이미 과거잖아요. 그러니까 현실과 미래를 관장하는 나머지 두 신에게 잘 보이는 것이 더 낫다는 야박하고도 현실적인 힌두의 판단이랍니다. 브라흐마 안됐네요. 기껏 창조해 줬더니 다들 이렇게 외면이나 하고 말이죠.

### 비슈누(Vishnu)

우주의 조화와 질서, 다르마를 관장하는 유지의 신. 여러 개의 팔(보통 네 개)에 원반, 곤봉, 연꽃 등을 들고 있으며, 거대한 상상의 새인 가루다(Garuda)를 타고 다닌다. 세상의 도덕과 정의가 타락했을 때 화신(化身)의 형태로 지상에 강림하여 불의를 바로잡는다. 앙코르와트가 바로 비슈누에게 바쳐진 사원이다. 배우자는 행운의 여신인 락슈미.

## 비슈누의 화신

일반적으로 비슈누의 화신은 물고기, 거북이, 멧돼지, 반인반사자, 난쟁이, 투사, 라마, 크리슈나, 부처, 칼키 총 열 가지로 정리합니다. 각자의 화신마다 얽혀 있는 이야기가 있고 앙코르 유적의 벽화 및 부조의 주요 소재로 표현됩니다. 모두 알 필요는 없지만 거북이 쿠루마(Kuruma), 난쟁이 바마나(Vamana)와 〈라마야나〉의 주인공인 라마(Rama), 힌두 신화 최고의 히어로인 크리슈나(Krishna)는 이름만이라도 기억해 두는 것이 좋습니다. 앞의 아홉 가지는 이미 세상에 나왔지만 마지막 화신인 칼키(Kalki)는 아직 세상에 나오지 않았습니다. 세상의 종말에 백마를 타고 와서 심판할 것이라고 하는데, 적어도 제 살아생전에는 칼키를 만날 일이 없었으면 하는 바람입니다.

**• 시바(Shiva)**

파괴의 신이다. 우주의 주기에서 마지막 단계를 맡고 있으며, 새로운 창조를 위한 파괴를 한다. 위가 뾰족한 관을 쓰고 목에 뱀을 감고 있으며, 삼지창 등의 무기를 지닌 모습으로 묘사된다. '난디'라는 이름의 황소를 타고 다니며 배우자로는 파르바티, 우마, 두르가 등이 있다. 앙코르 왕국에서 가장 유행하던 신앙이 바로 시바 신앙으로, 앙코르 힌두 사원의 대부분이 시바를 모시는 사원이다.

## 링가(Linga)

시바를 모시는 신전을 보면 신상(神像) 대신 링가(Linga)를 모시는 경우가 많습니다. 네모난 지지대 위에 포탄 모양의 돌이 올라가 있는 건데요. 위에 있는 돌을 링가, 아래 지지대를 요니라고 합니다. 이게 뭐냐면요, 시바의 남근이랍니다. 요니는 아니나 다를까 여성의 생식기고요. 링가 신앙은 민간에도 깊숙이 파고들어 있습니다. 캄보디아에서는 다른 신의 사원이나 불교 사원에서도 링가를 흔히 볼 수 있어요. 링가에 소원 빌기는 230페이지에 더 얘기하겠습니다.

**• 하리하라(Hari-Hara)**

'하리'는 비슈누, '하라'는 시바의 또 다른 이름으로, 시바와 비슈누를 반반씩 섞어 놓은 형태이다. 앙코르 왕국의 옛 수도이자 현재 롤루오스 지역의 옛 이름인 '하리하랄라야'는 이 신의 이름에서 따온 것이다.

**• 인드라(Indra)**

신들의 수장. 삼주신이 시간과 섭리를 관장한다면, 인드라는 본격적으로 신들을 진두지휘한다. 전쟁을 관장하는 신이기도 하여 영웅, 용맹함 등의 이미지와 결부된다. 번개를 손에 들고 흰 코끼리를 타고 있는 모습으로 묘사된다. 벽화나 장식 등에서 자주 발견된다.

**• 야마(Yama)**

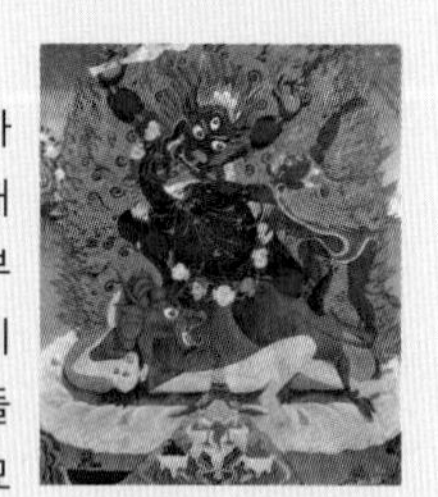

죽음을 관장하는 신이다. 최초의 사자(死者)로서 저승을 다스린다. 염라대왕과 동일인물이다. 알록달록한 피부색에 물소를 타고 다니며 왼손에는 시체에서 영혼을 끌어당기는 밧줄을 들고 있다. 칼을 들고 있는 것으로도 묘사된다. 앙코르와트 1층 회랑 부조 중 '천국과 지옥'의 주인공이며, 문둥왕 테라스 위의 석상의 모델로도 추측된다.

**• 가네샤(Ganesha)**

지혜, 행운, 재산 등을 관장하는 신으로, 머리는 코끼리로 되어 있고 팔은 네 개이며 쥐를 타고 다닌다. 시바와 파르바티 사이에서 태어난 아들인데, 코끼리 머리에 대해서는 재미있는 전설이 전해 내려온다. 원래는 정상적인 머리를 갖고 있었으나 아버지 시바와 옥신각신하다 아버지가 가네샤의 머리를 베어 버린다. 어머니가 항의하자 시바가 미안하다며 지나가던 코끼리의 머리를 잘라 얹어 주었다는 것. 워낙 인기 만점의 신이라 많은 벽화 및 부조에 등장한다.

**라마(Rama)**

인도 신화의 대서사시 〈라마야나〉의 주인공으로, 비슈누의 일곱 번째 화신으로 여겨진다. 앙코르와트 1층 회랑의 벽화 '랑카의 전투'를 비롯하여 반띠에이 스레이 등 여러 유적에서 〈라마야나〉의 내용을 담은 부조가 많이 발견된다. 활을 든 모습으로 묘사될 때가 많다.

**크리슈나(Krishna)**

비슈누의 여덟 번째 화신으로, 인도 신화 곳곳에 자주 등장하는 영웅적인 인물이다. 산을 들어 올리거나 뱀과 싸우는 등 주로 힘으로 해결하는 이야기가 많은데, 의외로 원래 직업은 목동이다. 앙코르와트 1층 회랑 부조 '쿠룩세트라의 전투'를 비롯하여 다양한 곳에서 등장한다.

**데바(Deva)와 아수라(Asura)**

데바는 신을 총칭하는 단어이고, 아수라는 데바와 적대관계에 있는 악신을 총칭하는 말이다. 데바와 아수라의 대결구도는 힌두 신화의 중요한 내용이고, 그 중 '우유의 바다 젓기'는 앙코르 유적에서 흔히 발견된다. 가장 유명한 것은 앙코르와트 1층 회랑 부조와 앙코르 톰 남문의 석상이다.

데바

아수라

**칼라(Kala)**

죽음의 신, 궁극적인 파괴의 신이다. 입이 귀밑까지 찢어진 괴물의 얼굴을 하고 있으며, 모든 것을 먹어 치워 암흑으로 되돌리는데, 심지어 자신의 몸뚱이까지 먹어 치웠다고 한다. 건물의 상인방이나 기둥 장식에 잡귀를 잡아먹으라는 의미, 즉 액막이로 많이 조각된다.

**압사라(Apsara)**

비슈누가 우유의 바다를 저을 때 물거품에서 태어난 6억 명의 천사. 사원의 기둥이나 벽을 장식할 때 가장 많이 쓰이는 상징이다.

**나가(Naga)**

신성한 뱀으로, 수호신으로 여겨진다. 불교에서는 부처가 명상에 잠겼을 때 뒤에서 비를 가려준 존재로 묘사된다. 여러 개의 머리를 화려하게 펴고 있는 모습으로 사원 입구에 조각상을 만들어 놓은 경우가 많다. 〈우유의 바다 휘젓기〉에서 줄 대용으로 쓰이는 뱀 '바수키'가 바로 나가의 왕이다.

## 앙코르 시대에도 카스트 제도가 있었다!

앞의 내용을 읽어보면 '브라만(Brahman)'이라는 내용이 심심치 않게 나옵니다. 그렇다면 앙코르 시대도 인도처럼 카스트가 있었다는 뜻일까요? 답은 'Yes'입니다. 힌두 사회는 윤회와 다르마가 모든 것을 결정한다고 믿었잖아요. 카스트는 전생의 업으로 결정되는 계급이고요. 없을 수가 없는 신분제도였겠지요. 앙코르의 카스트는 인도의 그것과 대동소이 합니다.

## 알고 보면 흥미진진한 힌두 신화 이야기

앙코르 유적의 곳곳에는 정교하고 아름다운 부조나 조각이 산재한데, 이들 대부분이 힌두 신화를 소재로 하고 있다. 그냥 봐도 아름답고 신기하지만, 이야기를 알고 보면 한층 더 친숙하고 감동적으로 다가온다. 앙코르 유적을 볼 때 알면 좋은 이야기 몇 가지를 소개해 본다.

앙코르와트 1층 회랑 부조. 〈라마야나〉 중 '랑카의 전투'를 묘사하고 있다.

### 힌두 신화의 오디세이, 〈라마야나〉

코살라 왕국의 왕자 라마는 어릴 때부터 범상치 않은 영웅의 풍모를 지니고 있었다. 열여섯 살 되던 해 라마는 성인 비슈와미트라에게 마왕 라바나를 물리칠 재목으로 점 찍혀 신들의 무예를 수련하게 된다.
한편 이웃 나라 비데하 왕국에는 왕이 시바에게 받은 활이 있었다. 인간은 물론 락샤사나 아수라, 데바들도 구부리기는커녕 들어 올리지도 못하는 활이었다. 비데하의 왕은 그 활을 구부리는 자에게 자신의 딸 시타를 줄 것이라고 공언한다. 라마가 비데하 왕국으로 찾아가 그 활을 구부리자 활이 그 자리에서 두 동강 나 버린다. 라마는 약속대로 시타 공주와 결혼한다.
이후 코살라 국은 왕위를 둘러싼 갈등에 휩싸이는데, 왕위 계승자에 가장 가까웠던 라마는 큰 음모에 휘말린다. 왕위를 내던진 라마는 아내 시타와 동생 락슈마나를 데리고 먼 곳에 있는 숲으로 14년 동안 유배를 떠난다. 숲 속에서 지내는 동안 라마는 마왕 라바나의 여동생인 마녀 슈르파나카를 만난다. 그녀는 라마에게 반해 청혼을 하지만 거절당한다. 화가 난 슈르파나카가 시타를 해치려 하자 락슈마나가 그녀의 코와 귀를 잘라 버린다. 슈르파나카는 자신의 큰 오빠이자 랑카 섬의 지배자 마왕 라바나에게 찾아가 복수를 해달라고 부탁하고, 라바나는 라마의 아내인 시타를 납치해 버린다.
라마와 락슈마나는 시타를 찾아 길을 떠나는데, 도중에 그들을 도와줄 세력으로 원숭이의 왕 수그리바를 추천받고 그를 찾아간다. 마침 형인 발리와 왕위 전쟁 중이던 수그리바는 기꺼이 라마와 우정의 동맹을 맺는다. 수그리바와 발리가 치열한 전투를 벌이는 동안 라마는 숲 속에 숨어 있다 활로 발리를 쏴서 죽인다.
수그리바는 시타를 찾기 위해 부하 하누만을 파견한다. 다양한 모험 끝에 하누만은 랑카 섬에 있는 시타를 찾아내고, 이 보고를 들은 라마는 수그리바와 함께 랑카 섬까지 거대한 다리를 놓고 그곳으로 쳐들어간다. 랑카 섬에서는 원숭이들과 락샤사(악마)들 사이에 피 튀기는 전투가 벌어진다. 라마와 락슈마나, 하누만이 힘을 합쳐 거대한 활약을 벌이지만 라바나는 쉽게 죽지 않는다. 라마는 신의 도움을 받아 '브라흐마스트라'라는 화살을 날리고, 이것이 라바나의 심장을 뚫어 마침내 라바나가 죽게 된다. 전쟁이 끝나자 하늘에서 신들이 내려와 라마가 사실은 비슈누의 화신이라는 것을 알려주고, 라마는 코살라의 왕이 되어 세상을 평화롭게 다스린다.

#### 주연급 조연, 하누만

하누만은 바람의 신 바유의 아들로, 원숭이 왕 수그리바의 충직한 장수였습니다. 그는 라마가 시타를 찾는 데 가장 결정적인 공헌을 하고, 랑카 섬의 전투에서도 혁혁한 공훈을 세웁니다. 하누만이 라마야나에서 차지하는 비중은 상당합니다. 라마야나 총 일곱 권 중 통째로 한 권 분량이 하누만의 모험을 그리고 있을 정도죠. 하누만의 모험 이야기는 제법 흥미진진한데요, 중국의 기서 〈서유기〉의 손오공이 겪은 것과 여기저기 흡사한 내용이 많습니다. 그래서 하누만이 손오공의 모델이라는 주장도 곳곳에서 심심찮게 나옵니다만, 확인된 증거자료나 문헌은 없다고 하네요.

### 정의와 다르마의 이야기, 〈마하바라타〉

〈라마야나〉와 함께 인도의 2대 서사시로 꼽힌다. 인도어로 '마하'는 위대하다라는 뜻이고 '바라타'는 어느 일족의 이름이다. 즉 '위대한 바라타족의 일대기'라는 뜻이다. 정의와 다르마를 주제로 다양한 전설 및 교훈적인 이야기가 한데 묶여 있다.
그중 가장 유명한 것은 쿠루족의 왕권 다툼을 다룬 '쿠룩세트라의 전투'에 얽힌 이야기이다. 판다바 5형제는 쿠루족의 정당한 왕위 계승자였으나 사촌인 카우라바 형제들에게 밀려 왕궁에서 쫓겨난다. 판다바 형제는 그들의 사촌인 크리슈나를 만나 동지가 된다. 오랜 분쟁 끝에 판다바 형제와 카우라바 형제는 크룩세트라의 평원에서 맞부딪치고, 이 분쟁은 신계와 인간계를 모두 아우르는 대규모의 전쟁이 된다. 이 전쟁에서 카우라바 일족은 전멸하고, 판다바 측은 형제들과 크리슈나만이 살아남게 된다. 판다바 5형제는 승리를 거머쥐고도 전쟁 중 친척 및 스승을 죽인 업을 쌓았기 때문에 히말라야 산맥에서 고행을 하고 나서야 비로소 천국으로 올라간다.

## 영생의 약을 건져라! 〈우유의 바다 휘젓기〉

창세에 얽힌 힌두의 신화. 데바(선한 신)들은 아수라(악신)들과의 싸움에서 패하기를 거듭해 급기야 전멸할 위기에 처한다. 이에 데바들은 비슈누에게 도움을 청하고, 비슈누는 한 가지 아이디어를 낸다. 우유의 바다를 휘저어 그 아래에 잠겨 있는 영생의 약 암리타를 건져 올려 마시자는 것. 그러나 이 일은 너무 힘든 일이라 데바만으로는 불가능하다. 그러자 비슈누는 꾀를 내는데, 아수라들에게도 암리타를 나눠주겠다고 거짓말을 하여 이 일에 참가시키자는 것이었다. 비슈누에 거짓에 속은 아수라들이 흔쾌히 동참하여 드디어 우유의 바다를 휘젓는 대 역사가 시작된다. 만다라산을 뽑아와 회전축으로 삼고, 비슈누는 거북이 쿠르마로 화하여 회전축의 아래를 받친다. 거대한 뱀 바수키를 만다라산에 감은 뒤 한쪽은 아수라들, 한쪽은 데바들이 당기며 우유의 바다를 휘젓는다. 바다를 휘젓자 그 안에서 독약, 암소, 술의 여신, 락슈미 여신, 백마 등등이 나오고, 바다를 저으며 생긴 거품에서 6억의 압사라가 태어난다. 천 년간 바다를 젓자 마침내 암리타가 나오는데, 비슈누는 아수라들을 속여 데바들에게만 암리타를 마시게 한다. 이로써 데바들은 불멸의 생을 얻고 신들의 세계에 거하게 된다.

## 사랑이 눈에 보이지 않는 이유, 〈사랑의 신 카마〉

시바가 아내 파르바티와 사랑에 빠지게 된 사연을 그린 이야기. '타라카'라는 악마가 세상에 나타나 판을 친다. 타라카는 시바의 아들이 태어나 물리칠 운명이었는데, 시바는 하필 산속에서 금욕생활을 하는 중이었다. 신들은 어떻게든 시바와 파르바티를 맺어주기로 결심하고 사랑의 신 카마를 동원한다. 카마와 파르바티는 시바가 자는 틈을 타 그를 찾아가고, 파르바티가 시바의 목에 목걸이를 거는 동안 카마가 시바의 가슴에 사랑의 화살을 쏜다. 그 순간 눈을 뜬 시바는 파르바티와 눈이 마주치고 그 자리에서 사랑에 빠진다. 그러나 이것이 카마의 농간임을 금세 눈치 챈 시바는 모든 것을 태우는 제 3의 눈을 열어 카마를 그 자리에서 태워 버린다. 이후 카마를 가엾게 여긴 시바는 카마를 살려 주었지만 육신은 돌려주지 않았다. 육신이 없는 존재가 된 후 카마는 오히려 예전보다 더 활발하게 돌아다니게 된다. 이런 연유로 인도인들은 사랑은 눈에 보이지 않으며 한순간 갑자기 찾아오는 것이라고 믿고 있다.

## 천상계 파워대장들의 대결, 〈크리슈나 VS 인드라〉

인도 신화 내에서 크리슈나와 인드라는 그다지 궁합이 좋지 못하다. 종종 대결 구도로 그려지는데, 가장 대표적인 일화는 다음의 것이다. 크리슈나는 유목민들이 인드라에게 제사를 올리는 것을 보게 된다. 왜 그러냐고 묻자, 유목민들은 번개와 자연을 관장하는 인드라가 비를 내려 줘야 대지가 풍요로워지기 때문에 제사를 지내는 것이라고 답한다. 그러자 크리슈나는 제사를 지내지 말고 자연과 살아 있는 것들 풍요롭게 만들 방법을 찾으라고 한다. 자신에게 제사를 드리지 말라는 말에 격노한 인드라는 폭우와 번개를 퍼붓는다. 크리슈나는 인드라의 분노로부터 유목민과 가축을 보호하기 위하여 고바르다나산을 번쩍 들어 비와 번개를 막는다.

## 〈라마야나〉의 프리퀄, 〈라바나, 카일라사 산을 흔들다〉

〈라마야나〉에 등장하는 락샤사의 왕 라바나의 에피소드로, 〈라마야나〉의 예고편쯤 되는 이야기다. 라바나는 시바와 파르바티가 살고 있는 카일라사 산에 들어가려고 하였으나, 원숭이머리의 수문장들에게 가로막혀 뜻을 이루지 못한다. 화가 난 라바나가 수문장들에게 호통을 치자, 수문장들은 되려 라바나의 권세가 원숭이들에게 의해 깨질 것이라고 응수한다.
라바나는 어떻게든 시바의 주의를 끌기 위해 카일라사 산을 번쩍 들어 마구 흔들어 댔다. 이에 화가 난 시바는 발가락으로 산을 눌렀고, 라바나는 산 밑에 납작하게 깔린다. 시바의 위세에 눌린 라바나는 산 밑에 깔린 채 잘못을 사죄하는 의미로 천 년 동안 시바를 칭송하는 노래를 부른다. 그제서야 시바는 노여움을 풀고 라바나를 놓아 주었다.

미리 읽고 가자

# 앙코르 유적 심화 학습

'아는 만큼 보인다'라는 말을 금과옥조처럼 여기는 지적인 여행자라면 지금부터 소개하는 앙코르 유적에 대해 한 걸음 더 들어간 심화 지식들을 유심히 읽어 볼 것. 몰라도 보는 데는 지장이 없으나, 알고 나면 앙코르가 한층 더 의미 깊게 다가올 것이다.

## 알고 보면 더 재미있는 앙코르 유적의 비밀

앙코르 유적은 세계적인 미스터리로 통하고 있지만, 크메르인들의 삶이 담겨 있는 엄연한 역사 유적이다. 마냥 신기하게만 보이지만 알고 보면 깊은 의미가 담긴 것들, 또는 더 신기하게 보이는 지식들을 소개한다.

### 앙코르, 역사가 없다!

신들의 세계를 살고자 했던 앙코르인들. 인간의 역사를 기록하는 것에는 별 관심을 두지 않았던 모양인지, 앙코르 왕국은 자신들의 역사를 기록한 사서(史書)를 남겨 두지 않았다. 비문, 벽화, 양피지로 된 문헌, 주달관 등 외국인들이 남긴 기록 등 산발적인 기록이 존재할 뿐 정통 역사서는 존재하지 않는다. 현재 알려진 앙코르의 역사는 후대 학자들이 연구한 결과를 토대로 추정한 것이다. 맥락은 대부분 일치하나 학자들마다 연대나 왕의 업적, 중요도 등은 조금씩 다르므로 자료들마다 다소간의 차이를 보이는 경우가 흔하다.

### 유적 이름은 어떻게 만들어졌다.

앙코르와트, 프레아 칸, 반띠에이 스레이… 현재 우리가 알고 있는 각 유적의 이름들이다. 그러나 이는 사실 앙코르 시대의 당시 사원의 이름은 아니다. 앙코르 왕국 멸망 이후 그 주변에 살던 현지인들이 자연스럽게 붙인 이름으로, 주변의 지형지물 및 유적의 특성과 직관적인 작명 센스가 결합한 것이다. 이를테면 근사한 여성의 조각이 있는 유적에는 '여자의 성채(반띠에이 스

아름다운 여신상 부조 때문에 '여자의 성채'라는 뜻의 이름을 얻은 반띠에이 스레이.

레이)'라는 이름을, 소가 엎드려 있는 사원에는 '신성한 소(프레아 코)'라는 이름을 붙였다. 그렇다면 진짜 이름들은 무엇이었을까? 정답은 '알 수 없다'이다. 정확한 이름이 전해진 것이 드물고, 사원의 이름이 적혀 있는 문서들은 간간히 있으나 위치가 나타나 있지 않아 학자들끼리의 갑론을박만 계속되고 있다.

## 앙코르 = 노다지?

'노다지'라는 말의 어원을 아시는 분들 있을 겁니다. 구한말, 금광에서 금이 쏟아져 나오면 외국인 기술자들이 조선인 노동자들에게 만지지 말라는 뜻에서 "노 터치!"라고 외쳤는데, 그것을 조선인들이 '금=노터치'로 받아들여 지금의 '노다지'라는 말이 만들어졌단 얘기죠.

'앙코르'는 '도시, 마을' 정도의 뜻을 가진 단어로 번역됩니다만, 사실 이 말은 캄보디아어에는 없는 말입니다. 원래 왕국의 이름도 '앙코르'가 아니라 '캄부자'였대요. 외국에서는 '진랍' 등으로 불렸고요.

그럼 이 '앙코르'는 도대체 어디서 튀어나왔을까요? 여러 가지 설이 분분합니다만, 가장 일반적인 설은 이렇습니다. 당시 인도차이나 사람들은 이 유적을 가리켜 '노꼬르'라고 불렀답니다. 산스크리트어로 '도시'를 의미하는 '나가라'가 변형된 일종의 고유명사였는데요, 이것이 옹꼬르로 변했다가 현재의 앙코르로 정착했다는 것입니다. 그리고 또 하나의 유력한 설이 있습니다. 이 지역은 현재도 태국과 캄보디아의 국경과 가까운데요, 한때 태국의 지배를 받기도 했대요. 그래서 곳곳에 태국어가 많이 남아 있었답니다. 태국어로 도시는 '나콘'이라고 하는데요, 19세기에 이곳을 방문한 유럽인들이 원주민들에게 저게 뭐냐고 묻자 옛 도시라는 뜻에서 '나콘'이라고 대답한 거죠. 그걸 유럽인들이 '앙코르'라는 이름의 도시라고 잘못 알아들었다는 거예요. 유럽으로 돌아가 앙코르, 앙코르 한 게 지금까지 왔다는 설입니다. 이 설이 맞다면 그야말로 캄보디아판 노다지네요.

바이욘은 대표적인 피라미드 형 유적이다.

## 앙코르 유적은 두 종류

앙코르 유적은 크게 분류하여 평면 배열 방식과 피라미드 방식 두 가지 형태로 나뉜다. 예외도 존재하나, 왕이 직접 축성한 대규모의 사원은 대부분 이 분류에 맞아떨어진다고 생각해도 틀리지 않다.

### 평면 배열 방식

단층 유적이 지면을 따라 넓게 자리하고 있거나 넓은 부지에 여러 개의 탑을 세운 형식. 프레아 칸, 타 프롬, 동 메본 등이 이에 속한다. 주로 왕의 부모나 조부모 등 조상을 위한 사원이 이러한 형태로 지어진다.

### 피라미드 방식

층층이 위로 올라가는 형태의 사원으로 앙코르와트, 바이욘, 바콩 등이 이에 속한다. 주로 왕 자신을 위한 사원, 즉 왕릉으로 지어진 경우가 많다. 왕들은 자신의 즉위 기간 동안 사원을 만들어 자신이 모시던 신들을 중앙 성소에 모셨고, 왕이 죽으면 왕의 시신을 중앙 성소에 안치하였다.

## 앙코르 유적의 양면성 – 상징과 실용

앙코르의 사원들은 힌두의 종교관을 건축물로 구현한 것이지만 분명한 실용성도 가지고 있었다. 예를 들어 유적을 둘러싼 해자는 우주의 바다를 상징함으로써 신성한 공간과 세속적인 공간을 구분하는 의미를 지녔으나, 성 안을 보호하려는 목적을 지닌 경우도 있었다. 또한 저수지는 불멸의 호수 아나바타프타(Anavatapta)를 상징함으로써 왕권의 불멸성을 표현한 것이었으나, 또한 도시에서 다모작을 가능케 하여 도시에 인구를 집중시키고 그로써 중앙 집권을 도모하려는 목적도 있었다. 신의 세계를 꿈꾸면서 인간 세계의 정치도 놓치지 않았던 앙코르의 양면성을 엿볼 수 있다.

## 앙코르 유적 구석구석의 용어와 명칭들

유적에 들어서면 눈을 사로잡는 수많은 건물과 흔적과 상징들. 그런 것들을 그냥 '이거' 또는 '저거'로만 부르기에는 조금 아깝지 않을까? 앙코르 유적 곳곳에서 보이는 건물 및 상징들에 대한 정확한 명칭, 유적의 이름이나 지명으로 자주 등장하는 단어 등에 대해 해설한다.

### 유적의 세부 명칭

**고푸라(gopura)**

탑 형태로 된 출입문. 인도 문화권의 건축물에서 보이는 독특한 건축 양식이다.

자야바르만 7세 건축물의 특징인 사면상 고푸라

**린텔(Lintel)**

상인방(上引枋)이라고도 한다. 출입구나 창문 등 뚫린 공간 위에 길게 서까래를 대는 것으로, 위에서 아래로 누르는 하중을 분산시키는 역할을 한다. 앙코르의 건축물에서는 린텔에 화려한 부조를 새겨 넣는데, 앙코르 건축물의 가장 큰 특징 중 하나이다.

힌두 신화의 세계가 화려하게 조각되어 있는 린텔

**프론톤(Fronton)**

린텔 위쪽의 박공지붕을 말한다. 주로 출입문에 붙어 있으며, 화려한 조각으로 장식되어 있는 경우가 많다.

화려한 조각이 가득한 반띠에이 스레이의 프론톤

**붙임기둥**

벽에서 살짝 돌출된 형태의 반원형의 기둥으로, 앙코르의 건축물에서는 주로 출입문(가짜문) 양옆에 세운다.

가짜문 양 옆에 멋지게 붙어 있는 반원형의 붙임기둥

**문지기**

출입구 양옆으로 조각되어 있는 신상. 남신은 드바라팔라(Dvarapala), 여신상은 데바타(Devata)라고 한다. 주로 남성을 모시는 사원에는 남신상이, 여성을 모시는 사원에는 여신상이 조각되어 있다.

딱 봐도 여신 '데바타'.

### Column 가짜문과 가짜 창

앙코르 유적을 보다 보면 꾹 닫힌 문들을 많이 볼 수 있습니다. 너무 단단하게 닫혀 있는 데다 손잡이조차 보이지 않습니다. 안에 보물이라도 숨겨둔 걸까요? 아님 시체? 사실 그것들은 진짜 '문'이 아닙니다. 그냥 문 형태를 띤 벽장식일 뿐이니 당연히 열리지 않죠. 창문 모양인데 뒤는 다 막혀 있는 가짜 창도 많습니다. 앙코르 건축의 가장 큰 특징 중 하나라고 하네요.

### ○ 중앙 탑

우아하고 당당한 연꽃 봉오리를 연상케 하는 앙코르와트의 중앙 탑

건축물의 가장 중앙에 위치하는 탑으로 앙코르 건축물의 포인트이다. 반듯한 정사각형에 벽의 네 면이 각각 동서남북을 향하며, 동쪽에만 출입문을 둔다. 천정부터 정상까지는 원추형으로 연꽃의 봉오리를 형상화했다. 탑 가운데에는 있는 방을 중앙 성소라 하는데, 왕이 믿던 신상 또는 링가를 모신다.

### ○ 도서관

앙코르와트의 도서관

앙코르 건축물에서만 볼 수 있는 독특한 공간으로, 중심 건물 앞쪽에 마주보는 형태로 서 있는 두 개의 정방형 건물을 말한다. 사실 '도서관'이라는 명칭은 서양학자들이 '뭔가 지적인 분위기가 나는 것 같다'며 임의로 붙인 것에 불과하고, 실제로는 제례 도구를 보관하던 곳이라는 설이 있으나 명확히 밝혀진 것은 없다.

### ○ 사자

유적의 입구나 계단 손잡이 등에는 거의 반드시 사자상이 있다. 신성한 공간을 지키는 일종의 수호신의 의미다. 이 사자를 통해 유적의 시대를 구분하기도 한다.

앙코르 유적의 사자 동상에는 대부분 꼬리가 없다. 이유는 190페이지에서.

**Tip**

#### 유적 이름에 붙은 이 단어, 무슨 뜻?

- 톰(Thom) – 거대한, 큰
- 왓(Wat) – 사원, 절
- 반띠에이(Banteay) – 성채
- 프놈(Phnom) – 산
- 프라삿(Prasat) – 위대한, 탑
- 프레아(Phrea) – 신성한

**Tip**

#### 앙코르의 건축재료

**라테라이트** – '홍토(紅土)'라고도 한다. 열대 지방에 분포하는 적갈색의 흙으로 산화철 및 알루미늄의 성분을 포함하고 있다. 습기가 있을 때는 부드럽지만 건조한 공기에 내놓으면 단단하게 굳는 성질이 있다. 앙코르 유적에서 건물의 기초를 다질 때 주로 사용한 자재이다.

**벽돌** – 앙코르 초기의 유적은 벽돌을 쌓아 올린 형태로 만들어진 것이 많다. 특히 벽돌로 쌓은 탑이 많은데, 이러한 벽돌탑을 전탑(塼塔)이라고 한다.

**사암** – 10세기 건축물은 대부분 사암으로 지어졌다. 석회암보다는 단단하고 화강암보다는 물러 건축 자재로써 훌륭하며 조각하기도 비교적 좋다. 주로 프놈 쿨렌의 채석장에서 소나 코끼리로 실어 왔다 전해진다.

**나무** – 앙코르 톰 벽화나 기타 자료로 유추해 보면 앙코르 시대 당시 사람들의 주거지는 주로 나무로 지어졌다. 그러나 세월이 지나면 썩는 나무의 특성 및 숱한 전란으로 현재 나무로 된 유적은 하나도 남아 있지 않다.

## 앙코르 유적에는 화장실이 있나요?

유적을 돌다 보면 더위와 피로에 지쳐 평소보다 물을 많이 마시게 됩니다. 화장실을 찾는 것은 당연지사죠. 그런데 깨끗한 화장실이 없다면 여행자 입장에서는 또 그만한 재앙이 없습니다. 게다가 캄보디아는 저개발 국가죠. 혹시 화장실이 없거나 푸세식인 건 아닐까 걱정하시는 분들, 있을 겁니다. 하지만 걱정하지 마세요. 앙코르의 주요 유적에는 깨끗하고 넓은 화장실이 마련되어 있습니다. 물도 잘 나오고 휴지도 있습니다. 유적 티켓을 보여주면 공짜로 입장 가능해요. 유적 내부에는 없고요, 유적 경내 바로 바깥쪽의 출입구 멀지 않은 곳에 자리하고 있습니다. 솔직히 유적 내부는 화장실 같은 거 있기엔 너무 신성한 공간이잖아요. 위치는 가이드 및 툭툭·승용차 기사에게 물어보면 됩니다. 조금 센스 있는 가이드나 기사들은 유적 한 바퀴 돌고 오면 화장실부터 안내해 줍니다.

# Angkor Thom

## 위대한 도시 - **앙코르 톰**

**한때 인도차이나를 호령하던 앙코르 왕국의 수도. 위대하고 파란만장한 왕 자야바르만 7세의 도시인 동시에 무려 백만 명이 거주하던 12세기 세계 최고의 도시. 그리고 지금은 '크메르의 미소'로 그곳을 찾는 이들을 굽어보는 곳, 앙코르가 어떤 곳인지, 앙코르인들은 어떻게 살았는지 엿볼 수 있어 처음 만나는 앙코르의 모습으로 가장 적합한 곳이다.**

### History Summary

앙코르 톰은 앙코르 왕국의 마지막 수도로, 당시 왕궁과 주요 사원, 사람들의 거주지가 있던 도시이다. 자야바르만 7세 이전부터 앙코르 왕국의 주요 도시였는데, 자야 7세가 1186년부터 재건축 공사를 주도하여 라테라이트 성벽과 해자를 축성하고 테라스를 정비함으로써 완벽한 성벽 도시 형태로 완성하였다. 앙코르 톰은 난공불락이라고 해도 좋을 만큼 견고한 성채였다. 현재는 거의 허물어졌지만 원래 이곳의 성벽은 7~8미터에 이르는 높고 견고한 것이었다. 적들의 침입에 대비하여 해자의 폭과 수위를 조절하는 장치를 만들고, 그 안에 악어까지 풀어 놓았다고 한다. 자야 7세는 왜 이런 철통같은 요새 도시를 만들었을까? 가장 큰 이유는 외적의 침략에 방어하려는 것이었으나, 지방 세력의 반란에 대비하려는 목적도 적지 않았다. 그러한 철벽같은 방어 덕택에 앙코르 톰은 백만 인구를 거느린 12세기 세계 최대의 도시로 번영을 누릴 수 있었다.

## Tour Guideline

### o 첫날 or 마지막 날 간다!

앙코르 톰은 도보로 다니며 다양한 시대의 유적들을 한 번에 볼 수 있는 앙코르 유적 종합선물세트 같은 곳이다. 앙코르 유적이 어떤 곳인지 감 잡는 곳으로 가장 좋다. 시대순으로 관람하고 싶은 사람은 반대로 맨 마지막 날에 갈 것. 앙코르 유적 중 연대순으로 가장 후대의 것에 속하기 때문.

### o 오전에 간다!

이곳의 모든 유적은 동향이므로 오후에는 역광 때문에 사진 찍기 좋지 않다. 단, 바푸온의 와불상은 유적 뒤편에 있으므로 이곳의 사진을 찍으려면 오후 시간에 가자. 앙코르 톰을 두 번 이상 볼 여행자는 오후에 들러 바이욘의 석양을 보는 것도 좋다.

### o 탈 것은 바이욘까지만!

앙코르 톰은 대부분 도보 전용 구역이다. 툭툭이나 승용차는 바이욘 앞에서 한 차례 작별하고, 그 이후로는 도보로 다녀야 한다. 약간 인디아나 존스 놀이를 감수해야 하지만, 그 또한 하나의 재미라고 생각하자. 타고 온 툭툭이나 승용차는 코끼리 테라스 맞은편에 있는 주차장에서 다시 만나게 된다.

## Recommened Root 반나절 추천 루트

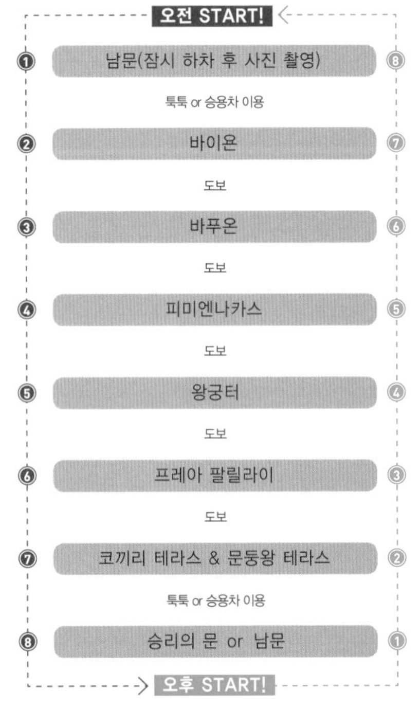


↓오전 ↑오후 | 총 3~4시간 소요

### 인기 유적 핵심 퀵 루트

남문 → 바이욘 → 코끼리 테라스 → 승리의 문

# Angkor Thom

앙코르 톰 확대지도

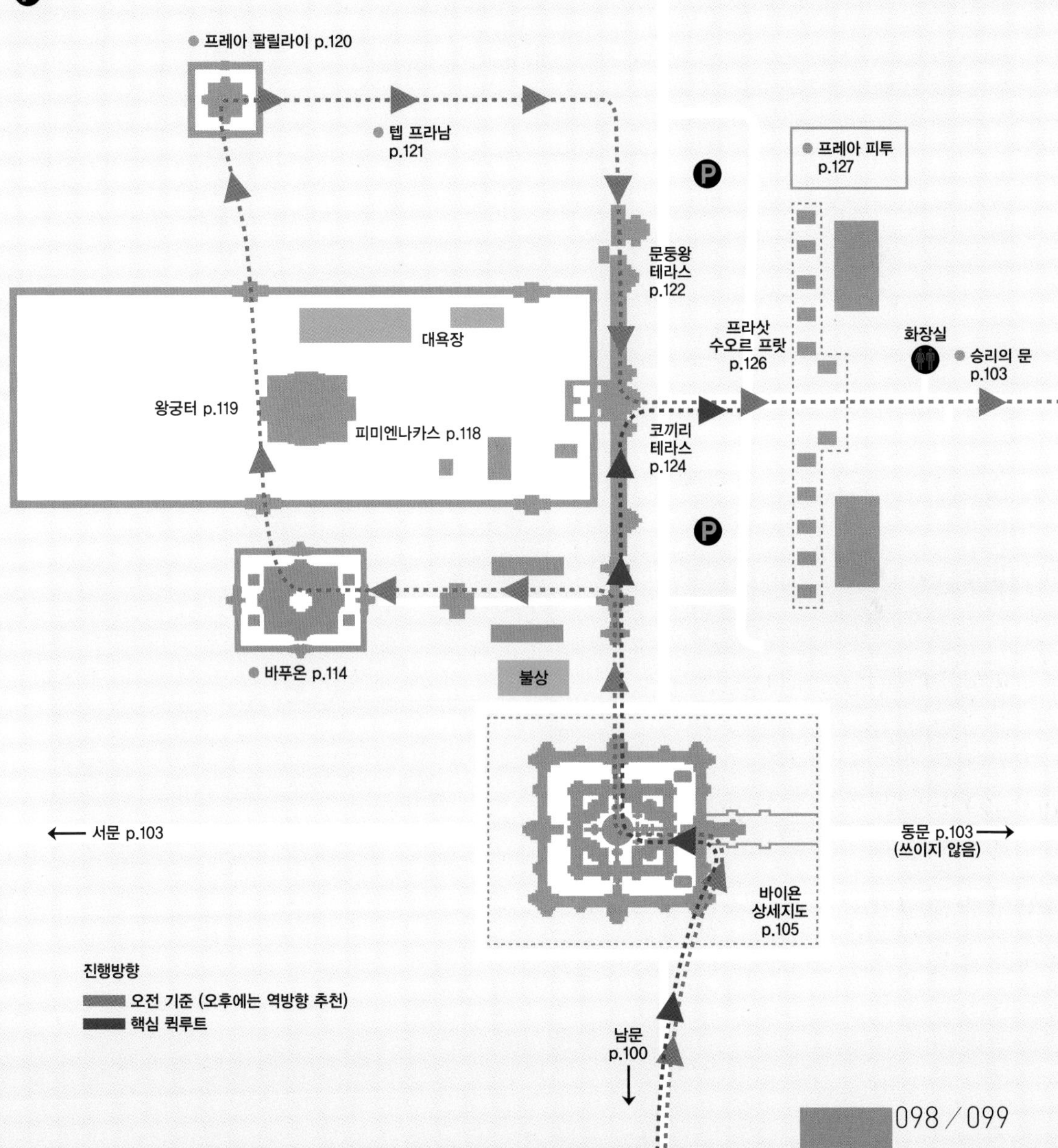

# SOUTH GATE

## 앙코르 톰의 첫 관문, **남문**

**축성시기** 12세기 말(1186년 경) **축성자** 자야바르만 7세 **소요시간** 10~20분 **추천 시간대** 오전

**역사적 중요도** ★☆(앙코르 톰의 사대문 중 가장 복원이 잘된 문) **관광적 매력** ★★☆(지나쳐 가기엔 아쉬울 만큼 매력적인 사면상)

앙코르톰의 남쪽에 위치한 관문으로, 앙코르 톰을 들르는 여행자의 99%가 이곳에서 앙코르 톰 여행을 시작한다. 해자에 다리가 놓여 있고, 다리를 건너 남문 앞에 다다르면 우뚝 고푸라 위에 자리한, 자비로운 미소로 여행자를 굽어보는 사면상의 모습에 경외감을 느끼게 된다. 자야바르만 7세 건축물 특유의 사면상, 앙코르 유적의 기본 요소인 해자와 성벽을 볼 수 있다.

History 앙코르 톰의 가장 주된 출입구로 사용되던 곳으로, 주로 일반 백성 및 상인들이 다니던 곳이었다. 앙코르 톰의 다른 문들에 비해 가장 원형에 가깝게 복원되었다.

# What to see

### ◦ 다리와 난간

다리 양쪽으로 각각 54개의 신이 뱀(나가)의 몸통을 잡고 있는 모습으로 조각되어 있는데, 이는 신화 〈우유의 바다 휘젓기(89p.)〉를 형상화한 것이다. 복원 전에는 머리가 거의 모두 떨어져 있었다. 몇몇은 해자 속에서 발견되어 복원하였으나 발견되지 않은 것들은 그대로 두거나 아니면 시멘트로 보수하였다.

왼쪽이 데바(선신), 오른쪽이 아수라(악신)이다.

01 다리와 난간의 전경.
02, 03 상당히 훼손이 심한 편. 군데군데 '나 새것'이라는 티가 확 나는 복원품들도 많다.

### ◦ 고푸라

총 27m의 거대한 탑으로, 탑 꼭대기에는 사면상이 조각되어 있다. 이 사면상은 자야 7세 당시의 건축물, 특히 고푸라에서 거의 공통적으로 나타나는 특성이다. 사면상에 대한 좀 더 자세한 이야기는 113 페이지를 참고할 것.

## 앙코르 톰 해자는 일석이조의 물건!

해자는 앙코르 건축물의 기본 요소 중 하나로 힌두 신화에 나오는 우주의 바다를 상징한다고 앞서 설명했죠? 앙코르 톰의 해자도 마찬가지입니다. 다리의 난간에 〈우유의 바다 휘젓기〉 조각이 되어 있잖아요? 바로 해자가 '우유의 바다'가 되는 거예요. 중심축인 만다라 산은 바로 바이욘이고요. 즉, 앙코르 톰은 영원불멸의 도시라는 뜻이 되는 거죠. 그러나 단순히 신화적 상징성만 가진 것이 아닙니다. 자야 7세는 앙코르 톰 북서쪽에 저수지를 만들어 해자의 수위를 조절했는데요, 이 수위란 게 참으로 절묘했다고 합니다. 사람이 발로 건너기에는 너무 깊지만, 배로 들어오기에는 너무 얕았다고 해요. 기록에 따르면 '노를 저으면 땅에 닿는 수위'였다고 하는군요. 즉, 끝내주는 방어수단이었다는 얘깁니다. 해자 하나 파서 영원불멸성도 상징하고 방어도 하는, 자야바르만 7세의 일석이조 정신을 우리 모두 본받아 봅시다.

# Mission

## ∘ 남문 옆으로 올라가 보자!

남문 안쪽으로 들어가 보면 성벽 안쪽으로 돌과 흙이 쌓여 자그마한 언덕처럼 된 것이 보일 것이다. 급하지 않다면 꼭 한번 올라가 보자. 사면상과 가까운 위치에서 인상적인 기념사진을 남길 수도 있고, 성벽 너머로 해자와 다리, 진입로의 모습을 굽어볼 수도 있다.

앙코르 톰의 성벽 위에는 성벽 일주가 가능한 숲길이 조성되어 있다. 남문 옆으로 올라가면 성벽 길로 연결된다. 도보보다는 자전거로 돌아보는 편이 좋다. 자전거를 대여해서 돌아보고 있다면 꼭 들러볼 것.

**Next 바이욘** 이곳에서는 잠시 차 또는 툭툭에서 내려 빙 둘러보며 기념사진을 찍고, 다시 차에 올라 바이욘으로 향한다. 차는 다리 앞에서 내려준 후 남문을 통과하여 2~30m 앞에 주차해 있을 것이다. 관람을 마친 후 문 안으로 들어가서 길을 따라 가다 기사아저씨가 손을 흔들고 있는 모습이 보이면 올라타고 바이욘까지 가면 된다.

Tip

## 앙코르 톰의 문은 몇 개?

앙코르 톰에는 동서남북 총 네 개의 문이 있을 거라고 생각하기 쉬우나 사실은 다섯 개의 문이 있다. 동쪽에 문이 두 개 있기 때문. 남문을 제외한 나머지 네 개의 문은 다음과 같다.

**– 북문**

앙코르 톰 정북쪽에 있는 문으로 프레아 칸 등 북부 유적과 통한다.

**– 동문**

바이욘 정동쪽에 있는 문이나, 현재는 전혀 쓰이지 않는다. 앙코르 시대 때도 '죽음의 문'이라는 별명이 붙어 있을 정도로 쓰임새가 없는 문이었다고 한다.

**– 승리의 문**

동문에서 남쪽으로 약간 내려온 위치에 있는 문으로, 왕궁 동쪽 정문 출입구 및 코끼리 테라스와 일직선으로 이어진 문. 앙코르 시대에는 왕실 사람들만 출입할 수 있는 문이었다고 한다. 바로 앞에 작은 유적 두 곳(128p.)이 있다. 타 케오, 타 프롬 등 동쪽 유적과 이어진다.

**– 서문**

바이욘에서 정서쪽에 위치한 문. 이 문으로 통하는 길은 포장조차 되어 있지 않은 외딴길이다. 이 길을 따라 서쪽으로 직진하면 서 바라이(161p.)로 이어진다.

승리의 문

북문

서문의 모습

# BAYON

## 사면상의 위엄과 자비, **바이욘**

**축성시기** 1191년 **축성자** 자야바르만 7세 **종교** 불교 **소요시간** 1~2시간

**역사적 중요도** ★★★(앙코르의 생활상을 보여주는 부조들) **관광적 매력** ★★★(그 유명한 '크메르의 미소'와 조우하는 곳)

바이욘은 찾는 이를 여러 차례 감동하게 만드는 곳이다. 멀리서는 그저 잿빛 돌무더기로만 보이던 것들이 가까이 다가갈수록 뚜렷한 사면상의 모습으로 눈앞에 드러날 때, 3층에 올라서 사면상의 미소와 마주할 때, 1층의 회랑 부조에서 천 년 전 그곳의 삶을 눈으로 접할 때, 여행자는 진정한 감동을 느끼게 된다. 앙코르와트, 타 프롬과 더불어 앙코르에서 가장 인기 높은 유적이다.

**History** 자야바르만 7세가 자신을 위해 축성한 사원으로, 앙코르 톰의 정가운데에 자리하고 있다. 원래 이 자리에는 수리야바르만 1세 때 건설된 힌두 사원이 있었는데, 자야 7세가 그것을 증축하고 불교 사원으로 용도변경했다. 〈진랍풍토기〉에 '황금빛 사원'으로 표현된 것으로 보아 원래 금칠이 되어 있었다고 추측된다. 다른 중심 사원들과는 달리 별도의 해자와 성벽이 없는데, 이는 앙코르 톰의 성벽과 해자가 그 역할을 하고 있기 때문이다.

제 자리를 찾지 못한 돌들이 마당 곳곳에 쌓여있다.

원래 사면상은 총 54개였으나, 잘못된 복원 작업 때문에 지금은 37개 밖에 남아 있지 않다. 원래의 모습으로 되돌리기 위해서는 전부 해체하고 다시 지어야 하기 때문에 어쩔 수 없이 그냥 내버려 두고 있다고 한다.

# Bayon

바이욘 세부 평면도

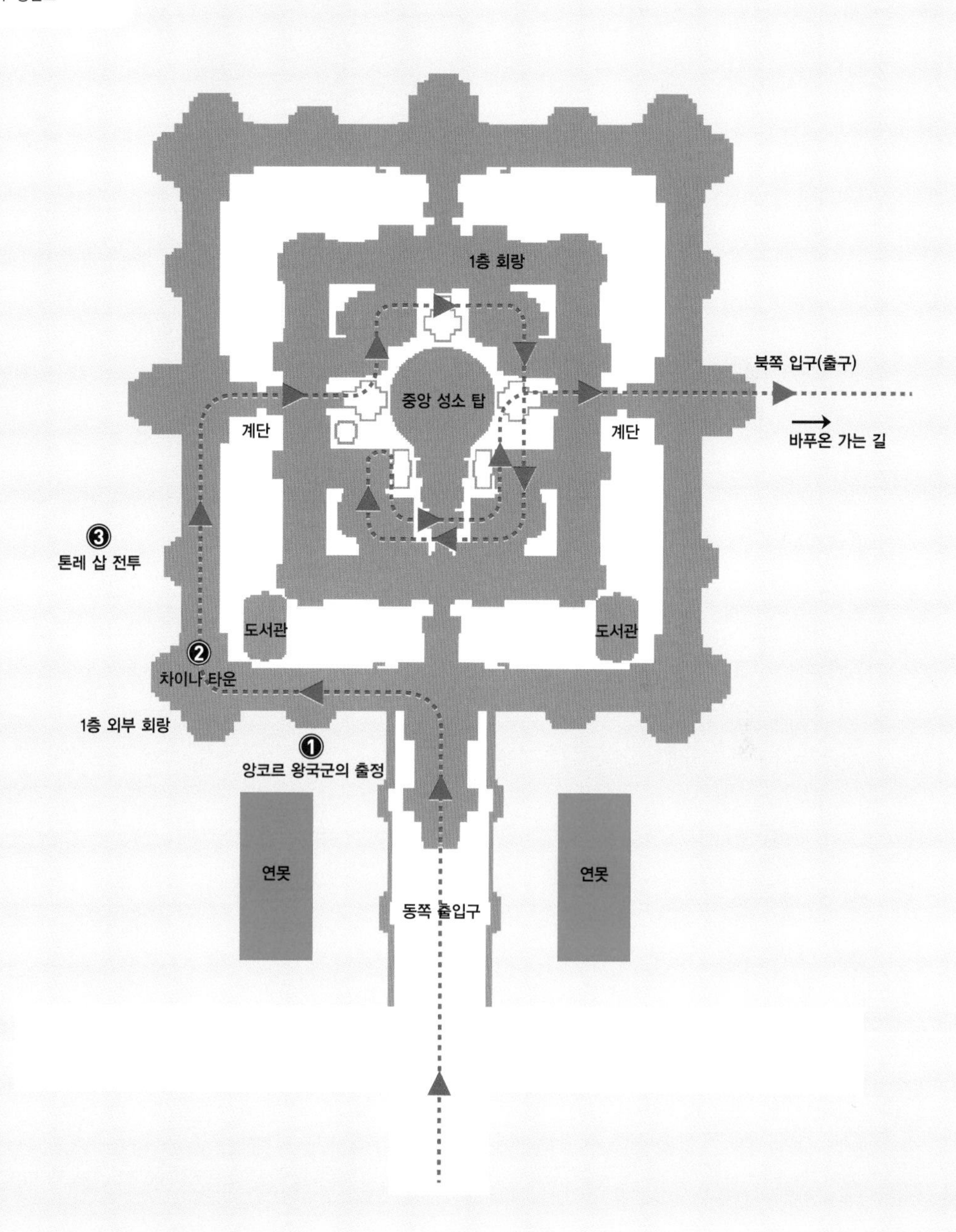

## What to see

바이욘의 볼거리는 크게 두 가지로 압축된다. 1층 회랑의 부조와 3층의 사면상으로, 보통은 1층의 회랑을 돌아본 후 3층으로 올라가나, 날씨나 형편에 따라 순서를 바꾸어 돌아봐도 무방하다.

### 1층 외부 회랑

자야바르만 7세의 가장 큰 업적인 참파 왕국과의 전투, 그리고 당시 앙코르 왕국의 일상생활 모습이 부조로 기록되어 있다. 앙코르 유적의 부조는 힌두 신화에 나오는 이야기들을 표현한 것이 대부분이고, 일상생활을 담아낸 것은 상당히 드물다. 때문에 이곳의 부조는 당시의 생활상을 연구하는 데 아주 귀중한 자료가 되고 있다. 벽면의 사방에 모두 부조가 있으나, 미완성 및 훼손된 부조가 많으므로 지도를 참고하여 ①~③의 부조만 꼼꼼히 봐도 충분하다.

### 1. 앙코르 왕국군의 출정

입구 바로 왼쪽부터 시작하는 부조로, 참파와 전쟁을 하기 위해 출정하는 앙코르 왕국의 군대를 묘사하고 있다. 당시의 계급, 복식, 사회상 등을 알 수 있는 귀중한 부조다. 일반 백성, 정착한 중국인, 노예들, 심지어 여자와 아이까지 전쟁에 참여하고 있는데, 당시 참파와의 전쟁이 앙코르 왕국에서 얼마나 중요한 이슈였는지 알 수 있는 방증이다.

**캄보디아 병사의 모습**

귀가 크고 긴 장옷을 입은 사람들은 그 당시의 일반 캄보디아 백성들이다. 귀가 크게 표현된 이유에는 두 가지 설이 있는데, 첫째는 부처의 모습을 본뜬 것이라는 설과 귀를 늘리는 귀걸이를 착용한 것이라는 설이 있다. 주달관의 〈진랍풍토기〉에 따르면 남성 여성 모두 집에 있을 때는 상의를 입지 않지만 전쟁에 출정할 때나 여행을 떠날 때는 긴 장옷을 입었다고 한다.

**장군의 모습**

코끼리 위에 올라타고 있는 모습으로 그려지며, 벽화의 상단에 위치한다. 햇빛을 가리기 위한 일산을 쓰고 있다.

**중국인 병사의 모습**

캄보디아인 병사의 뒤를 따르고 있는 것은 중국인 병사들로, 수염이 난 모습으로 그려진다. 앙코르 왕국 후기에는 여러 나라들과 활발한 무역이 이루어졌는데, 특히 중국과 많은 무역을 했다. 또한 무역차 앙코르에 왔던 중국 선원 중 많은 수가 앙코르에 정착해서 살았다고 한다. 당시 불교를 숭상하던 앙코르인들은 중국이 부처의 나라라고 생각하여 중국 사람을 보면 절을 하는 사람까지 있었다고.

**여성의 모습**

병사의 행렬 끝부분에 보면 여자가 아이를 안고 행군하는 모습을 볼 수 있다. 창을 들고 있는 것을 보아 전쟁에 병사로 참여하고 있다는 것을 알 수 있다.

Mission

## 소매치기 부조를 찾아라!

언뜻 보면 여자가 남자의 주머니에서 무언가를 훔치자 남자가 그 기척을 느끼고는 화를 내는 것처럼 보인다. 그래서 붙은 별명이 '소매치기 부조'인데, 사실은 전쟁에 나가는 남편을 위해 아내가 보양식으로 자라를 챙겨 주는 훈훈한 장면이라고 한다. 하단을 잘 뒤져보면 어렵지 않게 찾을 수 있다.

**노예들의 모습**

중국인들의 뒤를 따르고 있으며, 가슴에 엑스(X)자 띠를 두르고 있다. 주로 고산지대에서 살던 작은 부족 사람들로, 같은 크메르인이면서도 짐승보다 못한 취급을 받았다고 한다. 중국인 선원이 노예와 잠자리를 하면 캄보디아 사람들은 그 중국인과 같은 자리에 앉아 있는 것조차 거부할 정도였다고.

**우마차와 땡땡이**
군량 및 각종 필요 군수품을 나르기 위해 동원된 우마차가 그려져 있다. 우측 하단을 보면 남들 다 걷고 있는데 자기들끼리 주저앉아 딴 짓을 하고 있는 사람들을 볼 수 있다.

**물소 잡기**
병사들이 물소를 나무에 매달아 놓고 잡는 중이다. 전쟁에 나가기 전 병사들이 단백질을 섭취하기 위해 물소를 잡아먹는 장면인데, 소를 숭배하는 힌두교를 조롱하는 의미도 들어 있다고 한다.

## 2. 차이나타운

모퉁이를 돌기 직전 움푹 들어간 벽에 그려진 벽화이다. 규모는 크지 않으나 당시 앙코르에 정착하고 살고 있던 중국인들의 삶을 유추하는 데 좋으며, 재미있는 디테일들이 많다.

**중국인 서당**
앞에 선생님이 앉아 있고 학생들이 수업을 경청하고 있다. 학생들은 저마다 손이나 품안에 무언가를 하나씩 들고 있는데, 이는 수업료로 가져온 닭이나 오리이다. 맨 뒷줄의 학생을 주목할 것. 졸고 있다.

**중국인 식당**
음식을 만드는 장면으로, 맨 우측에는 동물 한 마리가 매달려 있고, 가운데의 큰 솥에서는 아기 돼지를 통째로 삶고 있다. 지금도 캄보디아 시골에서는 잔치 때 돼지를 통째로 굽거나 삶아서 내곤 한다.

**앙코르의 주택**
당시의 가옥 구조를 엿볼 수 있는 부조이다. 계단을 오르는 사람의 가슴을 보아 여성으로 추측 가능한데, 당시에는 여성의 사원 출입이 불가능했으므로 일반 주택으로 보는 것이 옳다. 지열을 막기 위해 바닥을 지면에서 높이 띄우고, 뱀이 감아 올라오지 못하도록 기둥을 둥글게 만든다. 현재도 캄보디아의 시골에서는 이런 식으로 집을 짓는다. 1층 땅바닥에서 살고 있는 노예의 모습도 보인다.

## 3. 톤레 삽 전투

1177년 벌어진 앙코르-참파 간의 톤레 삽 호수 전투 장면이 그려져 있다. 거대한 스케일과 빈틈을 찾아보기 힘들 정도로 벽면에서 뿜어 나오는 생동감이 보는 이를 사로잡는다. 바이욘 1층 회랑 부조의 백미라 할 수 있다.

**크메르 VS 참파** 크메르 군사는 귀가 큰 형태로, 참파인들은 투구를 쓴 모습으로 그려진다. 목만 보이는 이들은 배를 젓는 사람들이며, 병사들은 창을 들고 있다.

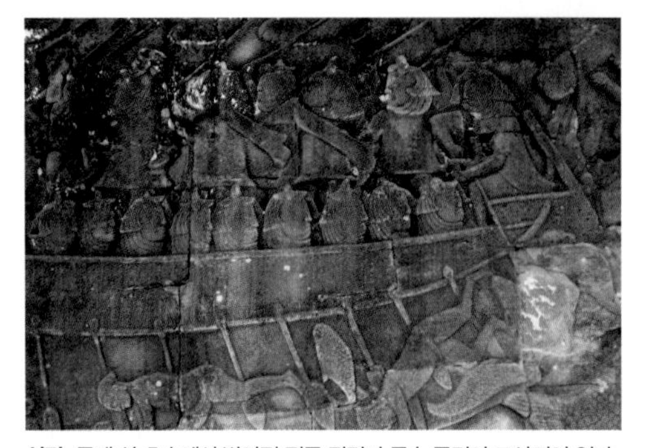

**상단** 톤레 삽 호수에서 벌어진 전투 장면과 물속 풍경이 묘사되어 있다.

**하단** 톤레 삽 주변의 풍속과 삶의 모습들이 그려져 있다.

**닭싸움**
톤레 삽에서 치열하게 전투가 벌어지는 가운데 물가에서는 사람들이 일상을 영위하는데, 그 중 가장 평화(?)로운 풍경이 바로 투계 장면이다. 사람들이 금, 은으로 된 그릇을 들고 있는데, 화폐가 없었던 앙코르 시대의 거래 수단이었다고 한다. 왼쪽은 크메르인, 오른쪽은 중국인이다. 지금도 캄보디아 남자들이 가장 즐겨하는 내기 중 하나가 바로 투계라고 한다.

Mission

## 악어가 사람을 물었어요!

배 아래에는 톤레 삽 호수에 서식하는 다양한 물고기들을 그려놓았는데, 그중 가장 눈에 띄는 부조는 단연 악어가 사람을 물고 있는 것이다. 현재는 개발 사업과 남획으로 인해 자연산 악어가 모두 멸종되었다고 한다.

**조산원**
아이 낳는 장면의 묘사. 산모는 누워 있고, 한 여자가 그녀를 받치고 있으며, 또 산파는 산모의 다리께에 앉아 있다. 호수 안에서는 벌어지는 치열한 전쟁 장면과 가장 대조되는 호숫가의 일상 풍경이라 할 수 있다.

### 셔터맨의 원조(?)

이 부조는 언뜻 봐서는 무슨 장면인지 잘 알 수 없으므로 하나하나 뜯어보기로 합니다. 왼쪽에 있는 세 남자는 수염이 있는 것을 보아 중국인입니다. 두 사람은 괴상발랄한 포즈로 손가락질을 하고 있고, 한 명은 앉아서 맞은편 사람의 손을 잡고 있습니다. 그럼 맞은편을 볼까요? 두 사람이 앉아 있습니다. 귀가 큰 걸 보아 크메르인이고, 가슴을 보니 여성입니다.
학자들의 연구에 따르면 중국에서 온 선원들이 시장에서 장사하는 자매들을 놓고 희롱하는 장면이라고 합니다. 손가락질하는 두 사내는 누가 더 예쁜지 얘기하는 중이고요, 손잡은 사내는 프러포즈를 하는 중이죠.
앙코르 시대에는 중국인들이 많이 들어와 살았는데, 시장에서 장사하는 크메르 여인과 결혼하여 정착하는 경우가 상당히 많았다고 합니다. 그런데 여기에 중국 남성들의 꼼수가 깔려 있었다고 합니다. 캄보디아는 예부터 지금까지 모계 사회를 유지하고 있어요. 어머니가 가정의 중심이 되며, 생계도 여성이 책임져요. 즉, 장사 잘하는 여인 하나 만나 앙코르에 눌러앉아 평생 놀고먹으려던 거죠. 셔터맨의 원조라고 봐도 될 것 같네요.

## ∘ 3층 사면상

좁은 나무계단, 또는 돌계단을 통해 3층으로 올라가면 드디어 '크메르의 미소'와 마주하게 된다. 우뚝선 중앙 성소를 중심으로 빙 둘러 자리한 수십 개의 사면상은 때론 근엄하게, 때론 자비롭게 여행자를 굽어본다. 단 한 개도 같은 얼굴이 없으며, 보는 각도 및 시간에 따라 시시때때로 표정이 변하기도 한다. 중앙 성소 내부로 들어가면 불상을 볼 수 있으며, 탑들 안에서는 링가도 발견할 수 있다. 이런 세세한 것들을 굳이 찾아보지 않아도 잠시 어느 창틀에 앉아 저 너머의 미소를 지켜보는 것만으로도 마음이 충만해지는 곳이다.

## 사면상, 과연 누구인가!

자야 7세의 모든 건축물에는 거대한 사면상이 있습니다. 대부분은 출입구 고푸라 꼭대기에 거대하게 자리하고 있고요, 바이욘은 아예 사면상으로 도배를 했죠. 그런데 과연 이 사면상은 누구의 얼굴일까요?

19세기, 그러니까 이제 막 바이욘 연구가 시작되던 무렵, 그때 학자들은 묻지도 따지지도 않고 브라흐마라고 생각했습니다. 앙코르 유적의 대부분은 힌두 유적이었는데, 거기에 얼굴이 네 개 달린 조상(彫像)이 있으니 당연히 브라흐마라고 생각했던 거죠.

그러나 나중에 발견된 비문에 의해 브라흐마 설은 뒤로 물러서게 됩니다. 이 사원을 세운 자야바르만 7세가 불교 신자임이 밝혀진 거죠. 그리고 1933년, 바이욘 중앙 우물에서 이곳에 모셔졌던 것으로 추측되는 불상이 나옵니다. 이로써 브라흐마 설은 90% 정도 힘을 잃고, 이 사면상의 주인공은 관음보살이라는 설이 정설처럼 여겨지고 있습니다.

그러나 브라흐마 설이 완전히 뒤집힌 것은 아닙니다. 이유는 이렇습니다. 자야바르만 7세 이후로는 엄청난 불교 탄압이 자행됐거든요. 사원에 있는 모든 불상들을 닥치는 대로 긁어 내렸단 말이에요. 그렇게 손바닥만 한 부처도 못마땅하게 여긴 사람들이 수도 한복판에 거대하게 자리하고 있는 사면상은 왜 가만 두었을까요? 물론 '수도의 미관을 해치지 않기 위해'라는 타당한 답이 있을 수 있겠지요. 그러나 바이욘뿐 아니라 모든 사원의 사면상을 하나도 훼손하지 않은 건 그것만으로 설명이 되지 않죠. 그리하여 사면상에 대한 논란은 현재까지도 진행 중입니다. 브라흐마가 됐든 관음보살이 되었든 그 얼굴의 모델이 된 것은 자야바르만 7세 본인이라는 설이 유력합니다. 자기 얼굴을 오십 몇 개씩 도배한 사원이라니. 좀 무섭네요.

Mission

### 창문을 찾아라!

3층 중앙 성소에는 네모진 창문이 낮은 위치에 달려 있는데, 이곳에서 각도를 잘 잡으면 사면상이 액자 안에 들어간 듯한 근사한 구도를 얻을 수 있다. 바이욘 기념사진은 이곳에서 찍는 것이 베스트.

Tip

### 이 시간은 피하자!

바이욘 3층의 유일한 단점이자 가장 큰 단점은 그늘이 별로 없다는 것. 중간 중간 탑 안이나 중앙성소로 들어가면 되지만 그것도 그때뿐, 본격적으로 사면상과 마주하기 위해서는 다시 땡볕으로 나와야 한다. 해가 가장 높은 시간인 11~15시 사이는 바이욘 관람을 피하는 것이 좋다.

**Next 바푸온** 바이욘에서 바푸온으로 가기 위해서는 북쪽 출입구로 나가는 것이 좋다. 입구에서 반시계방향으로 90도 각도, 입구를 6시 방향으로 두었을 때 3시 방향에 있는 출구이다. 출구로 나가서 조금만 걸으면 왼쪽에 큰 불상이 보이고, 그 불상을 지나쳐 직진하면 바푸온에 도착한다. 길을 잃어도 걱정하지 말자. 길에서 보이는 현지인 아무나 붙잡고 '바푸온!'이라고 외치면 친절하게 알려준다.

# BAPHUON

## 앙코르 톰 넘버 2, **바푸온**

**축성시기** 1060년 **축성자** 우다야디티야바르만 2세 **종교** 힌두교 **소요시간** 20~30분

**역사적 중요도** ★★(파란만장한 복원의 역사) **관광적 매력** ★★(독특한 매력의 다리와 와불)

바이욘을 떠나 북쪽으로 가다 보면 왼편으로 독특한 풍경이 펼쳐진다. 넓은 초지 위에 긴 돌다리가 놓여 있고 그 끝에 검은 빛의 사원이 위풍당당한 모습을 드러내는 것. 이곳은 11세기의 힌두사원 바푸온으로, 앙코르 톰 내 유적 중 바이욘에 이어 규모 2위에 해당한다. 앙코르 유적 통틀어 가장 오랜 시간을 들여 복원한 유적으로, 1960년대부터 2011년까지 무려 50년이 넘는 기간 동안 캄보디아 현대사의 모든 부침을 몸소 겪으며 힘겹게 옛 모습을 찾았다. 바이욘만큼의 인지도는 없으나 독특한 공간감과 뛰어난 뷰 때문에 은근히 많은 마니아를 확보하고 있는 사원이다.

**History** 바푸온을 만든 왕은 우다야디티야바르만 2세로, 11세기에 잠시 앙코르를 통일했던 수리야바르만1세의 아들이다.(81p.) 〈진랍풍토기〉의 기록에 따르면 앙코르 톰 정중앙에 황금의 탑(바이욘)이 있고 북쪽으로 182m를 걸어가면 동으로 만들어진 탑이 있다고 했는데, 그 청동의 탑이 바로 바푸온이다. 원래는 중앙 탑이 있고 그 꼭대기에 구리로 만든 링가가 서 있었다고 하나 현재는 모두 소실된 상태. 일설에 의하면 세월이 지나며 자연스럽게 소실된 것이 아니라 자야바르만 7세의 불교 정권이 들어섰을 때 파괴된 것이라고도 한다.

# Baphuon

바푸온 단면도

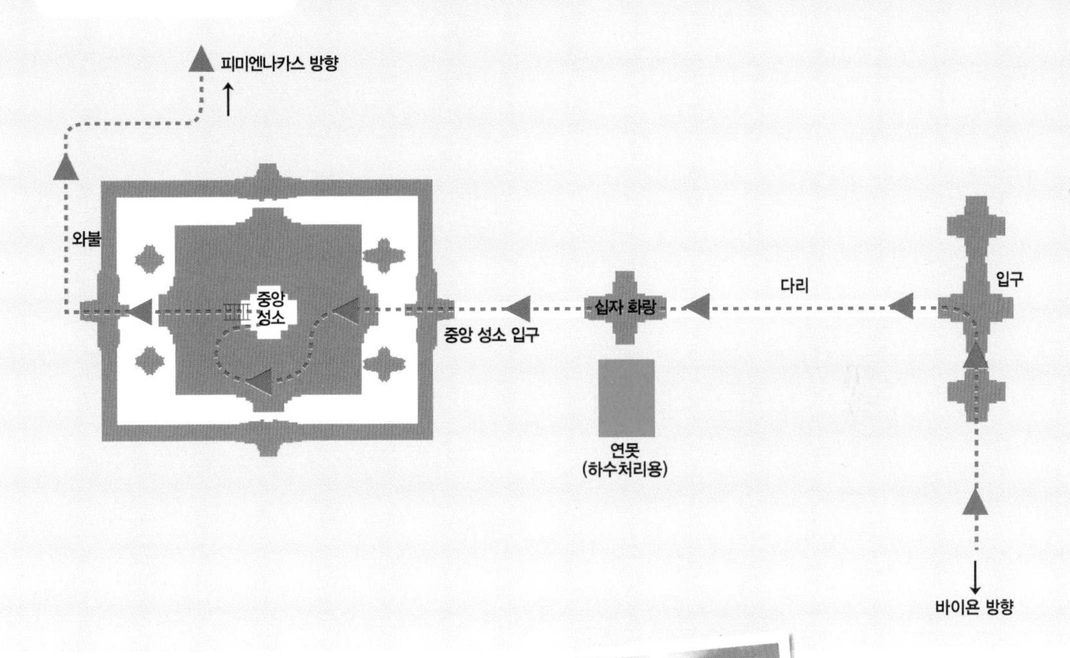

## What to see

바푸온은 세세한 볼거리보다는 전체적인 웅장한 모양새, 그리고 유적 복원에 얽힌 스토리를 즐기는 곳이다. 원래는 조각으로 유명한 사원으로, '바푸온 스타일'이라고 하는 특유의 양식이 있을 정도이나 이곳의 중요한 작품들은 대부분 국립 박물관에서 소장중이라고 한다. 다리, 중앙성소, 와불 정도만 챙겨 보면 놓친 것 없이 다 보았다고 봐도 무방하다.

### ○ 다리

바푸온은 유적 앞까지 긴 다리를 놓아 진입로를 조성하였는데, 길이가 장장 200m로 앙코르의 다리 중 가장 길다. 건축 당시가 아니라 후대에 건축된 것이라 한다. 난간이 하나도 없어 독특한 느낌을 주는데, 원래 없었던 것이 아니라 소실된 것이라고. 눈높이에서 볼 때와 위에서 볼 때의 느낌이 각각 다르므로 둘 다 놓치지 말 것.

Mission

**와불을 찾자!**

바푸온 서쪽 면, 즉 입구 반대편 면에는 돌을 들쑥날쑥하게 쌓은 조형물이 있는데, 약간 먼 거리에서 자세히 보면 누워 있는 부처상, 즉 와불(臥佛)의 모습이 보인다. 링가가 꼭대기에 서있던 힌두 사원에 어쩌다 불상이 자리하게 된 걸까? 그 이유에 대해서는 자야바르만 7세가 제작했다는 설과 중국인들이 들어와서 만들었다는 설 두 가지가 있다. 2층 기단으로 올라가 중앙성소 주변을 한 바퀴 돌아보면 쉽게 찾을 수 있다.

### • 중앙성소

피라미드형 기단 위에 중앙 탑이 우뚝 서 있고 사방에 탑이 있는 형태였던 것으로 추측되나 현재 중앙 탑은 소실되어 없는 상태. 성소로 오르는 계단은 입구 반대쪽인 서쪽 출입구 부근에 자리하고 있으며, 맨 꼭대기까지 오를 수 있다. 꼭대기에서 바라보는 풍경이 상당히 근사하므로 고소공포증이 심하지 않다면 꼭 올라가 볼 것.

바로 이 문!

**Next** 피미엔나카스 바푸온 서쪽, 즉 들어온 입구 반대 방향으로 유적에서 내려간 뒤 오른쪽으로 간다. 소로를 따라 낮은 언덕을 내려가면 작은 출입문이 보이는데, 그리로 들어가서 조금만 걸으면 피미엔나카스가 보인다.

*Column*

## 눈물 없이는 볼 수 없는 바푸온의 복원사

2011년, 바푸온의 복원을 담당했던 프랑스의 복원팀은 바푸온의 공식적인 복원 종료를 선언했습니다. 캄보디아의 왕과 프랑스의 총리가 참석한 낙성식도 거하게 열렸죠. 복원작업의 첫 삽을 뜬 것이 1960년이었으니까 무려 51년 동안 복원을 한 거네요. 도대체 왜 이렇게 오래 걸린 걸까요? 일단은 복원 방식 자체가 집요할 정도로 착실하고 꼼꼼했습니다. 워낙 훼손이 심한 사원이었던지라 보통의 방식으로는 답이 나오지 않았다고 해요. 그래서 택한 것이 모두 해체하고 다시 짓는 '해체복원방식(202p.)'이었습니다. 돌조각이 무려 30만 개에 달했고, 그 중 27만 개가 제자리를 찾았습니다. 어찌나 지난한 작업이었던지 '세계에서 가장 거대한 직소퍼즐'이라는 별명까지 얻었습니다.

그러나 아마 그뿐이었다면, 작업이 순탄하게 흘러갔다면, 아마 훨씬 일찍 끝났을 겁니다. 하지만 불행히도 그러지 못했습니다. 안 그래도 복잡하고 어려운 공법이건만 사건사고까지 쉴 새 없이 복원팀을 괴롭혔습니다. 도면을 분실했고요, 기껏 맞춰놓은 석재가 사라지기도 했습니다. 60년대 말에 일어났던 캄보디아 내전은 그때까지의 노력을 모두 허사로 돌려 버릴 만큼 바푸온에 큰 피해를 입혔습니다. 복원은 중단을 거듭하며 자꾸만 미뤄졌고, 그렇게 오만가지 파란만장한 사건을 거친 끝에 현재의 바푸온이 탄생한 겁니다. 그래도 생각보다 빨리 끝났습니다. 과거 복원팀에서 발표한 완공 예정년도는 무려 2026년이었거든요.

27만 개의 돌은 제자리를 찾았지만 3만 개는 그러지 못했다. 언제 자리를 찾아갈지 기약이 없어진 돌들이 아직 바푸온 앞마당에 그득 널려 있다.

# PHIMEANAKAS

## 하늘과 가까운 곳, **피미엔나카스**

**축성시기** 10세기 말~11세기 **축성자** 라젠드라바르만 2세~수리야바르만 1세 **종교** 힌두교 **소요시간** 20~30분

**역사적 중요도** ★★(유일하게 남은 왕궁의 흔적) **관광적 매력** ★(현재 상황은 그냥 폐허라 상상력이 필요한 곳)

과거 왕궁이 있던 자리에 현재 유일하게 남아 있는 피라미드형 유적이다. 피미엔나카스라는 이름은 '프라삿 피미엔 아카스'가 변한 것으로 '천상의 사원'이라는 뜻을 담고 있다. 남아 있는 조각도 없고 규모도 작은 편이지만, 차분하고 아기자기한 아름다움을 느낄 수 있다. 재미있는 전설이 얽혀있어 안보고 지나치기는 아쉬운 곳이다.

History 피미엔나카스는 왕궁 안에 위치해 있던 사원이다. 앙코르의 역사를 보면 선대왕이 축성한 사원은 대부분 나 몰라라 미완성으로 남겨 두는데, 이 사원은 특이하게도 라젠드라바르만 2세부터 수리야바르만 1세까지 무려 다섯 명의 왕이 대를 이어가며 축성하였다. 현재는 소실되었으나 꼭대기에는 중앙탑이 하나 있었던 것으로 유추하고 있다. 〈진랍풍토기〉에 의하면 '왕궁의 침실 앞에도 금으로 된 탑이 하나 있다'고 하였는데, 이것을 보아 피미엔나카스의 중앙탑은 금으로 칠해져 있거나 아주 화려만 모습이었을 거라는 추측이 가능하다. 바이욘, 바푸온, 피미엔나카스로 이어지는 번쩍번쩍한 모습을 보고 주달관은 "이래서 배를 타고 온 상인들이 진랍을 부귀한 나라라고 하는 모양이다"라고 적었다.

## What to see

라테라이트 기단, 그리고 그 위로 지어진 사암 성소 회랑 및 외벽만 약간 남아 있어 꼼꼼히 보려야 볼 것이 없는 사원이다. 과거에는 꼭대기까지 오를 수 있었으나 현재는 출입금지. 그러므로 현재 상황 이곳을 즐기는 방법은 딱 한 가지. 이곳에 전해지는 전설을 떠올리며 상상을 하는 것이다.

예전에는 꼭대기까지 오를 수 있었다.
높이는 그다지 높지 않으나
경사가 급하여 생각보다 난코스였다.

### 피미엔나카스의 전설

〈진랍풍토기〉에는 다음과 같은 얘기가 적혀 있습니다. 궁궐 안에는 일반인의 출입이 금지된 금탑(피미엔나카스)이 있는데, 왕이 밤마다 그 탑 꼭대기에 올라가 드러눕는다고요. 이유에 대해서 물으니 모두가 '탑 위에 머리가 아홉 개 달린 뱀의 정령이 살고 있는데, 왕이 밤마다 그것과 동침을 하지 않으면 왕국에 재앙이 내린다'라고 대답하더랍니다. 밤마다 용도를 알 수 없는 높은 피라미드로 오르는 왕의 모습이 얼마나 비밀스럽고 이상해 보였으면 이런 소문이 생겼을까요?
현대의 학자들은 피미엔나카스에 대해 왕의 비밀창고, 정치적인 회견을 위한 비밀 접대 장소 등등 다양한 설을 내놓고 있습니다. 그중 가장 유력한 설은 바로 '천문대'입니다. 별자리 및 달의 차고 기우는 모습을 관측하여 날씨를 가늠하는 곳이었다는 얘기죠. 당시 기상 정보는 그야말로 최고급 정보였습니다. 앙코르 왕국은 농업 국가였거든요. 날씨를 예측하여 건기와 우기를 구분하거나 파종과 추수의 시기를 결정하는 것은 나라의 가장 중요한 일 중 하나였습니다. 하늘의 뜻을 읽고 백성들에게 알리는 것은 신이자 왕이 해야 가장 큰 일 중 하나였던 거죠. 왕 및 극소수 고급 관료들 외에는 절대 공유할 수 없는 일급 기밀이었던 거고요. 아홉 머리 뱀녀의 전설에는 사실 이러한 정치적인 배경이 깔려 있습니다.

**Next 1** 코끼리 테라스 피미엔나카스와 큰 목욕탕 유적 사이로 난 오솔길을 따라 동쪽으로 쭉 직진한다. 피미엔나카스를 등지고 목욕탕 유적을 봤을 때 오른쪽 방향이다.

피미엔나카스와 더불어
왕궁터 유적으로 남은
몇 안 되는 것 중 하나인 목욕탕 유적.

Mission
### 왕궁터를 찾아라!

앙코르 톰을 찾는 많은 여행자들은 이렇게 묻는다. "수도였다면서 왕궁은 왜 없나요?" 그렇다. 현재 앙코르 톰에는 왕궁이 없다. 왕궁 및 부속 건물이 있었던 자리를 짐작게 해주는 주춧돌과 담장, 목욕탕, 성문(고푸라) 몇 개만이 남아 있을 뿐이다. 학자들은 당시 사람이 주거하는 건물을 대부분 나무로 지었기 때문에 전쟁과 세월에 휩쓸려 모두 사라졌을 것이라고 추측하고 있다. 당시 왕궁은 피미엔나카스를 중심으로 길다란 네모형태를 띄고 있었고, 성벽과 해자로 둘러싸여 있었다. 동쪽 출입구는 코끼리 테라스 중앙과 바로 이어지며, 북쪽과 남쪽에도 출입구가 있었다.

**Next 2** 프레아 팔릴라이 피미엔나카스를 등지고 큰 목욕탕 유적을 보면, 왼편에 출입구 하나가 보인다. 그 문으로 나가서 오솔길을 따라 쭉 걸으면 프레아 팔릴라이를 만날 수 있다. 이 문은 유적 사정상 예고 없이 폐쇄될 때가 있는데, 그럴 때는 일단 코끼리 테라스 쪽으로 나간 뒤 문둥왕 테라스 옆으로 난 길로 쭉 들어가야 한다.

이 문을 찾을 것!

# PREAH PALILAY

## 선물같은 유적, **프레아 팔릴라이**

**축성시기** 12~13세기 추정(연대 미상) **축성자** 미상 **종교** 불교(힌두교가 섞여 있음) **소요시간** 20~30분

**역사적 중요도** ☆(규모도 만듦새도 의미도 딱히 이렇다 할 것 없음) **관광적 매력** ★★(쉼표 같은 사원. 유적과 살아가는 사람들의 풍경이 굿)

많은 수의 여행자들이 피미엔나카스와 왕궁터를 돌아본 뒤 바로 코끼리 테라스로 빠져나가 앙코르 톰 여행을 끝내곤 한다. 그늘은 없고, 사람은 많고, 몸은 지쳐 그쯤 되면 의욕이 뚝 떨어지기 때문이다. 그러나 아직 체력과 의욕이 남았고, 좀 더 유적다운 휴식을 즐기고자 한다면 꼭 프레아 팔릴라이를 찾아보자. 주변에 나무 그늘이 짙고 찾는 사람이 많지 않아 한결 느긋한 기분을 즐길 수 있다.

**History** 이곳에 대해서는 정확히 밝혀진 것이 없다. 불교 관련 조각이 대세를 이루지만 종종 힌두교 관련 상징도 발견되는 것을 보아 힌두교 사원을 증축하며 불교 사원을 만든 것이 아닐까 추측할 뿐이다. 축성 시기 또한 논란이 많다. 일반적으로는 12세기 말에서 13세기 초에 건축된 것으로 보고 있으나, 그 엄청난 불교 수난의 시기에 불교 관련 조각이 살아남을 수 있을까 하는 의문이 남는다. 소승 불교의 상징이 발견되는 것을 보아 13~14세기 사원이라는 설도 있고, 몇 차례 증축을 한 것은 아닐까 하는 설도 있지만 그 어떤 것도 명확한 답은 되지 못하고 있다.

## What to see

그야말로 휴식 같은 유적이다. 잠시 그늘에 앉아 지친 다리를 쉬며 느긋하게 유적을 바라보는 것도 좋고, 가만히 새 소리나 바람 소리를 듣는 것도 좋다. 음악을 듣거나 책을 읽는 것도 OK.
몇 년 전 유적의 보전을 위해 스펑나무 세 그루를 베어냈는데, 그루터기에서 다시 나무가 자라는 이채로운 모습도 볼 수 있다. 유적 주변에서 잠시 휴식한 뒤 동쪽으로 난 길을 따라 가면 양쪽으로 작은 마을이 펼쳐진다. 유적과 함께 오늘을 살아가는 캄보디아 사람들의 생활을 엿볼 수 있다.

Mission

### 텝 프라남(Tep Pranam)을 찾아라!

프레아 팔릴라이를 바라보고 오른쪽 방향으로 몇 발자국 가다 보면 미지의 유적 하나가 또 나타난다. 오래된 작은 탑 앞에 부처님 상이 자리하고 있고, 부처님 앞쪽으로 동쪽을 향해 기다란 진입로가 조성되어 있는 것이다. 이 유적의 이름은 '텝 프라남'으로, 앙코르 시대보다 100여년 정도 뒤인 16세기에 만들어진 것으로 추정된다. 원래 뭐하던 곳인지는 정확히 밝혀지지 않았으나 오랫동안 이 지역 주민들의 기도처로 쓰이고 있다.

**Next** 문둥왕 테라스 프레아 팔릴라이를 바라보고 오른쪽으로 꺾어 텝 프라남을 지나친 뒤 마을길을 따라 쭉 걸으면 오른쪽에 문둥왕 테라스가 나온다.

# TERRACE OF THE LEPER KING

## 캄보디아 보물 1호가 있는 곳, **문둥왕 테라스**

**축성시기** 12세기 후반 **축성자** 자야바르만 7세 **종교** 불교 **소요시간** 10~20분

**역사적 중요도** ★(뭐하던 곳인지 제대로 밝혀지지 않았다.) **관광적 매력** ★☆(문둥왕을 둘러싼 논쟁 이야기가 재미있다.)

코끼리 테라스에서 북쪽, 즉 코끼리 테라스를 마주보고 오른쪽으로 조금만 가면 만나게 되는 유적이다. 단상을 높게 쌓아올리고 그 외벽을 근사한 조각으로 장식했다. 유적 자체보다는 이곳에 얽힌 이야기, 특히 가운데에 있는 '문둥왕' 조각상에 대한 논쟁과 이야기가 재미있는 곳이다.

History 자야바르만 7세가 만들었다고 전해진다. 용도는 정확히 밝혀진 바 없으나 U자형의 만듦새와 곳곳에서 발견되는 죽음의 이미지를 통해 왕실 화장터가 아니었을까 추측하고 있다. 당시의 석재와 복원작업 때 보충된 석재들의 색깔이 모자이크처럼 어우러진 모습을 볼 수 있다.

## What to see

이 신상이 이 테라스에 '문둥왕'이라는 이름을 붙인 장본인이다. 진품은 캄보디아 보물 1호로서 현재 프놈펜 국립 박물관에서 소장중이고, 이곳에는 모조품을 놓아두었다. 이곳을 연구하는 학자들의 숱한 논란을 양산했고, 현재는 죽음의 신 '야마'로 거의 논란이 굳어져가는 와중이지만, 그럼에도 불구하고 여전히 이 조각상의 이름은 '문둥왕'으로 통하고 있다.

문둥왕의 조각

### 당신은 누구십니까?

이 조각에 '문둥왕'이라는 이름이 붙은 이유는 발견 당시 코와 손, 발이 문드러져 있고 피부가 울퉁불퉁하게 표현되었기 때문입니다. 마침 앙코르의 역사에는 한센병(문둥병) 환자로 알려진 왕이 둘이나 있습니다. 야소바르만 1세와 자야바르만 7세가 바로 그 주인공들이죠. 야소바르만 1세는 재위 말년에 한센병을 얻었다고 하고요, 자야바르만 7세는 아버지로부터 유전되었다는 얘기와 참파와의 전투에서 한센병 환자를 칼로 베고 그 피를 뒤집어쓰고 전염되었다는 얘기가 있습니다. 자야 7세는 본인이 한센병 환자였기 때문에 사방에 병원을 지어댄 거라는 설득력 있는 얘기가 뒷받침되기도 합니다만, 정설이 아닌, 앙코르 시대의 '카더라 통신'입니다.
어쨌든 학자들은 오랜 시간 논쟁을 해댔지만 어렵잖게 결론을 내립니다. 한센병에 걸렸던 왕의 조각이라고 말이죠. 시바를 비롯한 다른 신상이라는 의견도 간간히 제시됩니다만, '문둥왕'이라는 설은 상당히 오랫동안 힘을 갖고 있었습니다. 그러나 그것도 한 철, 한 학자가 이곳의 비문을 해석하여 몹시 신빙성 있는 설을 내놓게 됩니다. 바로 죽음의 신 '야마'라는 것이죠. 정확히 말하면 '다르마라자(Dharmarajs, 다르마의 왕)'라고 하는 야마의 표현형태 중 하나라고 합니다. 그리하여 현재는 야마라는 것이 가장 정설처럼 여겨지지만, 이 또한 100% 확실한 것은 아닙니다. 타임머신이 개발되면 자야바르만 7세부터 만나 봐야겠습니다. 물어보고 싶은 게 너무 많아요.

# TERRACE OF THE ELEPHANTS

## 왕이 보았던 풍경, **코끼리 테라스**

**축성시기** 12세기 후반 **축성자** 자야바르만 7세 **종교** 불교 **소요시간** 10~20분

**역사적 중요도** ★☆(당시의 왕권과 군사력을 가늠할 수 있는 곳) **관광적 매력** ★★(왕과 시야를 공유하는 경험, 박진감 넘치는 조각)

옛 왕궁의 정문이었던 동쪽 고푸라를 빠져나오면 갑자기 눈앞의 풍경이 바뀐다. 단상에 올라 넓은 아래를 굽어보며 호령하는 듯한 풍경. 그것은 앙코르의 왕들이 자신의 왕권을 실감하던 순간 보았던 풍경과 크게 다르지 않다. 물론 왕들이 보았던 풍경은 광장에 가득한 수만의 군대, 또는 백성들의 모습이었겠지만, 세월이 흐른 지금 여행자의 눈에는 수많은 여행자들, 그리고 저쪽 주차장에 가득 서 있는 툭툭과 자동차가 보일 뿐이다. 주차장의 위치를 잘 파악해 두자.

History 군대가 출정하거나 국가에 큰 행사가 있을 때 왕이 직접 사열하던 곳이다. 지금은 도로와 주차장으로 가득한 광장은 당시에도 대광장으로 쓰이던 곳으로, 전쟁 나가는 병사들이 출정식을 하거나 기타 앙코르의 다양한 명절 및 국민적 이벤트 때 쓰였던 장소이다. 자야바르만 7세가 처음 축성하였고, 이후 증축되어 현재의 모습에 이른 것으로 추정된다.

# Terrace of the Elephants Detail

코끼리 테라스 단면도

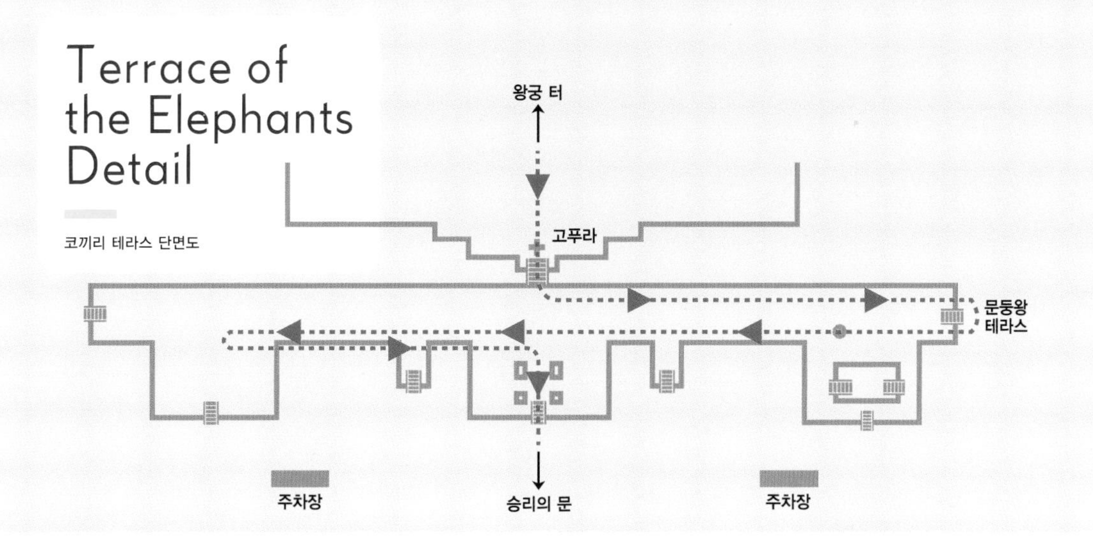


## What to see

왕궁터의 동문을 빠져나온 후 일부 여행자들은 이러한 의문에 빠진다. '코끼리 테라스는 어디 있지?' 어렵게 생각하지 말자. 당신이 지금 밟고 있는 것이 바로 코끼리 테라스다. 또한 어떤 여행자들은 '코끼리가 어디 있지?'라는 의문에 빠지곤 한다. 어렵지 않다. 지금 그곳에서 계단을 이용하여 내려가면 벽면에 가득한 코끼리 조각을 볼 수 있다.

### 중앙 테라스

동문과 바로 연결되는 곳으로, 일종의 중앙 무대 또는 단상으로 이해하면 어렵지 않다. 당시 왕이 앉던 자리이며 현재도 종교 행사가 있을 때면 왕과 수상이 여기에 자리를 마련한다. 가루다가 떠받치고 있는 모양이 조각되어 있고, 난간은 나가로 되어 있다.

### 외부 조각

코끼리 테라스는 중앙 테라스를 중심으로 양쪽으로 각각 150m씩 뻗어 있는데, 외교 사절단 혹은 고급 관료들이 그곳에 앉았다고 한다. 위쪽에는 딱히 볼 것이 없으므로 계단을 통해 아래로 내려오자. 벽면을 따라 코끼리가 가득히 조각되어 있어 이곳이 왜 '코끼리 테라스'인지 백배 실감할 수 있다. 그 외에도 다채로운 조각이 벽면을 꽉 채우고 있다.

## Bonus 1
### 코끼리 테라스 앞 작은 유적 2개

코끼리 테라스에 도착하면 이제 앙코르 톰의 주요 유적은 다 본 것이다. 그렇다면 여기서 탐험을 끝내도 좋을까? 정녕 저 앞에 주차하고 있는 승용차나 툭툭을 타고 가버리면 되는 것인가? 그러나 그러기에는 눈앞에 보이는 작은 유적 몇 개가 너무도 마음에 걸린다. 직접 다가가 보지는 못하더라도 저것이 무엇인지는 알고 가자. 물론 직접 가서 눈에 그 모습을 담는 것이 최고.

# 옳고 그름은 하늘이 가린다, **프라삿 수오르 프랏(Prasat Suor Prat)**

**축성시기** 미상 (12세기 후반~13세기 초 추정) **축성자** 미상(자야바르만 7세 또는 인드라바르만 2세 추정) **소요시간** 10~20분

**역사적 중요도** ★(앙코르 시대의 '천옥(天獄)'사상을 보여주던 곳) **관광적 매력** ☆(그냥 무엇을 하던 곳인지만 알면 된다.)

중앙 테라스와 승리의 문을 잇는 선상을 기준으로 북쪽으로 여섯 개, 남쪽으로 여섯 개 총 열두 개의 탑이 늘어서 있다. 대단할 것은 없어 보이지만 '저게 뭘까?' 하는 궁금증은 생기는 곳이다. 이 유적의 이름은 '프라삿 수오르 프랏'이라고 하는데, '로프 댄서의 탑'이라는 뜻이다. 국가 행사 때 탑 꼭대기에 줄을 묶어 줄타기 쇼를 했다고 하는 설도 있지만, 이는 정말 그냥 '카더라'일 뿐. 이 탑들의 진짜 용도는 바로 재판소였다.

History 탑의 양식 및 건축 방식으로 보아 자야바르만 7세 내지는 그의 아들 인드라바르만 2세 때 축조한 것으로 추정된다. 이 탑의 쓰임새에 대한 이야기는 〈진랍풍토기〉에 뚜렷하게 기록되어 있다. 앙코르 왕국에서는 개인의 아주 사소한 분쟁이나 소송까지 모두 왕에게 보고를 올렸는데, 왕은 쟁송 당사자들에게 탑을 하나씩 골라 그 안에 들어가게 하고, 탑 주위를 가족과 친지들이 지키게 하였다. 며칠이 지나면 둘 중 죄가 있는 사람에게는 부스럼이나 기침 등의 증거가 나오고, 죄가 없는 사람은 건강에 아무 이상도 없다. 이런 식으로 시비를 판가름하는데 이를 '천옥(天獄)'이라 했다. 천옥은 당시 일반인들에게도 널리 퍼진 사상으로, 민가에서는 도둑이 물건을 훔치고 범행 사실을 부인하면 펄펄 끓는 기름이 담긴 가마솥에 손을 넣어 손이 멀쩡하면 도둑이 아니고 손이 다치면 도둑이라는 판결을 내렸다고 한다.

# 한국이 복원에 참여 중! **프레아 피투(Preah Pithu)**

**축성시기** 미상 (12세기 후반~13세기 초 추정) **축성자** 미상 **소요시간** 10~20분

**역사적 중요도** ☆(아직 이곳에 대해서 알려진 것은 거의 없다.) **관광적 매력** ★(우리나라가 복원하는 유적이라는 것과 한적한 분위기.)

문둥왕 테라스를 등지고 주차장 건너편을 보면 프라삿 수오르 프랏의 탑 두 개 너머로 정체 모를 유적 하나가 보인다. 이곳이 바로 프레아 피투. 12~13세기에 지어진 유적 5개가 모여 있는 소규모 유적군으로, 몇 년 전까지만 해도 숲속에 거의 방치되어 있던 곳이다. 이곳이 최근에 본격적인 복원과 연구에 시동을 걸기 시작했는데, 이 작업에 우리나라가 참여하고 있다. 지금까지 앙코르 유적 관광객 수로는 우리나라가 세계 1~2위를 다투고 있었으나 유적 복원에 참여한 것은 프레아 피투가 처음이다. 아직 복원이 본격화되기 전이라 유적이라기보다는 숲속의 폐허에 가깝지만, 고즈넉한 분위기를 사랑하는 사람들은 이곳을 앙코르 톰 최고의 유적으로 치기도 한다.

**History** 5개의 유적이 몰려 있는데, 각각 'T', 'U', 'V', 'X', 'Y'라는 명칭으로 불린다. 앙코르 톰이나 롤루오스 유적군처럼 역사적 연관성으로 얽힌 그룹이 아니라 우연히 여러 유적이 비슷한 곳에 몰려 있는 것뿐이다. 성의 없어 보이는 알파벳 이니셜로 불리는 것을 보아도 알 수 있지만, 이곳의 유적에는 지금까지 제대로 밝혀진 것이 없다. 지어진 시대는 모두 제각각이나 건축 양식 및 재료의 상태로 보아 12~13세기 정도로 추정하고 있다. X 유적은 불상이 뚜렷이 새겨져 있고 미완성인 것으로 보아 가장 후대의 것 내지는 앙코르 시대 이후의 것일 수도 있다는 추측도 나오고 있다.

Bonus 2

## 승리의 문 옆 작은 유적 2개

승리의 문 밖으로 나간 뒤 해자를 건너 약 500m쯤 가면 유적 두 개가 나타난다. 길을 사이에 두고 나란히 마주보고 있는데 생긴 것까지 비슷해서 마치 쌍둥이처럼 보인다. 둘 다 규모가 작아 두 개를 모두 보는 데 채 30분이 걸리지 않을 정도이므로 앙코르 톰을 본 뒤 입가심으로 돌아보기 딱 좋다.

## 톰마논(Thommanon)

**축성시기** 12세기 초중엽 **축성자** 수리야바르만 2세
**종교** 힌두(시바&비슈누) **소요시간** 10~20분

승리의 문을 등지고 왼쪽에 위치한 유적이다. 앙코르와트와 비슷한 시기에 축성되었으며, 차우 세이 테보다와는 쌍둥이처럼 보이나 실제로는 톰마논이 10년 정도 빨리 태어난 형이다. 1960년대에 프랑스에 의해 복원이 되어 거의 완전한 모습을 되찾았다. 앙코르와트와 맞먹는 수준의 섬세한 여신 조각과 짜임새 있는 모습이 눈길을 끈다. 크기는 작지만 생각보다 꽤 볼만한 유적이다.

## 차우 세이 테보다(Chau Say Tevoda)

**축성시기** 12세기 초중엽 **축성자** 수리야바르만 2세
**종교** 힌두 **소요시간** 5~10분

톰마논과 마주보고 있는 사원으로, 2000년에서 2009년까지는 복원 문제로 출입이 제한되었다가 현재는 전면 개방 중이다. 톰마논과 여러 가지 면에서 비슷하나 다른 점이 있다면 좀 더 투박하고 얼룩덜룩한 것. 훼손과 유실이 심했던 탓에 새로 사암 벽돌을 만들어 사용했기 때문이라고 한다.

# Angkor Wat

## 앙코르의 정수, **앙코르와트**

**앙코르와트를 직접 보기 전, 여행자는 이곳에 대한 수많은 수식어를 듣게 된다. 신비의 유적, 세계 주요 불가사의 중 하나, 위대한 문화유산, 장엄하고 거대한 사원… 그러나 아직 이곳을 보지 않은 사람에게 들려줄 말은 딱 하나뿐이다. "직접 보라." 실물로 보았을 때의 그 압도감과 신비로움 앞에서는 그 어떤 수식어도 아무 소용이 없어진다. 단 한 개의 사원이지만 그 규모와 볼거리는 어지간한 규모의 사원 몇 개 합한 것을 능가한다. 이곳은 따로 별점을 매기지 않는다. 별 세 개가 만점이라면 이곳은 다섯 개나 여섯 개를 주어도 아깝지 않은 곳이기 때문이다.**

### History Summary

1113년부터 1150년까지 앙코르 왕국을 통치한 수리야바르만 2세 때 축성되었다. 치열한 왕권 쟁탈전에서 승리한 수리야 2세가 자신의 업적과 신성을 과시하기 위해 지은 사원으로, 수리야 2세의 왕릉을 겸하고 있다. 앙코르의 다른 힌두 사원들이 주로 시바에게 봉헌된 것과는 달리 이곳은 수리야 2세가 숭상하던 비슈누를 주신으로 하고 있다.

캄보디아 내에서 단일 사원 중 가장 큰 사암 사원인데, 공사 기간이 아무리 길게 잡아도 채 40년이 되지 않는다고 한다. 기록상 수리야 2세의 통치기간은 총 37년인데, 여러 가지 정황을 볼 때 수리야 2세 재임 기간에만 공사가 진행된 것으로 봐야 한다고 학자들은 말하고 있다. 그 덕분에 미완성 사원으로 남았고, 지금도 곳곳에서 공사를 마무리하지 못한 흔적을 볼 수 있다. 이 정도의 건축물을 짓는 것은 현대의 기술로도 40년으로는 불가능하다고 한다.

## Tour Guideline

### ● 둘째 날 간다!

3일짜리 일정으로 돌아본다면 앙코르와트는 둘째 날에 배치하는 것이 가장 이상적이다. 너무 거대하고 압도적이라 첫날 봐버리면 이후 다른 유적이 모두 시시해 보이는 불상사가 생기고, 마지막 날은 체력이 떨어져 이 위대한 유적의 구석구석을 '그냥 다 돌'로 보게 될 위험이 있다.

### ● 오후 or 이른 아침에 간다!

앙코르와트는 앙코르 유적 중 유일한 서향(西向)사원. 오전에 가면 해가 사원 뒤쪽에 있기 때문에 눈도 부시고 사진도 제대로 나오지 않는다. 오후 2시 이후에 가는 것이 가장 좋다. 단, 이 시간대에는 사람이 지나치게 많다는 것이 함정이므로 조금이라도 앙코르와트를 한산하게 즐기고 싶다면 이른 아침에 갈 것. 일출을 감상한 뒤 바로 돌아보는 것도 좋은 방법이다.

### ● 반나절 추천루트

모두 도보로 이동한다. 서쪽 입구로 들어가 한 바퀴 돌아본 후에 다시 서쪽 입구로 나오면 된다.

## Recommened Root 반나절 추천 루트

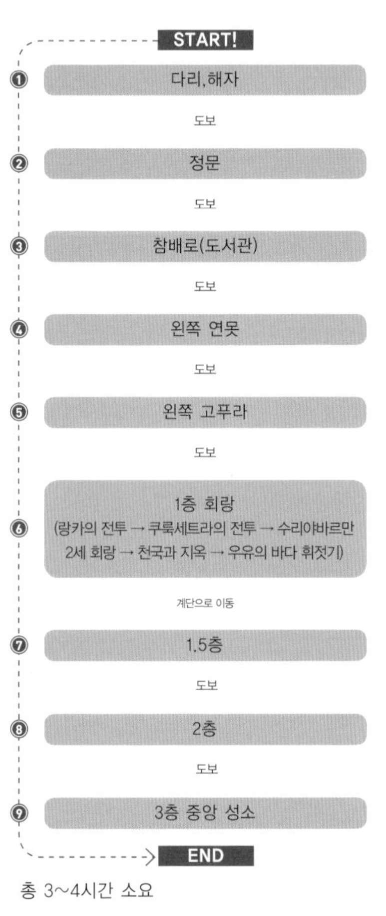

## 앙코르와트, 풀리지 않는 불가사의

앙코르와트는 세계적인 불가사의 중 하나로 꼽힙니다. '7대 불가사의' 같은 공식적인 리스트에는 이름이 없지만, 이곳이 현대 과학이나 기술로 풀리지 않는 수많은 신비를 품고 있다는 사실만은 그 어떤 학자나 전문가들도 이견이 없지요. 그중 가장 대표적인 불가사의들을 한번 소개해 보겠습니다.

**① 앙코르와트는 물 위에 떠 있다?**

연구 결과에 의하면 앙코르와트는 습지 위에 인공적으로 섬을 만들고 그 위에 건축한 것이라고 합니다. 물을 흙으로 메운 뒤 그 위에 무거운 돌을 3층까지 쌓아올린 거죠. 아니, 포크레인도 기중기도 없던 12세기에 도대체 이 작업을 어떻게 해낸 걸까요?

**② 돌을 접착제 없이 쌓았다!**

앙코르와트의 벽과 탑을 쌓아올리는 데는 모르타르 등 그 어떤 접착제도 사용되지 않았습니다. 그럼에도 불구하고 돌과 돌 사이에 면도날조차 들어갈 수 없을 만큼 촘촘했대요. 현재 우리가 보는 앙코르와트는 현대에 복원된 것인데, 당시처럼 돌만 쌓아올리는 것이 불가능하여 어쩔 수 없이 시멘트를 사용했어요. 그 때문에 돌 틈이 예전처럼 촘촘하지 못하다고 합니다.

**③ 모래와 흙만으로 40년?**

사암을 조각할 때는 끌로 스케치하고 사포로 정성스럽게 문질러 조각을 완성하는 것이 기본이라고 해요. 그런데 12세기 캄보디아에는 사포가 없었습니다. 그렇다면 어떻게 했을까요? 학자들이 추정하기로는 모래나 흙을 문대는 방법을 썼을 거라고 해요. 사실 그거밖에 생각할 수 있는 방법이 없다는 거죠. 그런데 세상에 그런 방법으로 단 40년 동안 현재의 그 정교한 조각을 만들었다는 게 말이 되나요?

**④ 건축 기간이 너무 짧다!**

당시 사암을 채취한 곳은 프놈 쿨렌이었습니다. 자동차를 이용해도 편도 1시간 이상 걸리는 곳이죠. 그런데 당시의 운반 수단은 코끼리나 뗏목. 돌을 실어오는 시간만 해도 장난이 아니었겠죠? 게다가 습지를 매립하여 토대를 쌓고, 접착제 없이 정교하게 돌을 쌓아 올렸으며, 벽면에 빈 곳을 찾기 힘들 정도로 빽빽하게 조각을 했어요. 이 모든 것을 포크레인 한 대 없이 오로지 사람의 힘만으로 했고요. 그런데 40년이라니, 말도 안 되게 짧은 기간인 거죠. 여전히 외계인 설이 나오는 데는 다 이유가 있어요.

# Angkor Wat

앙코르와트 전체지도

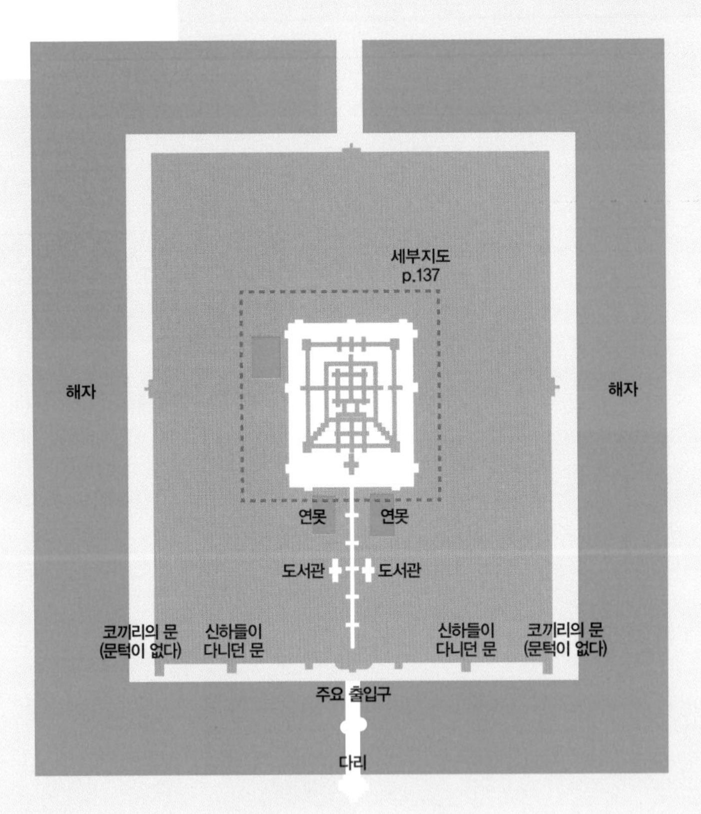

## What to see

### ○ 다리와 해자

툭툭이나 자동차에서 내리면 가장 먼저 만나게 되는 것. 다리는 길이 190m, 폭 15m로 앙코르 유적의 다리 중 가장 큰 규모이다. 현재는 보수 공사 관계로 관광객들의 출입을 막은 상태. 통행은 오른쪽에 놓인 임시 부교로 가능하다. 공사 종료는 2021년 예정이지만 정확한 것은 사람도 하늘도 비슈누도 모른다.

## ○ 입구

다리를 건너면 주요 출입구와 이어진다. 서쪽 벽에는 총 5개의 출입구가 있는데, 중앙에 가장 높은 고푸라가 하나 있고 양쪽으로 고푸라가 하나씩 더 있으며 성벽 양 끝 쪽으로 출입구가 하나씩 또 있다. 맨 가운데 출입구는 왕이 다니던 길, 그 양쪽은 신하 및 귀족들이 출입하던 곳으로 추정된다. 맨 가장자리의 입구는 문턱이 없고 그냥 땅 위에 문이 뚫린 구조로 되어 있다. (현재는 나무로 된 턱을 만들어 놓았다.) 이 문들은 '코끼리의 문'이라고 불리는데, 주로 코끼리나 짐마차 등이 들락거리던 문이라 한다. 왕이 된 기분으로 당당히 중앙 출입구로 들어가자.

Mission

### 비슈누 부처님을 찾아라!

중앙 출입구 오른쪽 고푸라를 보면 어딘가 살짝 낯선 모습의 대형 불상이 서 있다. 사실 이 불상은 앙코르 시대의 비슈누 상인데, 불교국가가 된 현재는 부처님으로 모셔지고 있는 것. 비슈누의 아홉 번째 화신이 붓다이므로 딱히 못할 짓을 하는 것은 아니다.

중앙 출입구로 들어가면 한번쯤은 뒤를 돌아보자. 출입구 양쪽 외벽에 빽빽하게 압사라를 비롯한 각종 신상과 화려한 사방무늬들이 조각되어 있다.

## ∘ 참배로

참배로는 길이 약 350m이고 지면에서 떠오른 다리처럼 만들어졌다. 길 중간쯤 가면 좌우로 건물이 하나씩 있는데, 이는 앙코르와트의 도서관(93p.)으로, 앙코르의 도서관 중 가장 큰 규모를 자랑한다. 참배로를 끝까지 따라가면 사원 본관 앞으로 다다르지만, 굳이 끝까지 가지 말고 계단을 통해 왼쪽으로 내려가자. 내려가기 전에 앙코르와트의 잘생긴 정면 사진 하나는 꼭 찍어둘 것.

앙코르와트의 도서관. 예전의 건축 방식을 재현하지 못해 지붕이 과거와 전혀 다른 모습으로 만들어졌다고.

## ∘ 연못

다리를 중심으로 좌우로 하나씩 연못이 있는데, 여기에는 우주의 바다나 아나바타프타 같은 거창한 의미는 전혀 없다. 유적에 하수도 시설이 전혀 없다 보니 비가 많이 오면 온통 진창이 되곤 하여 일종의 하수 시설로 만들어 놓은 것뿐이다. 어찌되었든 이곳은 앙코르와트를 가장 아름답게 감상할 수 있는 곳으로 인기가 높다. 특히 일출 시간 때 최고 명당으로 꼽히는 곳이다.

# Plan of Angkor Wat

사원 건물 세부지도

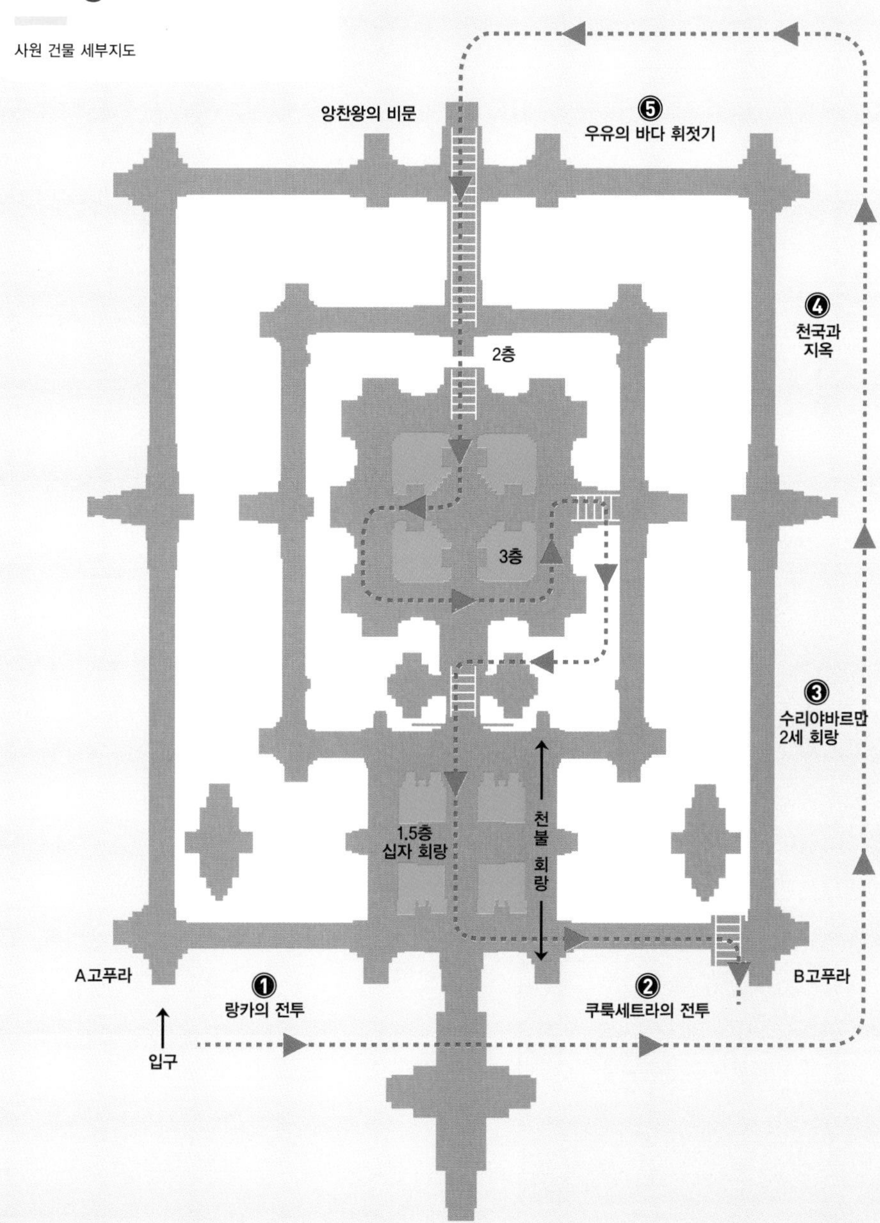

## ∘ 1층 회랑

연못을 지나 건물 맨 왼쪽에 있는 고푸라로 들어가면 본격적인 앙코르와트 탐험이 시작된다. 중앙에도 입구가 있으며 심지어 앙코르 시대에는 왕만 출입할 수 있었던 폼 나는 입구이나, 이 타이밍에서는 잠시 지나치자. 맨 왼쪽에 위치한 북쪽 고푸라로 들어가야 1층 회랑의 부조를 순서대로 차근차근 관람할 수 있다.

1층 회랑의 부조는 동서남북 각 면에 2개씩 총 8개로 구성되어 있으나, 실질적으로는 서쪽 북면의 ①부터 동쪽 남면의 ⑤까지 총 다섯 면만 감상하면 된다. 벽면 부조를 중심으로 A, B 고푸라의 부조를 챙겨 보면 좀 더 알차고 재미있다.

### Tip

**1층 회랑 부조 볼 때 알아 두면 좋은 3가지**

앙코르와트 1층 부조들은 그냥 봐도 충분히 신비하고 놀랍다. 하지만 좀 더 의미 있는 감상을 원한다면 아래의 사항들을 잘 기억해 두자.

– 부조의 감상순서는 ①에서 ⑤로, 회랑을 반 시계 방향으로 돌게 되어 있다. 이는 옛날 앙코르와트 축성 당시부터 내려오는 참배 순서이다. 순서에 따라 부조의 이야기가 어떻게 흘러가는지 잘 살펴볼 것.

– 부조 정 가운데 있는 인물을 잘 봐 두자. 그 해당 부조의 주인공이라 할 수 있는 라마, 크리슈나, 수리야바르만 2세, 비슈누 등이 그 자리를 차지하고 있다. 일련의 연관성에 대해서는 148페이지에서 자세히 설명한다.

– 등장인물은 다음과 같이 구분한다. 몸통은 사람이지만 얼굴은 괴물 같이 생긴 것은 원숭이들, 고깔모자를 쓴 사람은 천신이나 왕족, 투구 모양의 머리장식을 하고 있는 사람은 악신이나 무사, 장군들이다.

### 1. 랑카의 전투

〈라마야나(88p.)〉의 하이라이트라 할 수 있는 랑카의 전투를 묘사한 곳이다. 전면에서 박진감이 흘러넘치는 와중에 꼼꼼한 디테일이 감동스러울 정도. 라마와 수그리바가 이끄는 원숭이 군대와 라바나가 이끄는 락샤사(악마)와의 전투 장면이 화면 가득 펼쳐진다.

**원숭이와 악마**

왼쪽에서 오른쪽을 보고 공격하고 있는 것이 원숭이고 반대로 오른쪽에서 왼쪽을 보고 있고 투구를 쓴 것이 악마다. 원숭이들은 주로 물고 할퀴고 때리며 육탄전을 벌이고, 악마들은 칼이나 몽둥이를 들고 있다. 중간중간 크게 조각되어 있는 것은 각 군대의 부대장급이다.

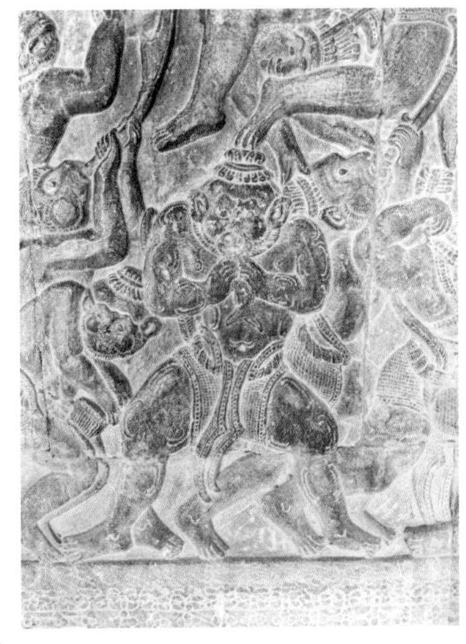

Mission

## 딴짓하는 원숭이를 찾아라!

모든 원숭이들이 치열하게 전투에 임하는 사이사이 딴짓을 하고 있는 원숭이들이 깨알같이 숨어 있다. 위 사진에 나온 원숭이는 전투 식량인 물고기를 먹고 있으며, 이 외에도 도망가는 원숭이, 울고 있는 원숭이 등 다양한 모습이 있다. 당시 조각가들의 재치와 섬세함을 엿볼 수 있다.

## 주인공들

벽면의 정중앙에는 원숭이 한 마리와 그 어깨에 올라타 활과 화살을 들고 있는 사람이 있고, 그 왼편으로는 고깔모자를 쓴 사람과 투구를 쓴 사람이 있다. 다른 것들에 비해 크기가 상당히 크게 묘사되어 있는데, 바로 이들이 〈라마야나〉의 주인공들이다. 아래의 원숭이는 라마의 오른팔이었던 하누만(88p.), 원숭이 위에 올라탄 사람은 주인공 라마, 고깔모자를 쓴 사람은 라마의 동생인 락슈마나다. 락슈마나 옆에 투구를 쓰고 서 있는 사람은 악마들의 왕 라바나의 막내 동생인 비비샤나로, 악마 무리 중에서는 유일하게 오른쪽을 보고 있다. 비비샤나는 자신의 형이 다르마에서 벗어나는 일들을 자꾸 저지르자 충언을 하였는데, 그 소리가 듣기 싫었던 라바나는 비비샤나를 추방해 버렸다. 형에게 쫓겨난 비비샤나는 라마에게 협력하여 자신의 형을 물리치는 데 도움을 준다. 여기서 반드시 상기해야 할 것 하나. 라마는 비슈누의 일곱 번째 화신이라는 것. 다른 건 다 잊어도 이것만은 기억해 두자.

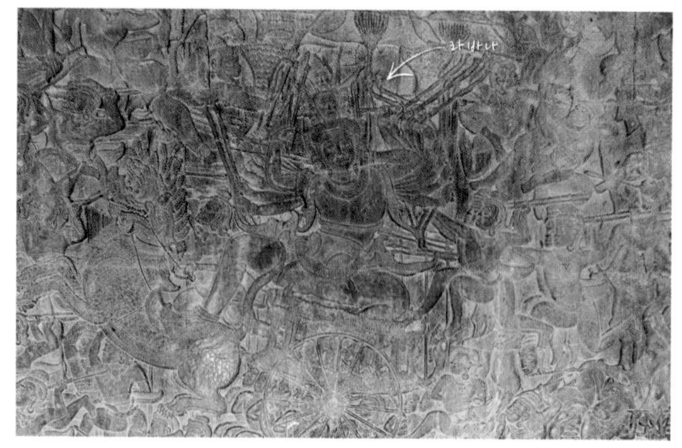


## 악마의 왕 라바나

중앙을 지나치면 또 다른 거대한 인물이 등장한다. 머리가 열 개이고 팔이 스무 개인 인물이 전차를 타고 있는데, 언뜻 보기엔 신처럼 보이기도 하지만 아무래도 사악한 인상이다. 이 인물이 바로 악마들의 왕 라바나다. 전설에 따르면 라바나는 천 년에 한 번씩 자신의 머리를 잘라 창조의 신 브라흐마에게 바치는 힘든 고행을 했다. 자신의 머리 9개가 없어지자, 즉 9천년이 지나자 브라흐마가 나타나 "이렇게 힘든 고행을 하는 이유가 무엇이냐?"라고 묻는다. 그러자 라바나는 "신과 악마들에게 정복당하지 않을 힘을 갖게 해 주십시오"라고 소원을 빌었다. 브라흐마는 그에게 9개의 머리와 신과 악마들에게 정복당하지 않는 힘을 주었다. 그러자 비슈누와 다른 신들이 신이 아닌 인간과 원숭이들로 태어나 라바나를 무찌르게 된다.

# Bonus 1

## A 고푸라의 부조들

외부에서 1층 회랑으로 들어올 때의 출입구인 고푸라의 안쪽 벽에도 빈틈을 찾기 힘들 정도로 빽빽하게 조각이 되어 있다. 주로 랑카의 전투가 일어나기 전후의 상황이므로 〈라마야나〉 이야기를 알고 있다면 ①번 회랑 부조만큼이나 재미있을 수 있는 곳이다. 동선상으로는 ①번 부조보다 먼저 보게 되지만, 이야기 순서를 따라가자면 A고푸라를 나중에 보는 것이 좋다.

**원숭이들의 축제**
왼쪽을 보면 원숭이들이 신나게 춤추는 모습이 있다. 라마가 악마 라바나를 무찌르고 승리를 기념하는 축제를 벌이는 모습이다.

**시타에게 반지를 건네는 하누만**
라마의 부인 시타가 랑카 섬에 감금되어 있을 때, 원숭이 하누만이 라마의 증표인 반지를 건네주면서 시타를 안심시키는 모습이다. 주변에서 "오오오오" 하는 원숭이들은 멀쩡하나 정작 결정적인 부분은 파손되어 있다.

**시타, 불속에 뛰어들다**
원숭이들의 축제 옆을 보면 사람들이 놀라면서 무언가 가리키는 모습이 있는데, 라마의 부인인 시타가 구출된 뒤 자신의 정절을 증명하기 위해 불길 속으로 뛰어 들어가는 장면이다.

### 시타는 왜 불길에 뛰어드는가

시타를 구출하기 위해 라마는 피비린내 나는 전투까지 벌입니다. 그렇게 힘들게 찾아왔으면 앞으로는 죽을 때까지 행복해도 모자랄 것 같건만, 〈라마야나〉에서는 이 뒤로 좀 찝찝한 얘기가 전개됩니다. 전쟁에서 승리하고 시타의 구출에 성공한 라마는 시타에게 이렇게 말합니다. "남의 집에 오랫동안 있던 부인의 정숙함을 믿을 수가 없다. 나는 남편으로서 당신을 악마들에게서 구출했으니 이제 부인이 가고 싶은 길로 떠나라." 말이 좋아 '가고 싶은 길로 가라'지만, 이건 사실상 소박이죠. 이 '체험! 소박의 현장'에서 시타는 당당하게 말합니다. "나는 한 점의 부끄러움도 잘못한 점도 없다. 당신이 믿지 못하겠으면 불길 속에 뛰어들겠다. 신들은 모든 것을 알고 있으니 내가 한 점이라도 부끄러움이 있다면 불에 타 죽을 것이지만, 내게 잘못이 없다면 신들께서 보호해 주실 것이다." 이렇게 외친 시타는 기도 후 불길 속에 뛰어들었고, 전혀 다치지 않습니다. 신들이 시타의 결백을 인정한 거죠. 이후 라마와 시타에게는 본격적인 행복의 나날이 찾아옵니다. 어디까지나 신화의 얘기입니다. 그 밑에는 고대 인도의 가치관과 세계관이 깔려 있고요. 이를 현대의 잣대로 판단하는 것은 어리석은 일일지 모르겠습니다. 하지만 과거 인도에서는 이 신화를 근거로 남편이 먼저 죽은 여인들을 불에 던지는 악습을 자행했고요, 아직도 시골에서는 이런 짓을 하는 경우를 종종 볼 수 있다고 합니다. 왠지 마음이 무거워지네요.

### 2. 쿠룩세트라의 전투

두 번째 회랑에는 〈마하바라타〉에 나오는 쿠룩세트라(Kurukshetra)의 대전투를 묘사한 부조가 펼쳐진다. 쿠룩세트라란 '쿠루족의 평원'이라는 뜻으로, 친족 관계인 판다바 5형제와 카우라바 100형제가 18일 동안 전쟁하는 모습이 그려져 있다. 판다바 형제측이 선, 카우라바 형제측이 악으로 표현된다.

**판다바 VS 카우라바의 구분**

판다바 5형제측은 오른쪽에서 왼쪽으로, 카우라바 100형제는 왼쪽에서 오른쪽으로 움직이고 있다. ① 번 회랑과는 반대로 선한 측이 오른쪽에서 왼쪽으로 움직이는 모습이다.

**비슈마의 죽음**

마하바라타 부조 중 가장 먼저 눈에 띄는 것으로, 무수한 창끝 위에 누워 있는 사람과 그 곁에서 안타까워하는 다섯 사람, 그리고 창을 받치고 있는 여러 명의 사람으로 구성되어 있다. 안타까워하는 5명은 판다바 5형제, 창을 받치고 있는 사람들은 카우라바 100형제이다. 누워 있는 사람이 바로 주인공 비슈마다. 비슈마는 판다바 5형제와 카우라바 100형제의 큰 증조할아버지였다. 증손자들이 서로 싸우겠다는 얘기를 듣고 비슈마가 극구 전쟁을 말리지만, 카우라바 100형제들은 끝까지 싸울 것을 고집한다. 결국 비슈마는 카우라바 형제 측의 총사령관을 맡아 전쟁에 참가했다가 판다바 5형제들 중 셋째인 아루즈나에게 온 몸에 화살을 맞아 죽는다. 판다바 5형제가 아무리 선한 쪽이라 해도 친족을 죽이는 것은 용서받기 힘든 큰 죄. 그래서 힌두의 세계관에서는 비슈마가 죽는 순간 파괴의 시대인 칼리 유가가 시작되었다고 한다.

## 선한 힘이여, 왕에게로!

〈라마야나〉의 이야기를 그린 ①의 부조에서는 선한 쪽이 왼쪽에서 오른쪽으로 움직입니다. 반대로 〈마하바라타〉를 다룬 ②의 부조는 선한 쪽이 오른쪽에서 왼쪽으로 움직이죠. 왜 이렇게 만든 걸까요? 그 답은 바로 '중앙 통로'입니다. 두 부조는 2층으로 통하는 중앙 통로의 출입문을 가운데에 두고 대칭으로 놓여 있습니다. 두 부조의 선한 무리는 각각 중앙 통로를 향하고 있고요. 그런데 중앙 통로로는 누가 다니죠? 네. 왕이 다닙니다. 왕이 다니시는 길에 전설 속 선한 영웅의 기운을 모아 드리려는 의도인 것입니다. 정말 깨알 같죠?

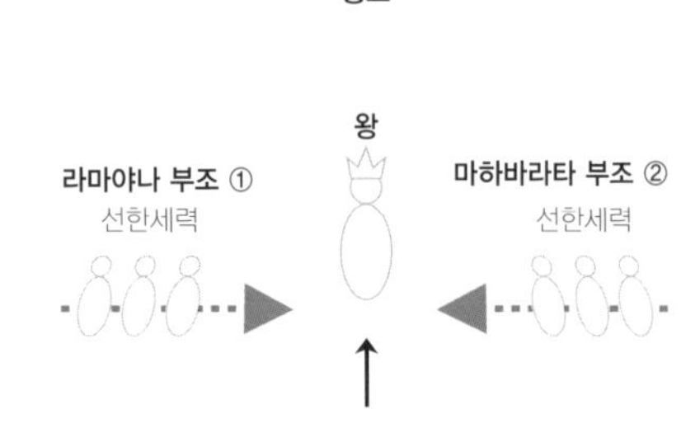

**스승 두르나라**

비슈마가 죽는 모습에서 15발자국 정도 떨어진 곳의 상단에서 볼 수 있는 장면이다. 이 인물은 두르나라라고 하는데, 카우라바 100형제와 판다바 5형제의 스승이다. 두르나라 역시 이 전쟁을 말린 사람이지만, 카우라바 100형제들 때문에 어쩔 수 없이 전쟁에 참여한다. 비슈마가 죽고 난후 카우라바 100형제의 총사령관을 맡게 되나 전쟁의 마지막 날 판다바 5형제 중 장남인 유디스트라에게 목이 잘린다. 유디스트라의 전차는 항상 공중에 떠 있었는데, 자신의 스승을 죽이는 큰 죄를 저지른 후 전차가 땅으로 내려왔다고 한다.

**비마**

중앙을 지나 회랑 끝 부분 하단을 보면 코끼리를 타고 방패를 들고 있는 사람을 볼 수 있는데 이 인물은 판다바 5형제의 둘째인 비마다. 판다바 5형제들은 한 명의 부인을 두고 있었는데, 이 부인이 카우라바 100형제들에게, 즉 시동생들에게 수치를 당하게 된다. 그 모습을 본 비마는 "카우라바 100형제들 모두를 찢어 죽이고 그 피를 마시겠다"는 맹세를 한다. 그리고 비마는 실제로 맹세대로 카우라바 100형제들 중 99명을 죽인다.

**아르주나와 크리슈나**

②번 부조 정중앙에 보면 유난히 크게 묘사된 두 명의 인물이 있다. 활시위를 당기고 있는 인물은 판다바 5형제 중 셋째인 아르주나로, 집안의 큰 어르신인 비슈마를 활로 쏘아 죽인 장본인이다. 막대기를 들고 전차를 모는 인물은 비슈누의 8번째 화신인 크리슈나로 판다바, 카우라바 형제들의 이종 사촌이다. 판다바·카우라바 형제들은 전쟁을 하기 전 크리슈나를 찾아가 자기들 편이 되어달라고 부탁하는데, 크리슈나는 둘 중 먼저 온 판다바 5형제에게 자신의 무장된 100만 대군, 아니면 무기를 들거나 싸우지 않을 자신 중 하나를 선택하라고 한다. 판다바 5형제들은 크리슈나를 선택하고, 크리슈나는 아르주나의 전차사 역할을 맡는다.

## 부조가 반들반들한 이유

1층 회랑의 부조를 보면 참 반들반들합니다. 이런 모습을 보고 분노를 느끼시는 분들도 적지 않습니다. 얼마나 오랜 세월 동안 사람들이 함부로 만져댔으면 저렇게 반질반질하냐는 거죠. 화내지 마세요. 사람들이 만져서 그런 것이 아니라, 학자들이 부조를 연구하기 위해 탁본을 뜰 때 기름칠을 해서 그런 겁니다. 현재는 철저한 보존을 위해 탁본조차 금지된 상태입니다. 그러니까 앞으로 더 번들거릴 일은 없을 거예요.

# Bonus 2

## B 고푸라의 부조들

②회랑이 끝나고 ③회랑으로 넘어가는 모퉁이에도 다양한 부조가 조각되어 있다. 인도 신화 얘기 및 당시의 생활상이 담겨 있다. 이야기에 특별한 맥락이 없기 때문에 그냥 동선대로 따라가면서 보면 된다.

**발리를 쏘아 죽이는 라마**

〈라마야나〉에 나오는 이야기로서, 원숭이의 왕 수그리바가 자신의 형 발리와 왕좌를 놓고 결투를 벌일 때 라마가 숲에 숨어 있다 활로 발리를 쏘아 죽이는 장면을 그리고 있다.(88p.)

**시바에게 화살을 쏘는 카마**

사랑의 신 카마가 시바에게 화살을 쏘고 있다. 이 화살을 맞은 뒤 시바는 파르바티와 사랑에 빠지나 그 대가로 카마는 타죽고 만다. (89p.)

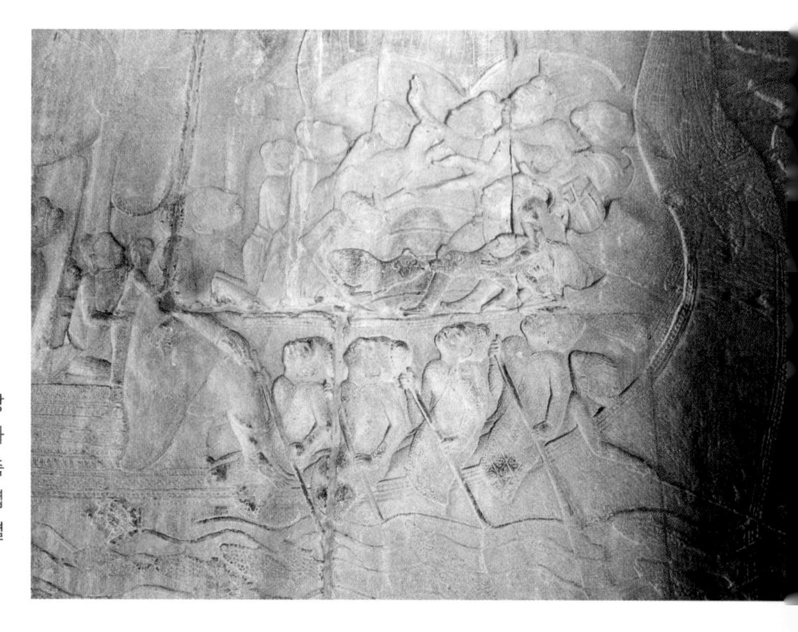

Mission

### 물 축제를 찾아라!

앙코르와트 부조물 중 유일하게 그 당시 생활상을 그린 것으로, 캄보디아의 전통 축제인 물 축제 중 카누 축제의 모습이다. 지금도 양력 11월 무렵이면 캄보디아 전역에서 물 축제가 펼쳐진다.

### 3. 수리야바르만 2세 회랑

이 회랑에는 수리야바르만 2세가 왕궁에서 직무를 보는 모습 및 자신의 영토에 있는 19명의 왕들과 전쟁에 나가는 모습이 조각되어 있다. 그 당시 왕들은 황금으로 된 양산을 쓰고 있었는데 양산의 개수가 많을수록 권력이 강했다는 것을 뜻한다. 또한 이 회랑에서 나타내는 것이 수리야바르만 2세의 '현재'라는 것 또한 염두에 두자.

**돌이 빠져나간 흔적**

당시에는 조각을 하다가 실수를 하면 잘못된 부분의 돌을 오려내고 새 돌을 집어넣고 다시 조각을 했다고 하는데 그 흔적이다. 이후 도굴꾼들이 혹시 그 뒤에 보물이 숨겨져 있을까 돌을 빼놓고 되돌려놓지 않아 현재의 빈자리가 생겼다. 이러한 땜통(?)은 앙코르와트 곳곳에서 드문드문 발견되는데, 유독 수리야바르만 2세 회랑에 많다.

**기타 등등 왕들**

수리야바르만 2세의 집무 모습 뒤쪽으로는 당시 수리야 2세가 다스리던 동남아 각국의 왕들이 그려져 있다. 주로 코끼리 위에 타서 양산을 받치고 있는 모습인데, 수리야바르만 2세의 부름을 받고 전쟁에 출정하는 것이라 한다. 각 왕들 옆에는 인도 글자인 팔리어와 산스크리트어로 인물에 대한 소개글을 조각해 두었다.

**수리야바르만 2세**

양산을 쓰고 앉아 있는 사람이 바로 수리야 2세. 속국의 왕들에게 충성서약을 받는 장면이다. 수리야 2세의 영토는 현재의 캄보디아를 넘어 태국, 미얀마, 라오스, 베트남, 말레이시아 반도까지 이를 정도로 거대했다. 중국 사서에 그 당시 국경이 캄보디아와 맞닿아 있었으며 중국의 황제가 캄보디아의 왕에게 조공과 경의를 표했다는 내용이 남아있다. 이 장면에서 수리야 2세의 양산 갯수는 총 14개. 이보다 더 많은 양산을 쓰고 있는 왕이 있는 지 흥미롭게 찾아보자.

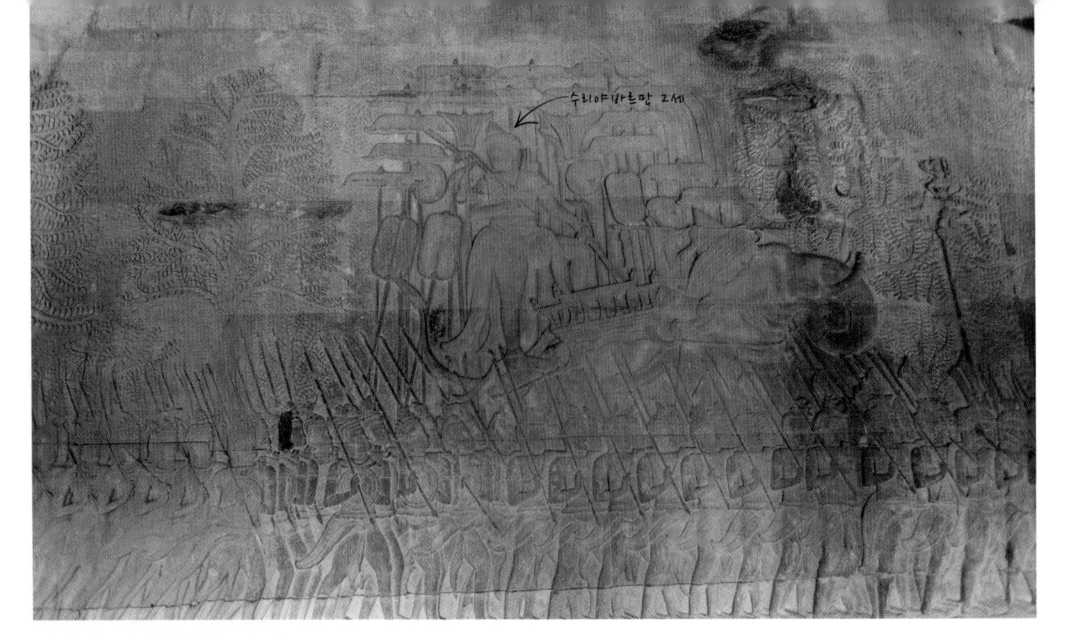


**양산을 새로 장만한 수리야바르만 2세**

이 조각의 가장 중앙에 있는 인물은 당연히 수리야 2세다. 그런데 약간 이상한 점이 있다 시작 부분에 집무를 보는 수리야 2세의 모습을 보면 양산을 14개 받치고 있는데, 중앙에 자리한 수리야 2세의 양산은 총 15개인 것. 다른 사람 아니냐고? 옆에 적힌 글자를 해독해 보면 이 인물은 수리야 2세가 맞다. 똑같은 인물이지만 양산의 개수가 늘어난 이유는 '실제 상황을 반영했기 때문'이라고 한다. 맨 처음 직무를 보는 모습을 조각할 당시의 수리야 2세는 실제로 양산을 14개 들고 다녔고, 세월이 흘러 중앙부를 조각할 때는 15개를 들고 다녔다는 것이다. 세월이 지나며 권력도 증강하고 양산도 늘었다.

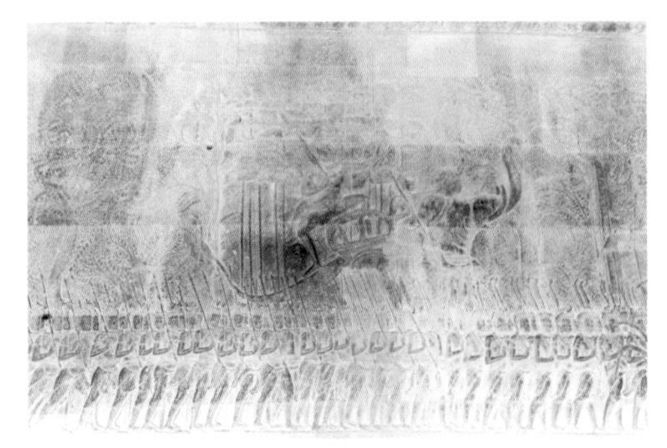

Mission

## 양산의 왕을 찾아라!

수리야 2세의 평균적인 양산 숫자는 14개에서 15개. 그런데 회랑 끝부분으로 가면 무려 17개의 양산을 들고 있는 왕을 볼 수 있다. 이것도 당연히 수리야 2세? 대답은 놀랍게도 '아니다'이다. 이 인물은 태국의 르보 왕국(현재의 롭부리 일대)의 왕이었던 자얌바르만 4세이다. 이 부분을 조각했을 무렵 수리야바르만 2세가 질병 또는 다른 이유로 힘이 약해졌던 것이 아닐까 추측할 수 있다.

**당나라 군대 아닙니다**

③번 회랑 부조의 아래쪽에는 병사들의 행렬이 조각되어 있다. 왕의 행진 부분에 있는 병사들은 복장도 같고 행군하는 발도 잘 맞는데, 행렬의 맨 앞쪽으로 가면 병사들의 복장도 다르고 발도 잘 맞지 않는다. 이는 당시 훈련이 안 된 야만인 및 노예들을 화살받이로 맨 앞에 세웠기 때문이라고 한다. 이 야만인들이 어디에서 왔는지 글자로 조각해 둔 부분이 있었는데 현재는 소실되었다. 학자들이 탁본을 통해 연구한 결과 밝혀진 야만인들의 정체는 놀랍게도 현재의 태국인이라고, 글자들이 소실된 이유는 아유타야 왕국이 앙코르 왕국을 침공했을 당시 자신들을 야만인으로 취급한 증거를 훼손했기 때문이라 한다.

### 4. 천국과 지옥

천국과 지옥의 모습을 소상히 그리고 있는 회랑이다. 인류 보편의 정서라 할 수 있는 권선징악적 사후세계의 모습을 그리고 있어 사전지식 없이도 흥미롭게 볼 수 있는 곳이다. 특히 지옥 부분이 잔인하면서 리얼하다.

**상중하의 구분**

천국과 지옥 부조는 상중하 3단으로 구성되어 있다. 상단은 천국, 중단은 재판을 기다리는 사람들, 하단은 32가지의 지옥의 모습이다. 특이할 점은 지옥에 있는 사람들 중 많은 수가 여자라는 것. 앙코르 왕국은 철저한 모계 중심 사회였기 때문에 가정 및 사회의 주도권이 거의 여성에게 있었다. 즉 딱히 '여성'을 그렸다기보다 '백성'을 그린 것이라 보면 된다. 상단의 천국에는 고깔모자를 쓴 귀족 및 왕족들이 주로 조각되어 있다.

**명부의 신에게 참견하는 수리야바르만 2세**

판결을 대기하는 중단부에는 한 인물이 앉아 곤봉을 들고 명령하고 있는데, 이 인물은 치트라굽타(Chitragupta)로서 야마를 도와 명부를 읽고 판결을 내리는 역할을 한다. 치트라굽타 옆을 보면 뾰족 모자를 쓴 사람이 하나 앉아 있는데, 바로 수리야바르만 2세로서 치트라굽타의 심판에 참견을 하는 모습이다. 백성들은 죽어서도 왕의 지배를 벗어날 수가 없다는 메시지를 전하는 것이라고.

Mission

## 천장을 보자!

④번 회랑의 천장은 다른 곳과는 달리 천장이 연꽃 문양의 판으로 덮여 있다. 복원 작업을 담당한 프랑스 팀에서 만들어 넣은 것으로, 원래는 이러한 천장이 없었다고 한다. 10여 년 전만 해도 앙코르와트는 비가 오면 물이 줄줄 샜는데, 주요 건축 자재인 사암이 비바람에 가장 약한 돌이다 보니 빗물이 흐를 때마다 조각이 심각하게 타격을 입어 어쩔 수 없이 없던 천장을 만들어 올렸다고 한다.

### 지옥의 모습

밋밋한 천국 풍경과는 달리 최하단의 지옥 풍경은 생생하고 끔찍하다. 혀를 뽑는 고문, 맹수에게 물어뜯기는 모습, 전신에 못을 박는 고문 등 32가지의 고통이 적나라하게 묘사되어 있다. 왕의 명령을 듣지 않은 자의 최후가 어떤 것인지 말로 하는 협박보다 강력한 위협이 될 만한 그림들이다.

1 가슴을 보면 알 수 있듯 여성. 지옥에 있는 사람들의 대부분이 여성이다.
2 지옥의 사자에게 눈을 뽑히고 있다.
3 지옥의 사자들이 사람들을 어딘가로 끌고 가고 있다.
4 지옥에 떨어진 사람이 짐승에게 산 채로 잡아먹히는 장면
5 온몸에 못이 박히는 벌을 받고 있다.

### 5. 우유의 바다 휘젓기

앙코르와트 1층 회랑 부조의 백미라 불리며 수많은 학자 및 예술가, 여행가들의 찬사를 받는 곳이다. 화면 안에 다양한 이야기를 담는 다른 부조와 달리 이곳은 거대한 벽면 하나가 오롯이 한 가지 이야기를 표현하는 데 사용되고 있다. 그래서 다른 벽화에 비해 균형미와 압도적인 웅장함이 더욱 뚜렷하게 느껴진다. 느긋하고 천천히 눈에 담을 것. 그리고 마음껏 감동할 것.

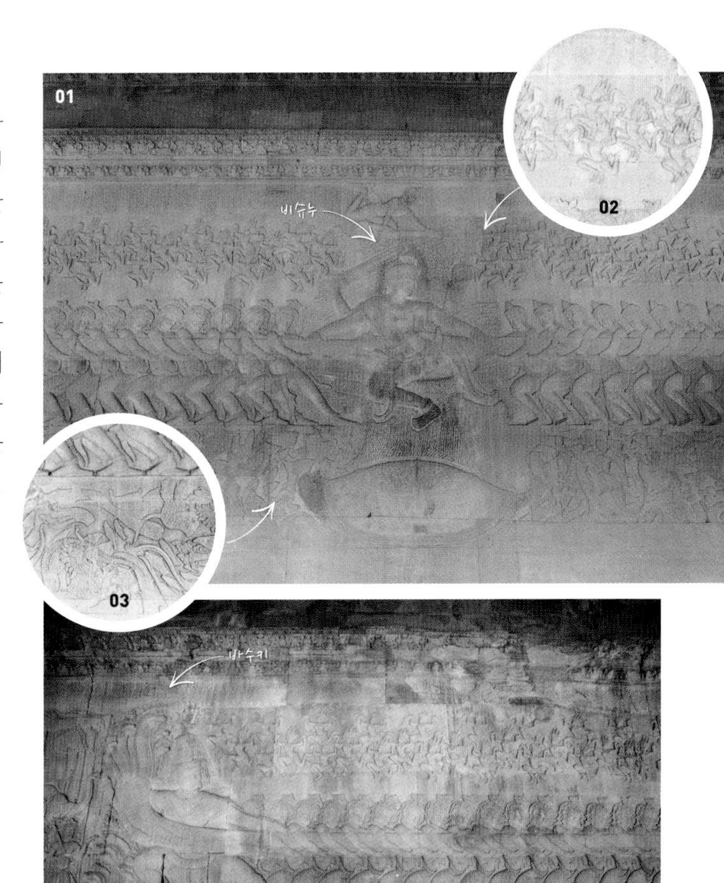

## 통일성의 비결

1층 회랑 부조들은 왠지 한 사람이 만든 작품 같습니다. 인물, 동물, 배경 어느 하나 튀는 것이 없거든요. 물론 한 사람이 했다는 건 말도 안 되는 얘기죠. 분명 여러 명의 장인들이 동원됐을 겁니다. 그런데 어떻게 이렇게 통일성이 뛰어난 결과물이 나왔을까요? 방법은 의외로 쉽습니다. 당시 조각가들은 각각의 전문 분야가 있었다고 해요. 얼굴 형태, 옷, 동물은 물론이고 심지어 사람의 이목구비까지 세분화하여 각각 전문가가 따로 있었다고 하네요. 한 명의 관리자가 전체적인 윤곽을 계획하고 밑그림을 그리면 각 부위의 전문가들이 매달려 완성시켰다고 합니다.

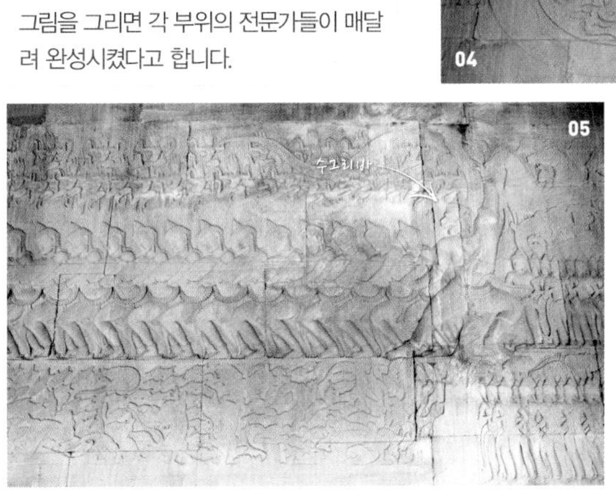


**전체 보기**

중앙의 비슈누를 중심으로 하여 양쪽으로 아수라와 데바들이 바수키를 잡고 당기는 구도로 되어 있다. 아수라들은 바수키의 머리 부분을 잡고 있고, 데바는 꼬리 부분을 잡고 있다. 데바 측 맨 뒤에는 원숭이의 왕 수그리바가 힘을 보태고 있다. 상단에는 물거품에서 태어난 압사라가, 하단에는 물속에서 으깨지는 물고기들이 그려져 있다.

**1** 가운데에 자리하고 있는 것이 비슈누
**2** 거품에서 압사라가 태어나는 모습
**3** 몸이 마구 동강나고 으깨지는 물고기들
**4** 아수라들. 바수키의 머리 부분을 잡고 있다.
**5** 데바들. 수그리바가 맨 뒤에 서 있다.

Mission

## 식스팩 VS 뱃살을 찾아보자!

애초에 우유의 바다를 휘젓게 된 이유가 데바들이 아수라들에 비해 힘이 약했기 때문.(89p.) 앙코르의 예술가들은 앙코르와트 부조를 통해 이를 코믹하게 표현했다. '우유의 바다 휘젓기' 부조를 자세히 보면 강력한 힘을 지닌 아수라들은 배에 일명 '식스팩'이라 불리는 복근이 또렷하게 나타나 있는데 비해 데바들은 유약한 모습으로 그려진다. 심지어 뒤쪽에 있는 데바들은 배에 군살이 출렁출렁할 정도.

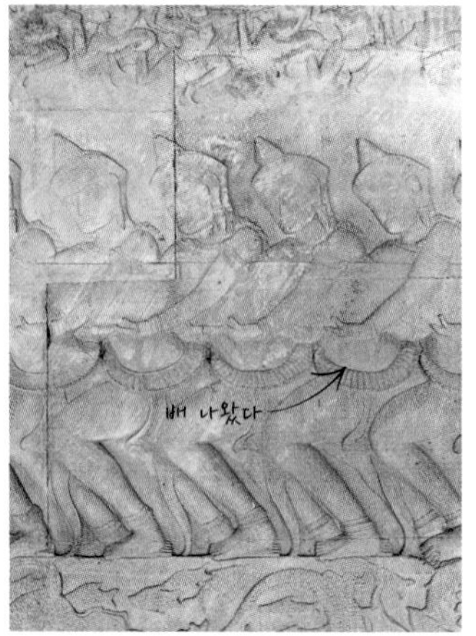


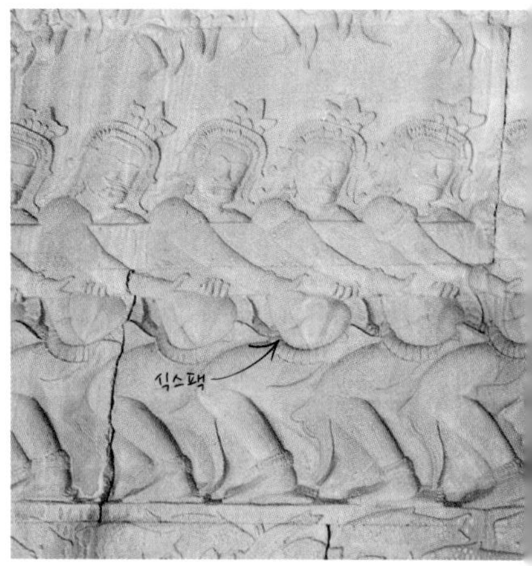

## 삼세를 지배하고 영생을 얻으리라

지금부터 1층 회랑 부조 다섯 폭에 담은 수리야바르만 2세의 본뜻을 알아볼 시간입니다. 과연 이 조각의 이야기에는 어떤 의미가 담겨 있는지, 왜 '랑카의 전투'로 시작하여 '우유의 바다 휘젓기'로 마무리되는 것인지 한번 꼼꼼히 파악해 봅시다.

먼저 '랑카의 전투'와 '쿠룩세트라의 전투'를 살펴봅시다. 앞서 중앙에 조각된 인물이 주인공이라고 했습니다. 각각의 주인공이 누구였죠? 네. 라마와 크리슈나였습니다. 그리고 이 두 명은 각각 비슈누의 일곱 번째, 여덟 번째 화신입니다. 그리고 다음 부조들을 봅시다. '수리야바르만 2세 회랑'과 '천국과 지옥'이네요. 이 부조들의 주인공은 누구죠? 네. 수리야바르만 2세 본인입니다. 마지막 '우유의 바다 휘젓기'의 주인공은 어렵지 않죠. 비슈누입니다.

①②번 부조는 비슈누가 인간으로 화하여 인간 세상을 구원한 '과거'의 이야기입니다. 그리고 ③번은 현재 시점입니다. ④번은 미래 시점, ⑤번은 과거 현재 미래를 관통하는 '영생'의 이야기입니다. 즉, 수리야바르만 2세는 자신이 비슈누의 화신으로서 과거와 현재를 지배할 뿐 아니라 내세까지 영향을 미치는 불멸의 존재라는 뜻을 이 부조들에 담은 것입니다. 앙코르 역사상 가장 넓은 영토를 지배했던 태양왕의 야심을 제대로 이해하려면 부조 관람 순서를 지키는 것이 좋다는 것, 잘 아시겠죠?

## 나머지 세 개의 부조, 볼까 말까?

위에 소개한 다섯 개의 부조는 언제나 관람객으로 가득합니다. 앙코르 왕국이 낳은 최고의 예술 작품을 넘어 인류의 유산이니까요. 그런데 나머지 세 곳으로 가면 인구밀도가 급격히 떨어집니다. 숨겨진 명소 아니냐고요? 아뇨. 오히려 그 반대입니다. 예술 및 역사적 가치가 떨어지기 때문에 발걸음이 뜸한 것뿐이에요. 사실 수리야바르만 2세 당시에는 ①~⑤까지만 완성되었고, 나머지는 미완성이었습니다. 그 후 16세기에 앙찬 1세가 숲속에 방치되어 있던 앙코르 유적을 발견한 뒤 일부 조각을 새겨 넣었고요, 프랑스 식민지 시절에도 일부 작업이 이뤄졌습니다. 세 회랑 부조의 주제는 각각 〈아수라를 이긴 비슈누〉 〈바나를 이긴 크리슈나〉 〈21명의 신과 아수라〉인데, 하나같이 조각의 섬세함이나 표현력에서 오리지널보다 확연히 뒤떨어집니다. 앙코르와트를 밀리미터 단위로 꼼꼼하게 훑을 생각이라면 모를까, 어지간하면 그냥 패스하셔도 좋습니다.

## Next 2층으로!

'우유의 바다 휘젓기' 회랑을 쭉 따라가다가 회랑이 끝나고 왼쪽으로 계단이 나오면 올라가자. 2층으로 바로 연결된다.

## 2층

앙코르와트 2층은 가운데 우뚝 선 3층 중앙 성소를 중심으로 넓은 공간이 펼쳐져 있고, 도서관 건물이 두 개 있으며, 넓은 마당을 회랑이 외벽처럼 둘러싸고 있는 아주 단순한 구조이다. 2층을 빙 둘러싼 회랑 안은 어둑어둑하고 눅눅하기만 하므로 굳이 들어가 볼 필요는 없다.

**압사라**

2층 최고의 볼거리는 단연 압사라 부조이다. 약 1,500여 점의 압사라가 벽을 따라 줄지어 있는데, 그 신비한 미소와 얇은 옷자락까지 표현한 섬세한 솜씨에 절로 감탄이 나온다. 그 수많은 압사라 중 단 한 개도 같은 것이 없다는 것은 감탄과 놀람을 넘어 무섭기까지 하다.

**공간의 용도**

2층 바닥을 보면 사람 발목 높이까지 단이 있는 것을 볼 수 있다. 당시에는 항상 이 높이까지 물이 차오르게 되어 있었다. 캄보디아 인들은 사람의 가장 나쁜 기운은 발바닥 밑으로 모인다고 믿었기 때문에 3층의 성소로 올라가기 전 발에 고인 나쁜 기운을 씻어내기 위해 이 공간에 물을 채웠다고 추측하고 있다. 또한 의식을 치를 때 왕과 소수의 브라만만 3층 중앙 성소로 올라가고 대부분의 신하들은 이 공간에 배열하여 있었다고 한다.

## 3층

앙코르와트에서 가장 높고 신성한 공간이다. 당시 왕과 소수 브라만들만이 누릴 수 있었던 그 분위기와 공기를 맛보자. 또한 이곳에서 바라보는 1~2층과 진입로, 저 멀리 밀림의 풍경 또한 인상적이다.

### 3층, 기다리세요!

앙코르와트 3층은 쾌적한 관람을 위해 1회 입장 인원을 제한하고 있다. 자기 차례가 올 때까지 줄을 서 있다가 데스크에서 목걸이 입장권을 받아 올라간 뒤 관람을 끝낸 후에는 목걸이를 반납한다.

관광객용 계단

앙코르 시대의 계단

**계단**

2층에서 3층 성소로 오르는 계단은 총 12개가 있다. 서쪽 정면에 있는 계단은 당시 왕이 사용하던 것으로 경사가 비교적 완만하고, 나머지 11개는 신하들이 사용하던 계단으로 경사가 상당히 가파르다. 이는 3층의 성스러움을 강조하기 위한 일종의 극적 장치로, 몸을 극도로 낮추어 네발로 기듯이 오르내리라는 의미를 담고 있다. 관광객용으로는 손잡이를 갖춘 나무 계단이 마련되어 있고, 나머지는 모두 출입 금지이다. 모서리가 닳아 상당히 위험하기 때문. 실제로 몇 년 전 이곳에서 계단을 오르던 관광객 한 명이 추락한 적이 있고, 그 때문에 한동안 3층이 전면 폐쇄되기도 했다.

**3층의 구조**

3층은 밭 전(田)자 구조로 한가운데 중앙탑이 있고 각 모퉁이마다 탑이 하나씩 있으며 사방의 네 탑과 중앙탑은 모두 회랑으로 연결된다. 회랑 사이의 ㅁ자 공간은 목욕탕이다. 안내판이 설치되어 있는데, 이를 따라가면 자연스럽게 외부 회랑을 한 바퀴 돌아본 후 중앙탑의 성소를 보고 빠져나온 뒤 아래로 내려갈 수 있다.

**중앙 탑**

앙코르와트에서 가장 성스럽고 아름다운 공간이다. 상륜부는 연꽃모양으로 만들어져 있고, 외벽과 박공에는 빈틈을 찾아보기 힘들 정도로 빽빽하게 조각이 되어 있다. 현재 이곳에는 불상이 모셔져 있는데, 힌두 신상이 아닌 데다 목이 제대로 붙어 있는 것으로 보아 후대에 놓아둔 것을 알 수 있다. 원래 이곳에는 비슈누상이 있었다고 추측되나 그 어느 곳에서도 발견되지 않고 있다. 발견 당시에는 커다란 구멍과 우물이 있어 학자들은 그곳에 수리야바르만 2세의 유해가 묻혀 있었을 거라고 추측하고 있다.

## Next 내려가는 길

3층에서 2층으로 내려간 뒤 서쪽에 있는 정면 출입구 쪽으로 가자.

## 1.5층(십자 회랑)

1층에서 2층으로 올라가기 전에 위치한 중간 공간으로 오로지 서쪽 정면 출입구에서만 연결된다. 3층과 같은 田자 모양의 공간으로, 가운데에 십자형의 회랑으로 나뉜 네 개의 욕장이 있으며 그 가장자리를 수많은 기둥으로 이뤄진 회랑이 빙 둘러치고 있는 모양이다. 욕장은 3층의 성소를 참배하기 전 몸을 씻던 곳이라고 한다.

**천불 회랑**

남쪽 회랑으로 들어가면 수많은 불상이 자리하고 있는 것이 보인다. 원래는 천 개의 불상이 안치되어 있었다 하여 '천불 회랑'으로 불린다. 캄보디아 내전 동안 많은 불상이 소실되어 현재는 숫자가 현저히 줄었다. 머리가 없는 불상과 있는 불상이 있는데, 머리가 없는 불상이 앙코르 시대 때부터 내려온 것으로 아유타야 왕국이 쳐들어왔을 때 베어갔다고 한다. 머리가 온전히 달린 불상은 후대의 것들이다.

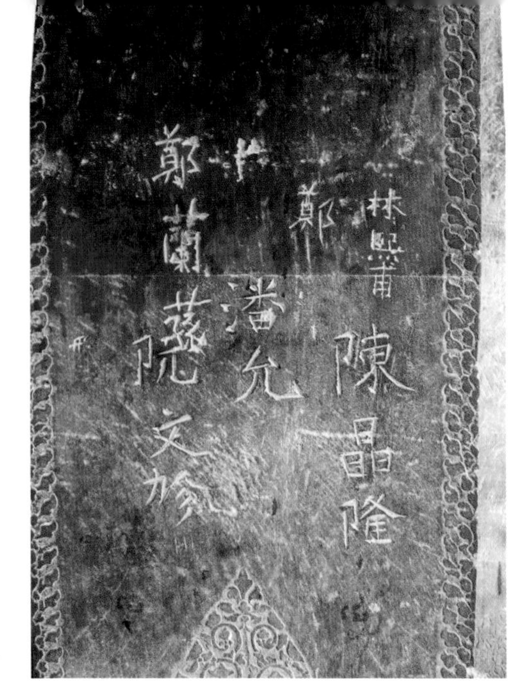


**나 왔다 간다**

십자 회랑에는 수많은 기둥이 있는데, 많은 기둥에 비문이 적혀 있어 당시 앙코르와트에 대한 역사 연구에 많은 도움이 되고 있다. 유독 한자로 적혀 있는 글들이 많은데, 이곳을 다녀간 중국인 사신이나 16세기 중국 상인들의 기록이라면 참 좋겠지만, 많은 수가 그냥 중국인 관광객들이 파 놓은 낙서라고 한다. 영화 〈화양연화〉가 개봉된 후 중국에서 앙코르와트 붐이 일어났고, 그때 몰려온 중국인 관광객들이 너도나도 파 놓았다고.

### 수리야바르만 2세 앙코르와트 참배 루트

앙코르와트는 수리야바르만 2세가 비슈누 신을 모시고 신성한 제례 의식을 치르던 곳입니다. 옛날에 왕은 이곳을 어떻게 이용했을까요? 한번 시뮬레이션해 봅시다. 왕은 일단 무조건 중앙 통로로 들어옵니다. 참배로를 쭉 밟아온 뒤, 서쪽에 있는 중앙문을 통해 위로 올라갑니다. 회랑 같은 데는 들르지 않습니다. 일단 안으로 들어오면 계단을 통해 바로 1.5층 십자 회랑으로 올라갑니다. 그곳에 있는 4개의 욕장에서 1차 목욕을 합니다. 그리고 2층으로 올라와 발을 닦고, 다시 계단을 통해 3층으로 올라가 4개의 욕장에서 2차 목욕을 합니다. 그렇게 온통 깨끗해진 몸으로 정중앙에 있는 비슈누 상에게 제사를 올립니다. 앙코르와트는 그렇게 신성하고도 까다로운 장소였습니다.

## 앙코르와트에 대한 읽을거리들

### 앙코르와트와 캄보디아

앙코르와트는 캄보디아가 자랑하는 최고의 문화유산이자 정신적 지주입니다. 캄보디아 국기 한가운데에 앙코르와트가 그려져 있고요, 어머니가 출산 후 자녀를 데리고 가장 가고 싶어 하는 곳이 앙코르와트입니다. 병이 걸리면 앙코르와트의 해자에서 목욕을 하고, 부모님이 돌아가시면 장례식이 끝나고 마지막으로 앙코르와트를 향해 절을 합니다.

캄보디아인들이 앙코르와트에 얼마나 깊은 자부심을 갖고 있는지 알 수 있는 일화가 하나 있습니다. 예전에 태국의 유명한 가수가 태국 방송에서 앙코르와트를 태국 사람들이 만들었다고 발언했습니다. 이 망언이 국경을 넘어 캄보디아에 전해지자, 이에 격분한 캄보디아 사람들은 태국 사람들을 살해하고 프놈펜에 있는 태국 대사관에 불을 질렀습니다. 캄보디아 정부는 씨엠립 유적지에 태국인들의 출입을 통제했고요. 캄보디아 사람들 참 순박합니다. 어지간한 일에 화내는 법도 없어요. 그런 사람들이 이렇게 화를 냈습니다. 앙코르와트가 그런 존재인 겁니다.

앙코르의 사원들, 특히 앙코르와트를 돌아볼 때는 꼭 하나 명심해 주셨으면 좋겠습니다. 절대 그곳을 모독하거나 비하하는 언행을 하지 말아 주세요. 우리에게는 그냥 잠시 돌아보는 남의 나라 유적이지만, 캄보디아 사람들에게는 성지와 같은 곳이며 그들을 하나로 묶는 구심점이니까요.

### 앙코르와트는 왜 서향일까?

앙코르의 유적들은 딱 하나를 제외하고는 모두 동향입니다. 해가 뜨는 동쪽 방향을 신성하고 길하게 여겼기 때문이지요. 반대로 서쪽 방향은 '가라앉다, 익사하다'의 의미를 지닌 '죽음'의 방향으로 여겨집니다. 그런데 이런 서쪽 방향으로 앉아 있는 사원이 딱 하나 있으니, 그것이 바로 앙코르와트입니다. 그래서 앙코르와트에 대한 연구가 시작될 무렵 많은 학자들은 이곳이 죽음에 관련된 성소라고 생각했습니다. 일단 서쪽을 보고 앉아 있습니다. 사원의 참배 순서가 반시계 방향인 것도 인도의 제사 의식의 영향을 받은 것 같았고요. 게다가 앙코르와트 중앙 우물에서 죽음의 의식에 관련한 단서를 발견합니다. 사실 딱히 틀린 말도 아닙니다. 이곳은 수리야바르만 2세의 왕릉으로 지어진 곳이기도 하니까요.

그러나 서향으로 지어진 좀 더 강력한 이유는 나중에 밝혀집니다. 이곳을 지은 수리야 2세가 비슈누를 숭상했다는 사실이 밝혀진 거죠. 서쪽이란 비슈누를 상징하는 방위로써 비슈누를 모시는 사원들은 하나같이 서쪽을 향해 짓습니다. 앙코르와트도 그런 의미였던 겁니다. 그리고 알고 보면 앙코르와트는 동향으로 지어진 사원들보다도 훨씬 더 일출을 중시하는 곳입니다. 폴 뮈라는 학자는 앙코르와트에서 일출을 바라보다 중앙탑 뒤로 해가 정확하게 떠오르는 사실을 발견하고 앙코르 유적을 공중에서 촬영해 보았습니다. 그 결과 사면이 정확히 동서남북을 가리키고 있는 다른 사원들과 달리 앙코르와트가 약간 비뚤어져 있다는 사실을 발견하죠. 왜일까요? 앙코르와트는 실제로 해가 뜨는 방향에 맞춰 축성했기 때문입니다. 덕분에 앙코르와트는 지금도 최고의 일출 명소로 사랑받고 있죠. 3층에서 바라보면 정확히 중앙출입구 뒤로 해가 지는 모습도 볼 수 있어요. 수리야바르만의 '수리야'는 '태양의 신'을 뜻하는 말입니다. 이 양반이 괜히 태양왕이라고 불리는 것이 아니에요.

### 앙코르와트의 굴욕

앙코르와트는 옛날 사람들이 보기에도 엄청난 유적이었던 모양입니다. 이곳을 방문한 외국인들이 경탄하고 호들갑 떨며 수많은 기록을 남겨 놓았죠. 그런데 이 압도적인 유적을 보고 나름의 엉뚱한 결론을 내린 분들도 있습니다. 그것도 주로 캄보디아를 비하하는 내용으로 말이죠. 그 굴욕과 어이상실의 '썰'들은 다음과 같습니다.

**◦ 중국 설** 〈진랍풍토기〉에서는 앙코르와트를 일컬어 '노반이 하룻밤 만에 만들었다는 묘'라고 묘사하고 있습니다. 노반이란 당시의 유명한 중국인 건축가 루판을 가리킵니다. 당시 앙코르 왕국에 정착해 살던 중국인들 사이에서 돌던 '썰'을 인용한 것이라고 하는데요. 중국 사람들이 이 유적을 자기들 것이라고 생각했다는 방증이라 하겠습니다.

**◦ 태국 설** 아유타야 왕국이 앙코르를 점령했을 때 만들었다는 설입니다. 이 설은 태국에서 아직도 심심찮게 흘러나와, 안 그래도 좋지 못한 태국과 캄보디아 관계를 종종 험악하게 만들고 있습니다.

**◦ 알렉산더 대왕 설** 19세기 유럽인들이 만들어낸 썰인데요, 알렉산더 대왕이 이곳까지 진출하여 이 거대한 유적을 축조했다는 말도 안 되는 얘깁니다. 수리야바르만 2세가 들으면 무덤에서 벌떡 일어나겠네요.

**◦ 파인애플 설** 19세기의 한 프랑스 외교관은 앙코르와트를 보고 돌아가 '사악한 이교도의 신전'으로 표현하며, 성소 지붕을 가리켜 '파인애플을 본떠 만들었다'고 합니다. 만든 주체를 왜곡하지는 않았으나 앙코르와트의 가치를 가장 폄하한 최고의 굴욕발언이라 해도 과언이 아니겠습니다.

Bonus

## 앙코르와트에서 일출 보기

앙코르와트 일출 감상은 앙코르 유적 여행에서 빼놓을 수 없는 이벤트. 푸른빛과 붉은빛이 어우러져 밝아오는 하늘을 등지고 장엄하게 서 있는 앙코르와트의 모습은 가장 중요한 추억 중 하나가 될 것이다.

| 일출시간 (2018년 기준) | |
|---|---|
| 1월 | 06:30 전후 |
| 2월 | 06:20~06:30 |
| 3월 | 06:00~06:20 |
| 4월 | 05:40~06:00 |
| 5월 | 05:40 전후 |
| 6월 | 05:40 전후 |
| 7월 | 05:40~05:50 |
| 8월 | 05:50 전후 |
| 9월 | 05:50 전후 |
| 10월 | 05:50~06:00 |
| 11월 | 06:00~06:10 |
| 12월 | 06:10~30 |

**준 비**

**유적 티켓** 그 새벽에도 티켓 검사는 철저하게 이루어진다.
**툭툭 또는 자동차** 전날 미리 예약해 두자.
일출 시각에서 1시간 전에는 숙소 앞으로 와달라고 부탁할 것.
일출 감상 시에는 추가요금이 들어간다.(57p.)
**준비물** 간단한 간식거리를 준비할 것. 사철 더운 열대라도 8월부터 2월까지는 새벽에 꽤 쌀쌀하므로 간단한 겉옷이나 머플러를 챙긴다.

**출 발**

자리를 맡기 위해서는 일출 시각에서 최소 30분 전에는 가야 한다.
특히 성수기에는 더 빨리 출발해야 자리를 맡을 수 있다.

**자리 잡기**

건물 정면에서 왼쪽에 있는 연못으로 가자. 그곳에서 보는 일출이 가장 아름답다.
그곳에 이미 사람이 너무 많다면 오른쪽 연못으로 가자.
일출의 품질은 떨어져도 사람이 상대적으로 적어 취향에 따라서는 더 좋을 수도 있다.

**일출 감상**

붉은 해가 중앙 성소 위로 쑥 빠져 올라오는 일출 광경이 펼쳐지면 정말 좋겠지만, 솔직히 그런 일출은 아주 운이 좋아야 볼 수 있다. 아침노을과 함께 서서히 밝아오는 하늘과 어우러지는 앙코르와트의 풍경을 즐길 것. 그것만으로도 충분히 아름답다. 만약 앙코르와트 일출을 처음 접하는 사람인데 중앙 성소 위로 둥근 해가 이글이글 떠오르는 일출을 보게 된다면 집으로 돌아가자마자 로또부터 사자.

# PHNOM BAKHENG

## 앙코르 최고의 일몰 포인트, **프놈 바켕**

**축성시기** 9세기말~10세기 초 **축성자** 야소바르만 1세 **종교** 힌두교(시바) **소요시간** 1시간 이상

**역사적 중요도** ★★(야소다라푸라의 중심사원) **관광적 매력** ★★☆(앙코르 최고의 일몰 포인트)

'프놈 바켕'에서 '프놈'이란 '산'이라는 뜻이다. 우리네 기준으로는 뒷동산 약수터 정도의 높이지만, 사방을 둘러봐도 마냥 평평하기만 한 씨엠립 시내 인근에서는 가장 높은 산이다. 프놈 바켕은 산 위에 건설된 웅장한 피라미드형 사원으로, 앙코르 유적지에서는 가장 먼저 건설되었다. 높은 곳에 자리한 데다 유적 중에서 가장 서쪽에 자리하고 있어 자연스럽게 최고의 일몰 포인트가 되었다.

History 이곳을 축성한 왕은 야소바르만 1세. 앙코르 왕국의 초기 왕 중에서 가장 강력한 왕권을 행사한 왕으로 손꼽힌다.(80p.) 그는 수도를 하리하랄라야(롤루오스 지역)에서 현재의 앙코르 유적군 지역으로 수도를 옮겼는데, 그때 축성한 사원이 바로 프놈 바켕이다. 당시의 비문에 따르면 '어떠한 새 건축물이라도 이미 짜여진 구도 안으로 들어가야만 했다'고 적혀 있는데, 이는 수도가 포화 상태였다는 것을 의미할 수도 있고, 야소 1세가 원하는 형태의 사원을 짓기에는 수도가 성이 차지 않았다고 볼 수도 있다. 프놈 바켕은 앙코르 유적군에서 유일하게 산을 깎고 조성한 것으로 인간의 도시에 신들의 세계인 메루산을 형상화하려는 의지를 잘 엿볼 수 있다.

# What to see

프놈 바켕은 주로 앙코르와트나 타 프롬 등 시내 유적을 돌아본 뒤 일몰을 보러 오후 늦게 올라가게 된다. 이곳도 앙코르와트 3층처럼 1회 관람 인원을 제한하여 입장시키므로 일몰 시각 대에는 줄이 한도 끝도 없이 길다. 적어도 일몰 1시간~1시간 30분 전에는 올라가 20~30분 정도 돌아본 뒤 일몰을 보기 위해 자리를 잡는 것이 좋다. 과거에는 유적에서 시원한 맥주나 음료수를 파는 행상들이 있었으나 최근에 모두 금지되었다. 일몰을 보면서 맥주를 한잔 기울이고 싶다면 주차장 부근에 있는 노점 가판대에서 미리 사갈 것.

줄을 선다

목걸이 패스를 받는다

올라간다

**108개의 탑**

프놈 바켕은 피라미드형 신전을 무수한 탑(프라삿)으로 장식한 것이 특징인데, 현재는 많이 훼손되고 무너졌지만 원래 이곳에는 108개의 탑이 있었다고 한다. 108은 힌두에서 가장 신성하게 여기는 숫자로, 일종의 완전수로 취급된다. 또한 각각의 면에서 탑이 33개씩 보이게 조성되어 있는데, 이는 힌두교의 33신위를 뜻한다고 한다.

**중앙 성소**

꼭대기에 있는 중앙 성소는 정 가운데에 있는 중앙탑 1기와 사방의 모퉁이에 있는 탑 4기, 총 5기의 탑으로 구성되어 있다. 이는 앙코르 왕국이 야소다라푸라로 수도를 옮기며 보이는 큰 변화로서, 이전 수도인 하리하랄라야(롤루오스)의 바콩에는 가운데에 성소 탑이 하나밖에 없다. 이후 중앙 성소에 탑을 5기 세우는 것이 사원의 기본이 된다. 현재 탑들은 출입문만 남아있거나 위가 통째로 날아가는 등 훼손이 심한 상태이다.

Mission

## 일몰을 보자!

서쪽 면이 일몰 포인트로, 너른 평원 위에 키 큰 나무들이 군데군데 서 있고 저 멀리로 저수지(서 바라이, 161페이지 참조)가 보인다. 일몰의 품질은 앙코르 유적 전체에서 발군으로 뛰어나지만, 입장 인원수 통제 때문에 자칫하면 줄 서다가 해가 질 우려가 있다. 넉넉하게 일몰 1시간 반 전에는 도착하는 것이 현명하다. 일몰 시간은 동지 전후(11~12월)가 17시 30분 정도, 하지 전후(6~7월) 18시 30분 정도이며, 나머지 계절은 18시 전후로 보면 된다.

## Bonus

# 아름다운 저수지, 서 바라이(West Baray)

프놈 바켕에서 저 멀리 보이는 아름다운 호수의 정체가 무엇일까 궁금했다면 이 페이지를 펼칠 차례다. 그곳의 이름은 '서 바라이', 수리야바르만 1세 때 만들어진 인공저수지이다. 앙코르 시대에는 동·서·북에 총 3개의 인공 대형 저수지가 만들어졌는데, 서 바라이만이 유일하게 남아 있다. 현재는 씨엠립 주민들 및 관광객들의 휴식 장소 및 물놀이 장소로 많은 사랑을 받고 있다. 얼마 전까지는 관광객들에게도 필수 코스 중 하나로 꼽혔으나, 최근 톤레 삽 관광이 활발해지며 굳이 이곳까지 찾는 자유 여행자들은 많지 않다. 5일 이상 여유 있는 일정으로 여행하는 사람 중 다른 이들과 차별화되는 추억을 원하는 사람이라면 한번쯤 들러볼 것. 유적 패스는 필요하지 않으며, 별도의 입장료도 없다.

### 가는 법

- 시내 툭툭 이용 시 편도 5~6달러
- 전세 툭툭 이용 시에는 3달러의 추가 비용이 부과된다. 승용차는 5달러.
- 자전거로는 편도 1시간 정도. 6번 국도를 따라 공항을 지나쳐 국경 방면으로 직진하다 작은 다리를 건넌 뒤 우회전한 후 시골길을 따라 쭉 간다.

## Tip

### 이렇게 즐긴다!

- 일몰 코스로 좋은 곳이다. 노을이 저수지를 새빨갛게 물들인다. 시내에서 멀지 않으므로 일몰 시간에 맞추어 마실 나가는 기분으로 다녀올 수 있다.
- 하루 날 잡고 물놀이를 즐겨보는 것은 어떨까? 저수지 근처에서 튜브를 1~2,000리엘에 대여하고 있다. 주변에 해먹을 여러 개 걸어 놓은 노천 바도 영업하고 있어 낮잠 자기도 좋다.
- 저수지 가운데에 섬이 하나 있는데, 서 메본(West Mebon)을 비롯한 소규모 유적이 몇 개 있다. 우기에는 자주 출발하나 건기에 물이 마르면 배가 다니지 않을 수도 있다. 뱃삯은 8~10달러.
- 다리 힘에 자신 있다면 자전거로 가 볼 것. 햇볕이 덜한 오전 시간을 추천한다.

# Ta Prom & East Ruins

## 앙코르의 슈퍼스타와 그 친구들,
# 타 프롬 & 앙코르 톰 동쪽 지역

사람들이 앙코르 유적에 대해 가장 흔히 알고 있는 이미지를 세 개쯤 꼽자면 아마도 바이욘의 사면상, 하늘로 솟은 앙코르 와트의 다섯 봉우리, 그리고거대한 나무에게 침식당한 신비로운 정글 유적의 모습일 것이다. 이 지역에 바로 그 정글 유적으로 유명한 타 프롬이 있다. 앙코르 톰 동문에서 동 메본 까지 포함하는 넓은 지역에는 역사적 배경이 다양한 소규모 유적들이 다수 몰려있는 데, 타 프롬을 제외하면 관람시간이 2~30분 안팎으로 끝난다. 복잡하게 공부할 것 없이 한두 가지 포인트만 잘 챙겨서 보면 되는 유적들인지라 느긋한 관광 기분으로 다닐 수 있다. 타 프롬만 보고 돌아서도 사실 미련이 크게 남지는 않으나, 역사와 문화에 애정이 많은 지적인 여행자나 한적한 곳에서 나만의 느낌을 찾을 줄 아는 감성 여행자라면 작은 유적에도 시선을 돌려보기를 권한다.

## History Summary

이 일대에는 초기 사원인 동 메본, 프레 룹, 프라삿 크라반, 타 케오와 자야바르만 7세의 유적인 타 프롬, 반띠에이 크데이, 스라 스랑이 섞여 있다. 특히 초기 유적들은 역사적 중요성을 꽤 인정받는 곳들이다.

야소바르만 1세는 하리하랄라야에서 야소다라푸라로 수도를 옮긴 후 저수지를 건설한다. 당시의 이름은 '야소다라타타카'이고 현재는 동 바라이라고 불린다. 이후 혼란과 분열의 시기를 거쳐 라젠드라바르만 2세 때 다시 통일이 되며 초기 앙코르의 황금시대를 맞는다. 이 시기 동 메본, 프레 룹, 타 케오 등이 이 지역에 건설된다.

## Tour Guideline

### ◦ 다 볼 필요는 없다!

'올 킬'에 집착하는 여행자가 아니라면 모든 유적을 다 돌아볼 필요는 없다. 타 프롬과 프레 룹 정도만 챙기고 나머지는 시간 및 체력이 되는 대로 볼 것. 타 프롬만 보고 미련 없이 돌아서는 여행자들도 아주 많다.

### ◦ 이른 아침 or 저녁

타 프롬을 제대로 음미하고 싶다면 되도록 이른 시간에 방문할 것. 언제나 관광객으로 미어터지는 타 프롬도 이른 시간에는 고즈넉한 본 모습을 찾는다. 오전 첫 방문지로 넣는 것도 좋다. 프레 룹을 마지막 코스로 하여 이 일대를 쭉 돌아보기에는 오후가 낫긴 하나 오후 시간대의 타 프롬은 나무나 돌더미보다 사람이 더 많으므로 매력을 제대로 느낄 수 없을 가능성이 높다.

### ◦ 프레 룹과 동 메본은 깍두기

프레 룹과 동 메본은 굳이 이 지역 유적들과 끼워 맞춰서 보려고 애쓸 필요 없다. 프레 룹은 오전 및 이른 오후에 다른 곳을 돌아본 뒤 오후 네 시 전후로 이곳에 도착하기만 하면 된다. 앙코르와트나 반띠에이 스레이 & 삼레, 앙코르 톰 북부 유적들과도 궁합이 좋다. 동 메본은 앙코르 톰 북부 유적들과 같은 도로 선상에 있으므로 그쪽과 엮어 루트를 구성하는 것이 나을 수도 있다.

## Recommened Root 반나절 추천 루트

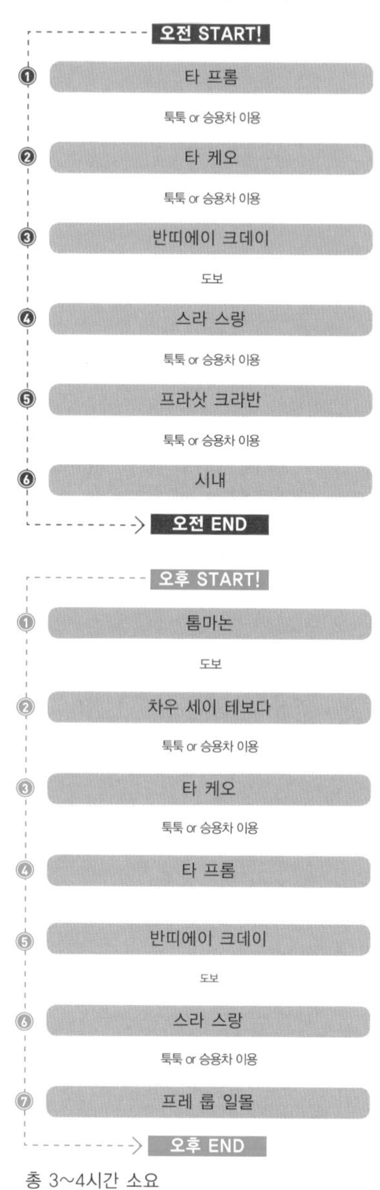

# TA PROHM

## 정글 속 신비의 유적, **타 프롬**

**축성시기** 1186년 **축성자** 자야바르만 7세 **종교** 불교 **소요시간** 1시간 이상

**역사적 중요도** ★☆(자야바르만 7세 유적의 대표주자) **관광적 매력** ★★☆(아름다움은 앙코르 유적 제일이나 인간이 많아도 너무 많다.)

앙코르 유적 여행을 꿈꾸는 누구나 동경하는 모습이 하나 있다. 영화 〈툼 레이더〉에도 등장한, 울창한 밀림 속에 반쯤 허물어진 유적을 나무뿌리가 칭칭 휘감고 있는 모습 말이다. 그 모습을 가장 아름답게 간직한 사원이 바로 타 프롬이다. '정글 속 고대 사원'이라는 문장이 고스란히 풍경으로 살아 숨 쉬는 곳으로 스펑 나무와 보리수의 뿌리가 세월과 함께 유적과 어우러진 모습이 감동으로 다가온다. 최고의 인기 유적이라 언제나 관광객들로 미어 터지는 것이 단점. 그렇다고 지나치기엔 너무 아름다운 곳이므로 가급적 사람 없는 시간을 잘 골라서 최고의 감동을 누리고 올 것.

**History** 자야바르만 7세가 왕위에 오른 후 최초로 세운 사원으로, 자야 7세의 어머니를 모시는 불교 사원인 동시에 고등교육기관 및 행정기관의 역할을 하던 곳이다. 규모가 앙코르와트의 절반 수준으로 앙코르 유적 중에서는 가장 큰 축에 들어가며, 아버지를 모신 사원인 프레아 칸보다도 훨씬 크다. 캄보디아가 전통적으로 모계 사회기도 하나, 자야바르만 7세의 경우 어머니가 왕가의 혈통이었던 덕분에 왕위 계승의 정당성을 확보할 수 있었으므로 어머니 쪽을 더 크게 모신 것이라고 보고 있다. 제사 의식을 담당하는 승려나 사원 관리를 담당하던 관료들 외에도 상주인구가 1만 명이 넘었으며, 황금, 진주, 비단 등 재산이 어마어마하게 보관되어 있었다고 전해진다.

## Ta Prohm Detail

타 프롬 평면도

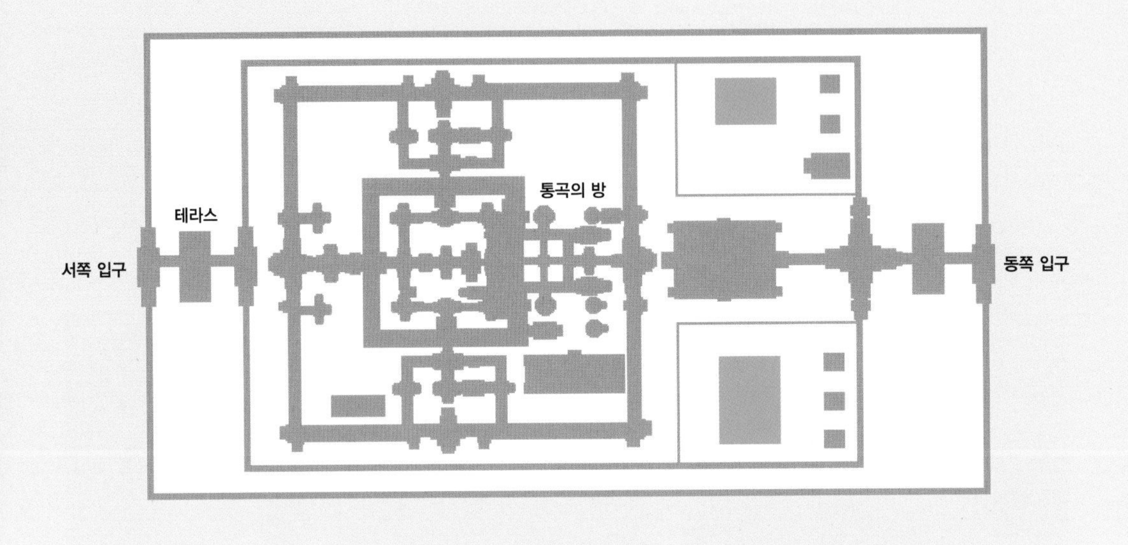


## What to see

이곳은 유명세에 비해 의외로 '꼭 봐야 할 것'은 많지 않다. 탐험하는 마음으로 구석구석을 즐겁게 돌아보면 된다. 관람 루트를 친절하게 알려주는 안내판이 마련되어 있으므로 잘만 따라다니면 길도 잃지 않는다.

## ∘ 입구

대부분의 사원이 들어갔던 문으로 다시 나오는데 비해 타 프롬은 동쪽과 서쪽 두 곳에 출입구가 있다. 동쪽으로 들어가서 서쪽으로 나올 수도, 반대의 경우가 될 수도 있으며 그냥 들어갔던 문으로 다시 나올 수도 있다. 최근에는 테라스와 진입로의 정비 및 복원을 마친 서쪽 입구 쪽이 메인 입구로 이용되는 추세로, 그쪽으로 들어갔다 되돌아 나오는 경우가 흔하다. 툭툭 또는 자동차 기사와 어디로 들어가서 어디로 나올 것인지 미리 상의한 후 관광을 시작할 것.

동쪽 입구. 고푸라가 훼손되고 거의 허물어져 있다.

서쪽 입구. 고푸라가 제대로 남아 있다.

동쪽 입구에서 사원으로 향하는 진입로. 흙바닥의 숲길이다.

서쪽 입구의 테라스와 진입로.
깨끗하게 정비되어 있다.

### 관람 순서와 볼거리 챙기기

타 프롬은 훼손이 상당히 심한 사원으로, 회랑 및 탑들이 거의 무너져 어디가 어딘지 분간하기 힘들다. 다행히 표지판이 잘 되어 있어 방향만 잘 지키면 회랑과 안마당, 탑과 성소들을 효과적으로 돌아볼 수 있다. 건축 방식이나 조각 등은 앙코르와트나 반띠에이 스레이 등에 비하면 평범한 편이므로 딱히 찾아볼 것이 많지 않다. 여기 소개하는 조각들이 눈에 띌 때마다 '아 이거구나!' 하고 반가워하면 충분하다.

불교 탄압 시기 때 긁어내린 불상들

자야바르만 7세의 유적에서는 압사라가 합장을 하고 있는 모습으로 그려진다. 불교 사원이기 때문.

여성을 모시는 사원이라 문지기들도 거의 데바타(여신)들이다.

### ∘ 나무와 사원

타 프롬을 인기 최고의 유적으로 만든 일등공신은 바로 나무들이다. 거대한 나무들이 유적 곳곳을 뚫고 우뚝 자라 있는 모습, 나무뿌리들이 무너진 유적을 휘감고 있는 모습을 보면 경탄과 함께 자연의 위대함과 인간사의 무상함이 마음에 절로 와 닿는다. 금과 보석으로 치장되어 호화롭기 이를 데 없었다는 과거의 사원은 지금 오간데 없지만, 무수한 나무뿌리와 비집고 올라온 풀포기들이 세월이 덧입혀준 화려함으로 그 자리를 대신한다. 그래서 이곳은 여전히 앙코르에서 가장 아름다운 사원으로 손꼽힌다.

## 이곳은 왜 이렇게 폐허가 되었나

앙코르 유적 중에는 타 프롬 외에도 폐허형 유적들이 종종 있습니다. 프레아 칸이나 반띠에이 크데이, 타 솜, 벵 밀리아 등도 건물이 무너져내리고 나무가 침식한 곳이죠. 이런 폐허형 유적은 왜 생기는 걸까요?

앙코르 유적이 약 150년간 빈집이었다는 걸 기억합시다. 그 세월 동안 새가 나무의 씨앗을 먹고 유적 위에 배설을 합니다. 그중 소화가 안 된 씨앗들이 싹을 틔우죠. 열대기후의 풍부한 햇빛과 비의 축복을 받고 나무들은 빠른 시간 내에 크고 아름답게 자라납니다.

나무의 침략은 대부분의 유적에서 공평하게 이루어졌습니다만, 자야바르만 7세 유적에서 조금 더 심하게 나타났습니다. 한 왕이 사원 두어 개 지으면 많이 짓는 건데, 자야 7세는 정말 수없이 지어댔습니다. 그러다보니 사원의 만듦새가 상대적으로 허술했던 겁니다.

그러나 이것이 결정적인 원인은 아닙니다. 사실 폐허냐 아니냐는 복원을 했느냐 안했느냐와 크게 연관됩니다. 우리가 볼 때 멀쩡한 사원들은 다 복원의 손길을 거친 거라고 보면 됩니다. 근데 복원이라는 게 한두 푼 들거나 하루 이틀에 되는 일이 아니거든요. 그러다보니 유적 복원에도 우선순위라는 게 생깁니다. 역사적으로나 예술적으로 가치가 높은 유적들, 또는 시간과 비용이 덜 드는 유적들이 우선적으로 복원되는 겁니다.

타 프롬이 이토록 아름다운 폐허로 남아 있는 이유는 위의 이유에 모두 해당합니다. 이곳은 나무에 의한 침식이 너무 많이 진행됐습니다. 복원을 제대로 하자면 나무들을 모두 베어내고 아예 처음부터 다시 지어야해요. 그런데 그 시간과 비용과 노력을 들이면 지금보다 나아지느냐, 그건 아니라는 거죠. 역사적으로 굉장한 의미가 있는 것도 아니고, 건축적으로 대단히 가치가 높은 것도 아니고, 엄청나게 예술적인 조각이 있는 것도 아니니까요. 게다가 지금 이곳은 이 자체로 너무 아름답고 유명합니다. 대규모 복원을 진행할 이유가 없는 거예요.

지금 타 프롬에 가면 공사하는 모습을 볼 수 있습니다만, 아직 본격적인 복원은 아닙니다. 유실된 테라스나 다리 등을 정비하고 곳곳에 무너진 담장이나 탑을 쌓아올리는 정도입니다. 언젠가는 타 프롬도 완전히 복원을 해야 할 날이 올 겁니다. 나무뿌리가 유적을 지나치게 침식하고 있거든요. 지금은 나무에 성장 억제제를 주사하거나 가끔 솎아내는 정도로 그치고 있지만 침식이 더 진행되면 어쩔 수 없이 나무를 다 베어야 할 거예요. 그 전에 빨리 가보시는 걸 권하고 싶네요.

## ∘ 통곡의 방

사람이 들어가 벽에 등을 기대고 자신의 가슴을 치면 그 소리가 크게 쿵쿵 울리는 신기한 탑. 말소리는 그다지 크게 울리지 않으며, 가슴을 치는 쿵쿵 소리가 밖으로 새어 나가지도 않는다. 자야바르만 7세가 어머니가 그리울 때마다 들어와서 가슴을 치며 울던 방이라는 얘기도 있고, 억울한 사연이 있는 사람들이 신에게 하소연을 할 때 쓰던 방이라고도 한다.

비슷비슷하게 생긴 탑이 많다. 사람들이 유난히 들락거리는 탑을 찾는 것이 요령.

통곡의 방 내부.

Mission

### 숨겨진 압사라를 찾아라!

자연과 유적이 만들어낸 작은 보석과도 같은 곳이다. 압사라 부조에 나무뿌리가 감겨 보일락 말락 신비로운 모습으로 숨어 있다. 비슷한 것들이 다른 유적에도 있지만 타 프롬의 것이 가장 유명하다. 문제는 이 부조가 너무 작은 데다 생뚱맞은 곳에 있어 찾기가 쉽지 않다는 것. 인디아나 존스가 된 기분으로 찾아보자. 힌트는 한 가지. 회랑 안으로 들어가야 찾을 수 있다.

# PRE RUP

## 따뜻한 노을의 사원, **프레 룹**

**축성시기** 961년 **축성자** 라젠드라바르만 2세 **종교** 힌두(시바) **소요시간** 30분~1시간 이상

**역사적 중요도** ★☆(초기 중심 사원 중 하나) **관광적 매력** ★★☆(일몰 포인트 넘버 2)

프레 룹의 가장 큰 매력이나 가치를 꼽자면 아무래도 일몰 풍경일 것이다. 프놈 바켕에 이어 두 번째로 꼽히는 일몰 포인트로서, 서쪽으로 펼쳐진 넓은 평원으로 붉은 해가 떨어지는 모습을 보기 위해 저녁 시간마다 많은 여행자들이 몰려든다. 붉은 해와 어우러져 사원 전체가 노을빛으로 붉게 물드는 모습 또한 장관이다. 유적 자체의 생김새나 역사적 가치에서 오는 매력은 그다지 대단하지 않으나 저녁나절의 따뜻한 풍경 때문에 은근히 마니아를 많이 확보하고 있는 유적이다.

History '프레 룹'이란 캄보디아어로 '육체가 변한다'라는 뜻으로, 사람이 죽어 몸이 흙으로 돌아가는 것을 의미한다. 과거 캄보디아 사람들이 이곳을 화장터라고 생각해서 붙인 이름이라고 한다. 입구로 들어가면 성소로 올라가기 전 넓은 공간이 나오고 가운데에 석관처럼 생긴 것이 놓여 있는데, 이곳에서 장례 의식이 치러졌다고 여겼다. 일설에는 인신 공양 제사를 벌이던 장소라고도 하는데, 근거 없는 얘기다. 이후 연구에 의해 밝혀진 바로 이곳은 라젠드라바르만 2세가 시바에게 바치는 동시에 자신을 위해 건설한 사원이라고 한다. 어느 학자의 연구에 따르면 라젠드라바르만이 새로운 수도를 건설했 고 프레 룹이 그 중심에 있었다고 하나 정설로는 인정받지 못하고 있다.

## What to see

이곳에 들르는 이유의 8할 이상은 일몰이다. 일몰의 품질 자체는 프놈 바켕에 비해서 약간 떨어지는 편. 해가 떨어지는 곳에 커다란 나무가 한 그루 있어 시야를 가린다. 그러나 바켕에 비해 사람이 많지 않고 저녁 햇살을 받으면 유적 자체의 모습이 아름다워진다는 장점이 있다. 계단이 가파르지 않아 겁 많은 사람이나 나이 드신 분들도 어렵지 않게 오를 수 있다. 맨 위 중앙 성소에 자리를 잡는 것이 좋다. 성수기에는 일몰 1시간 전, 비수기에는 일몰 30분 전에 가면 충분하다. 맨 꼭대기에서 벌렁 드러누워 저녁 빛에 물들어가는 하늘을 바라보는 것도 상당히 기분 좋다. 예전에 잡상인들이 중앙 성소부근까지 올라와 맥주를 팔았으나 이제는 모두 금지되었다. 그러나 마시는 것 자체는 여전히 가능하므로 일몰과 함께 맥주를 즐기고 싶다면 미리 사 갖고 올라갈 것.

가운데에 자리한 저 네모진 정체불명의 공간 때문에 오랫동안 화장터라는 오해를 받아왔다.

# EAST MEBON

## 알고 보면 수상 사원, **동 메본**

**축성시기** 10세기 후반 **축성자** 라젠드라바르만 2세 **종교** 힌두(시바) **소요시간** 20~30분

**역사적 중요도** ★★(지금은 없어진 동 바라이를 알려주는 곳) **관광적 매력** ★(잠시 들러서 돌아보면 충분)

원래 이 일대에는 동 바라이라는 넓은 저수지가 있었다. 지금은 물이 다 말라 있지만, 아직도 위성사진으로 보면 당시 저수지의 외곽이 선명하게 나타난다고 한다. 동 메본은 건축물만 두고 봤을 때는 이렇다 할 매력이 없지만 동 바라이의 흔적이라는 점, 그리고 선대 왕이 건축한 저수지에 후대 왕이 기념물을 세운 형식이라는 점에서 역사적인 가치가 높은 곳이다.

History 야소바르만 1세(86, 127p.) 이후 앙코르 왕국은 북왕조와 남왕조로 분열되었다가 라젠드라바르만 2세에 의해 통일된다. 통일 후 라젠드라 2세는 혼란기에 하지 못했던 사원 건립에 손을 대는데, 조상을 위한 사원으로 건립한 것이 동 메본, 자신을 위해 만든 것이 프레 룹이다. 동 메본은 선대왕인 야소 1세가 지은 인공 저수지(동 바라이)에 인공섬을 만들고 그 위에 건축물을 올린 형태로 지어졌다. 라젠드라 2세 또한 왕의 직계 혈통이 아니고 치열한 왕권 다툼을 거친 후 왕위에 오른 사람이라는 것을 기억하자. 그런 왕들일수록 조상을 위한 사원을 챙기는 경향이 강하다.

## What to see

역사적 맥락 때문에 동쪽 지역과 묶어서 소개하고 있지만, 위치상 북쪽 지역 유적(프레아 칸-니악 포안-타 솜)과 연계하여 루트를 짜는 것이 좋다. 크기도 워낙 작고 특별히 챙겨서 볼 것은 없기 때문에 잠시 들르는 기분으로 보면 충분하다. 원래 수상 유적이었던지라 기단을 높게 쌓아 올렸다는 것, 사방에 위치한 코끼리 조각, 상인방의 조각 정도만 눈여겨볼 것.

# TA KEO

## 장엄한 미완성 사원, **타 케오**

**축성시기** 10세기 후반~11세기 초반 **축성자** 자야비라바르만(자야바르만 5세라는 설도 있음) **종교** 힌두교 **소요시간** 20~30분
**역사적 중요도** ★(전체를 사암으로 지은 최초의 사원) **관광적 매력** ★☆(등산 또는 암벽 등반의 쾌감을 주는 유적)

이색적이면서 카리스마 있는 유적이다. 거대한 규모와 압도적인 높이, 거무스레한 색깔에서 느껴지는 장중함, 무엇보다 그 흔한 사자 한 마리 없는 심플한 모습이 눈길을 사로잡는다. 이곳은 조각을 하기 전 단계에서 공사가 중단된 미완성 유적으로, 단순미를 추구한 것이 아니라 본의 아니게 그렇게 된 것 뿐이다. 그래서 오히려 다른 유적들과 차별되는 매력을 느낄 수 있는 곳이다. 가파른 계단을 올라 맨 꼭대기 성소에 도착했을 때의 쾌감과 그곳에서 잠시 즐기는 휴식도 이 유적의 매력 중 하나. 다만 2011년부터 대대적인 보수 공사가 진행 중이라 아쉽게도 현재 상황은 이곳에 오를 수 없다. 공식적인 공사 마감은 2018년이나 실제로는 시간이 약간 더 걸릴 것이라는 관측이 강하다. 그때까지는 아쉽지만 겉에서만 볼 것.

History 타 케오 앞에 설치된 안내판에는 이곳이 11세기 초 자야비라바르만 때 건설되었다고 적혀 있다. 그러나 사실 이곳의 연대나 유래는 정확히 밝혀진 것이 없다. 많은 학자들은 자야바르만 5세 때 건설을 시작하여 자야비라바르만을 거쳐 수리야바르만 1세 때까지 지속되었으나 결국 미완성으로 남게 되었다고 주장하고 있다. 미완성으로 남겨진 이유 또한 정확히 밝혀지지 않았다. 다만 수리야바르만 1세가 자야비라바르만

과 치열한 왕권 다툼 끝에 왕위에 올랐고, 건축보다는 정치에 중심을 둔 왕이었다는 것을 생각하면 선대 왕의 힌두 사원을 이어받지 않은 것은 수긍할 수 있는 일이다. 일설에는 공사 중에 벼락이 떨어졌고, 이를 신의 저주로 여겨 공사가 중단 되었다고 하나 확실한 역사적 근거는 없다.
온통 거무튀튀한 것이 또 하나의 특징인데, 라테라이트나 벽돌을 사용하지 않고 오로지 사암만을 사용했기 때문이다. 전체를 사암으로 조성한 최초의 사원이라 한다.

## What to see

이곳은 'See' 보다는 'Do'가 더 어울릴지도 모른다. 보는 재미보다는 타고 오르는 재미로 들르는 사원이기 때문. 계단이 상당히 좁고 높은 데다 가파르기까지 하여 겁 많은 사람들은 올라갈 엄두도 못 낼 정도이다. 그러나 끝까지 오른 사람에게는 멋진 풍경과 달콤한 휴식이 보상으로 주어진다. 들르는 사람 자체가 많지 않거니와 꼭대기까지 올라가는 사람은 더더욱 없어 한가롭게 시간을 보낼 수 있다. 현재의 보수 공사가 마감될 것으로 추측되는 2019년 이후에 방문하는 용기 있는 여행자라면 이 멋진 시간을 놓치지 말 것.
다른 사원과 마찬가지로 동쪽에 입구가 있으나 주차장과 간이식당 등은 남쪽에 마련되어 있다. 사방으로 계단이 모두 마련되어 있으므로 그냥 내린 자리에 있는 계단, 즉 남쪽 계단으로 올라가도 무방하다. 동쪽 계단이 아주 조금 더 완만한 편이므로 겁은 많지만 꼭 올라가 보고 싶다면 그쪽을 이용하자.

공사하기 전의 모습. 가파른 계단에도 불구하고 용기 있게 정상 정복하는 여행자들이 많았다.

# SRAH SRANG

## 저수지? No! 목욕탕! **스라 스랑**

**축성시기** 10세기 중반(12세기 초반 개축) **축성자** 라젠드라바르만 2세(자야바르만 7세가 개축) **소요시간** 20분~1시간

**역사적 중요도** ★☆(앙코르 시대의 목욕문화를 볼 수 있음) **관광적 매력** ☆~★★(스쳐가거나 아예 자리 잡거나)

지금까지 책을 열심히 읽어 온 독자라면 이 유적의 사진을 보고 '아나바타프타' '왕의 3대 업적' '인공 저수지' 등을 떠올릴 것이다. 애석하게도 스라 스랑은 그런 곳이 아니다. 이곳에서 발견된 비문에 의하면 스라 스랑은 왕실 전용 목욕탕이었다고 한다. 무슨 목욕탕이 이렇게 크고 천장도 없냐고 할지도 모르겠으나, 비문에서 그렇다고 하니 부정할 도리는 없을 것 같다. 일설에 의하면 자야바르만 7세가 거느린 궁녀가 3,000명에 이르렀다고 하니 이 정도로 큰 목욕탕이 필요했을지도 모를 일이다.

History 10세기 중엽 라젠드라바르만 2세가 처음 축조하였고, 이후 12세기에 자야바르만 7세가 개보수를 하였다. 당대 최고의 건축가가 설계한 명품 목욕탕으로, 언제나 맑은 물을 유지하고 건기 때도 물이 마르지 않는다고 한다. 처음부터 목욕탕으로 만들어진 곳은 아니라고 추측하는 학자들도 있으나 확실히 밝혀지지는 않았다. 자야바르만 7세는 12세기 때 이곳을 개보수하여 넓이를 줄이고 난간과 테라스, 사자상 등을 만들어 목욕탕으로 용도를 확정하였다.

## What to see

선택하자. 사진을 찍고 잠시 둘러본 뒤 떠날 것이냐, 천천히 이곳에서 시간을 보낼 것이냐. 스라 스랑은 피크닉 및 낮잠, 휴식으로 인기가 높은 곳이다. 그늘에 반쯤 누워 책을 읽거나 음악을 들으며, 또는 물속에서 헤엄치는 아이들을 구경하며 시간을 보내는 것도 괜찮다. 아침 및 저녁노을이 물에 드리우면 아주 근사한 풍경이 연출되어 일출 및 일몰로도 유명하다. 앙코르와트나 프놈 바켕에 비해 한적하다는 것이 최고의 매력이다. 인파에 알레르기를 느끼는 여행자라면 스라 스랑 일출 또는 일몰 감상을 진지하게 고려해 볼 것.

Mission

### 나가를 찾아라!

스라 스랑에서 딱히 눈여겨봐야 할 것은 단 하나, 나가의 모습이다. 나가에 가루다가 올라탄 모습으로 조각되어 있는데, 이런 식으로 두 상징이 결합되어 있는 모습은 인도문화권을 전부 뒤져 봐도 매우 보기 드문 것이라고. 앙코르에서는 자야바르만 7세 유적에서만 간간히 나타나는 스타일이다.

# BANTEAY KDEI

## 미지의 사원, **반띠에이 크데이**

**축성시기** 12세기 말~13세기 초 추정 **축성자** 자야바르만 7세 **종교** 불교 **소요시간** 20~30분

**역사적 중요도** ☆(아직 정확히 밝혀진 것 없음) **관광적 매력** ★☆(폐허형 유적을 좋아한다면 괜찮은 곳)

스라 스랑 바로 맞은편에 위치한 사원으로, 자야바르만 7세 특유의 사면상 고푸라가 눈에 확 띄는 곳이다. 가끔 방향감각 어두운 여행자들은 타 프롬으로 착각하기도 한다. 아직 복원이 되지 않아 유적과 나무가 뒤엉킨 모습을 볼 수 있다. 프레아 칸 및 타 프롬과 유사하지만 볼거리는 덜하기 때문에 시간이 부족한 여행자들은 그냥 패스해도 무방하나, 인적 드문 곳에서 고즈넉하게 시간을 보내고 싶은 사람이라면 일부러라도 찾아올 만하다.

History 입구의 사면상과 건축 양식 등을 통해 자야바르만 7세의 유적이라는 것은 쉽게 유추해 낼 수 있다. 그러나 결정적인 단서가 될 비문이 아직 발견되지 않아 사원의 용도 및 건립 연대 등은 아직 미스터리로 남아 있다. 한 가지 신빙성 있는 가능성은 이곳이 스라 스랑과 모종의 연관이 있을 것이라는 것. 스라 스랑의 물줄기가 일단 반띠에이 크데이로 들어갔다 스라 스랑으로 다시 올라가는 것이 그 근거다. 이에 물에 관련된 의식이나 이벤트 때 사용되었다는 추측이 힘을 얻고 있다. 학자들의 연구에 의하면 이곳은 다른 유적에 비해 유난히 부실 공사가 심하고, 사용된 사암의 질 또한 좋지 못하다고 한다. 앙코르의 최고 번영기를 이끌고 수많은 사원을 지었지만, 그 때문에 국력을 약화시킨 자야바르만 7세의 어두운 일면을 볼 수 있다.

## What to see

전체적인 구조나 건축 스타일은 타 프롬 및 프레아 칸과 비슷한 점이 많다. 과장을 좀 보태면 타 프롬과 프레아 칸을 합쳐 다운그레이드한 느낌이다. 입구 반대편 쪽으로 가면 나무가 유적을 침식하고 있는 모습을 볼 수 있는데, 그 외에는 이렇다 할 볼거리는 없는 편. 볼거리가 많은 사원을 원한다면 가볍게 패스해도 좋다. 특히 프레아 칸이나 타 프롬에 깊은 감동을 받은 직후에 들르면 몹시 시시해 보이는 현상을 겪을 수 있다. 다만 폐허형 유적에서 조용하게 휴식을 취하고 싶으면 괜찮은 선택이다. 찾는 사람이 많지 않아 아주 성수기가 아니라면 언제나 조용하고 한적한 분위기를 즐길 수 있다.

# PRASAT KRAVAN

## 작지만 강한 유적, **프라삿 크라반**

**축성시기** 921년 **축성자** 하샤바르만 1세(재위 당시 귀족이 축성) **종교** 힌두교(비슈누) **소요시간** 20~30분
**역사적 중요도** ★(신하가 지은 사원) **관광적 매력** ★★(아름답고 개성적인 중앙 탑 내부 부조)

앙코르 유적 여행을 하다 보면 숱하게 많은 소규모 유적들을 만나게 된다. 그러나 중요한 유적만 골라 보다 보면 군소 유적들은 불가피하게 지나치게 되는 것이 현실. 프라삿 크라반은 작은 탑 다섯 개가 전부인 소규모 유적으로 그나마 네 개는 머리가 뎅강 잘린 모습이다. 귀엽긴 해도 중요해 보이지는 않아서 지나치기 십상이지만, 역사와 예술에 관심이 많은 여행자라면 빼놓지 말고 들러보기를 권한다. 이곳에 앙코르 유적을 통틀어도 손에 꼽힐 만한 근사한 부조가 있기 때문이다.

**History** 프라삿 크라반은 하샤바르만 1세 당시 지어졌는데, 왕이 축성한 것이 아니라 신하의 손에 의해 지어졌다. 앙코르 유적 중에는 왕이 아닌 신하 및 귀족들이 지은 건축물이 종종 남아 있는데, 규모는 크지 않지만 왕실의 건축물과는 또 다른 개성과 멋을 느낄 수 있다. 원래는 훼손 상태가 심각했는데 1960년대에 프랑스에 의해 복원 작업이 이루어져 현재의 모습이 되었다. 유실된 벽돌이 많아 복원 당시 새로 벽돌을 만들어 넣었고 새 벽돌에는 CA(Conservation of Angkor, 앙코르 보존 기구)라는 표식이 들어가 있다.

# What to see

오전에 보는 것이 좋다. 앙코르 동쪽 지역 사원들을 볼 때 함께 보아도 되지만, 반띠에이 스레이로 가는 길목에 위치하고 있으므로 스레이-삼레 지역을 가기 전 잠깐 들러도 된다.

## ◦ 내부 조각

중앙 성소탑 안으로 들어가면 입구를 제외한 3면에 벽면이 꽉 차도록 부조가 조각되어 있는 것을 볼 수 있다. 모두 비슈누에 관련된 조각으로, 비슈누의 세 가지 모습이 그려져 있다. 그 중 비슈누의 다섯 번째 화신인 '바마나' 조각이 가장 눈길을 끈다.

**가루다를 타고 있는 비슈누**
팔이 네 개고 각각의 손에 원반, 소라, 연꽃, 곤봉을 들고 있다. 비슈누의 가장 전형적인 모습 중 하나.

**바마나**
비슈누의 세 번째 화신 바마나의 모습. 팔이 네 개 달리고 각각의 손에 성물을 들고 있으며 바마나 설화에 나오는 '큰 걸음'을 떼려는 모습으로 그려지고 있다.

**팔이 여덟 개 달린 비슈누**
팔이 여덟 개 달린 비슈누가 우뚝 서 있는 모습. 주위에는 작게 표현된 추종자들이 둘러싸고 있고, 발 아래는 악어(또는 도마뱀)가 있다.

### 세 걸음으로 세상을 구한 난쟁이, 바마나

세상이 도탄에 빠집니다. 악마 발리가 오랜 고행을 통해 엄청난 힘을 얻고 세상을 지배하기 시작했거든요. 인드라는 비슈누에게 달려가 세상을 바로잡아 달라고 요청하고, 비슈누는 청을 받아들여 인드라의 동생으로 태어납니다. 이것이 바로 비슈누의 다섯 번째 화신인 난쟁이 바마나입니다.
바마나는 발리에게 달려가 간청을 합니다. 자신이 세 걸음을 걸을 테니 그 만큼의 땅만 자신에게 달라고 말이죠. 바마나의 정체를 알아본 신하들은 발리를 만류합니다만, 발리는 '까짓게 걸어봤자…'라는 생각으로 그러라고 합니다. 그런데 여기서 대반전이 일어납니다. 바마나가 갑자기 거대하게 변신해 버린 거죠. 바마나는 단 두 걸음에 천계와 지상계를 전부 커버해 버리고, 발리가 아차 하는 순간 마지막 세 번째 걸음을 뗍니다. 마지막 발걸음으로는 발리의 머리를 밟아 지하세계로 밀어 넣어 버렸지요. 그렇게 바마나는 발리를 무찔렀고, 세상에는 평화와 안정이 되돌아옵니다.

# Nothern Ruins

앙코르 마니아를 위한 자야바르만 7세 심화 탐구,

## 앙코르 톰 북부

**자야바르만 7세는 앙코르의 왕 중 가장 인기 있는 왕이다. 어느 기념품점에서나 자야바르만 7세의 두상을 볼 수 있고, 시장에 가면 두상을 그린 티셔츠도 판다. 민속촌에서는 자야바르만 7세의 일대기를 다룬 공연이 성대하게 열린다. 앙코르 유적의 상징 중 하나인 사면상을 창조한 장본인이며, 현재 남아 있는 앙코르 유적 중 가장 많은 수의 유적을 세운 왕이다. 앙코르 톰 북부에는 자야바르만 7세가 세운 유적 중 가장 중요한 유적 두 곳과 중요성은 떨어지지만 상당히 아름다운 소규모 유적이 한 곳 있다. 특히 프레아 칸은 자야바르만 7세 유적의 정수라 할 수 있다. 또한 이곳의 유적들은 바이욘이나 타 프롬처럼 관광객 인기 폭발 스폿이 아니라서 언제 가도 느긋하고 한가롭게 볼 수 있는 장점도 있다. 앙코르 유적을 좀 더 깊숙이 탐구하고 싶은 사람들이라면 꼭 시간 내서 들러볼 만하다.**

### History Summary

앙코르 톰 북쪽 일대는 자야바르만 7세가 참파 왕국과 전쟁을 치를 당시 사령 기지로 사용하여 큰 승리를 거둔 곳이다. 자야 7세는 이 일대를 '자야스리(신성한 승리)'라는 이름의 성스러운 땅으로 정하고 프레아 칸을 비롯하여 다양한 건축물을 세웠다. 자야 7세는 이곳에 자야타타카(일명 북 바라이)라는 인공 저수지를 조성하고 앙코르의 수상 사원(메본)으로서는 가장 특이한 형태를 지닌 니악 포안을 세웠다. 현재 저수지는 거의 남아 있지 않고 니악 포안 및 주변에만 물이 조금 남아 있을 뿐이다. 인드라바르만 1세 이후로 내려오는 앙코르 왕의 3대 미션(자신을 위한 사원, 부모를 위한 사원, 저수지)을 모두 클리어한 왕은 몇 안 되는데, 자야바르만 7세는 당당히 그중 한 명에 들어간다.

# Tour Guideline

## ∘ 오전, 오후 모두 OK

모든 사원이 그렇듯 이 지역의 사원도 동향이기 때문에 정면 사진을 찍기 위해서는 오전 시간대가 좋다. 특히 타 솜의 근사한 고푸라를 촬영하기 위해서는 반드시 오전에 들러야 한다. 그러나 사진에 큰 의미를 두지 않는다면 시간대에 구애받을 필요 없다. 프레아 칸과 니악 포안은 사방으로 펼쳐진 모양이라 해의 방향과 크게 상관없는 데다 관광객용 출구가 서쪽에 있어 오히려 오후 시간에 더 좋은 사진을 건질 수도 있다.

## ∘ 그랜드 투어 or 별도

이 지역을 돌아보고 싶다면 둘 중 한 가지 방법을 택하면 된다. 첫째는 이 일대가 포함된 루트인 '그랜드 투어'를 택하거나, 아니면 이 일대를 반나절 동안 돌아보는 별도의 루트를 구성하는 것이다. 어느 쪽이든 일반적인 루트 보다는 2~3달러 정도 비용이 더 들어간다. 여행 준비를 할 시간이 많지 않다면 스몰 투어-그랜드 투어를 택하는 것이 좋으나, 이 지역까지 둘러볼 정도로 역사적 관심이 높고 유적 관람에 시간을 넉넉하게 투자하는 여행자라면 역사적 가치와 동선을 모두 고려하여 별도 루트를 구성해 보는 쪽을 권한다.

# Recommened Root 반나절 추천 루트

**오전 START!**

1. 프레아 칸
   톡톡 or 승용차 이용
2. 니악 포안
   톡톡 or 승용차 이용
3. 타 솜
   톡톡 or 승용차 이용
4. 동 메본
   톡톡 or 승용차 이용
5. 반띠에이 크데이 & 스라 스랑

**오전 END**

**오후 START!**

1. 프레아 칸
   톡톡 or 승용차 이용
2. 니악 포안
   톡톡 or 승용차 이용
3. 타 솜
   톡톡 or 승용차 이용
4. 동 메본
   톡톡 or 승용차 이용
5. 프레 룹

**오후 END**

총 3~4시간 소요

# PREAH KHAN

## 칼과 승리의 사원, **프레아 칸**

**축성시기** 1191년 **축성자** 자야바르만 7세 **종교** 불교 **소요시간** 1~2시간

**역사적 중요도** ★★☆(자야바르만 7세 유적 중 대표격) **관광적 매력** ★☆(개성이나 보는 맛은 적은 편)

프레아 칸은 중요도와 규모에 비해 인기가 다소 떨어진다. 바이욘이나 타 프롬, 반띠에이 스레이 등과 비교했을 때 개성이나 아기자기한 볼 맛이 조금 떨어지기 때문이다. 그러나 앙코르 유적 전문가들이 입을 모아 하는 말이 있다. '알고 보면 제일 재미있는 유적'이라고 말이다. 역사나 건축 면에서 정말 이야깃거리가 많기 때문. 단순히 한차례 휙 둘러보면 그 매력을 알 수 없지만, 건물 곳곳에 숨겨진 상징과 이야깃거리들을 찾아내면 가장 재미있게 볼 수도 있는 곳이다. 그 어떤 유적보다 가이드 또는 가이드북이 필요한 곳이기도 하다.

**History** '프레아 칸'이란 캄보디아 어로 '신성한 칼'이라는 뜻. 이곳에 나라를 지키는 신성한 칼이 보관되어 있었다는 전설에서 유래한 이름이라는 얘기가 많으나, 기록이나 역사에는 나오지 않는 일종의 '카더라'다. 원래 이 지역의 이름인 '신성한 승리의 도시(나가라 자야스리 Nagara Jayasri)'에서 '승리'의 이미지가 '칼'로 구현된 것이라 추측할 수 있으나, 정확히 밝혀진 사실은 없다.

야소바르만 2세 때의 왕궁 또는 힌두 사원으로 추정되는 건물 위에 증축의 형태로 지어졌다. 자야바르만 7세가 참파와 전쟁을 벌일 당시 이곳을 북쪽 작전 사령 기지로 사용하였고, 전쟁에서 대승을 거두고 왕위에 오른

다음 증축하여 아버지를 위한 사원으로 만든 것이다. 타 프롬과 마찬 가지로 불교 사원 및 교육 기관, 행정 기관으로 사용되었던 곳이며, 갖가지 보석과 비단 등으로 화려하게 치장되어 있었다 하나 아유타야와의 전쟁 당시 대부분 유실되어 현재까지 남아 있는 것은 없다.

## What to see

동향 사원으로, 앙코르 시대에는 에는 동쪽 입구로 왕이 출입하고 서쪽 입구로 신하들이 출입했다고 한다. 현재는 도로 연계성 때문에 서쪽 출입구를 관광객용 출입구로 이용하고 있다. 서쪽으로 들어가서 북쪽 출구로 나오는 방법이 일반적.

사방으로 뻗은 십자형 건물처럼 보이나 실은 가운데 중앙 성소가 있고 동서남북으로 각각 독립된 부속건물이 자리한 형태이다. 중앙성소와 각 부속 건물은 통로로 연결되어 있다. 서쪽은 비슈누의 방, 북쪽은 시바의 방, 남쪽은 자야바르만 7세를 위한 사당이며 동쪽은 '무희의 홀'이라고 불리는 작은 광장으로 되어 있다. 그러나 어차피 관람객은 내부에서 이동하기 때문에 그냥 하나의 건물로 느껴지며, 굳이 분리되어 있다는 것을 의식할 필요는 전혀 없다.

관광객용 메인 출입구인 서쪽 입구의 모습

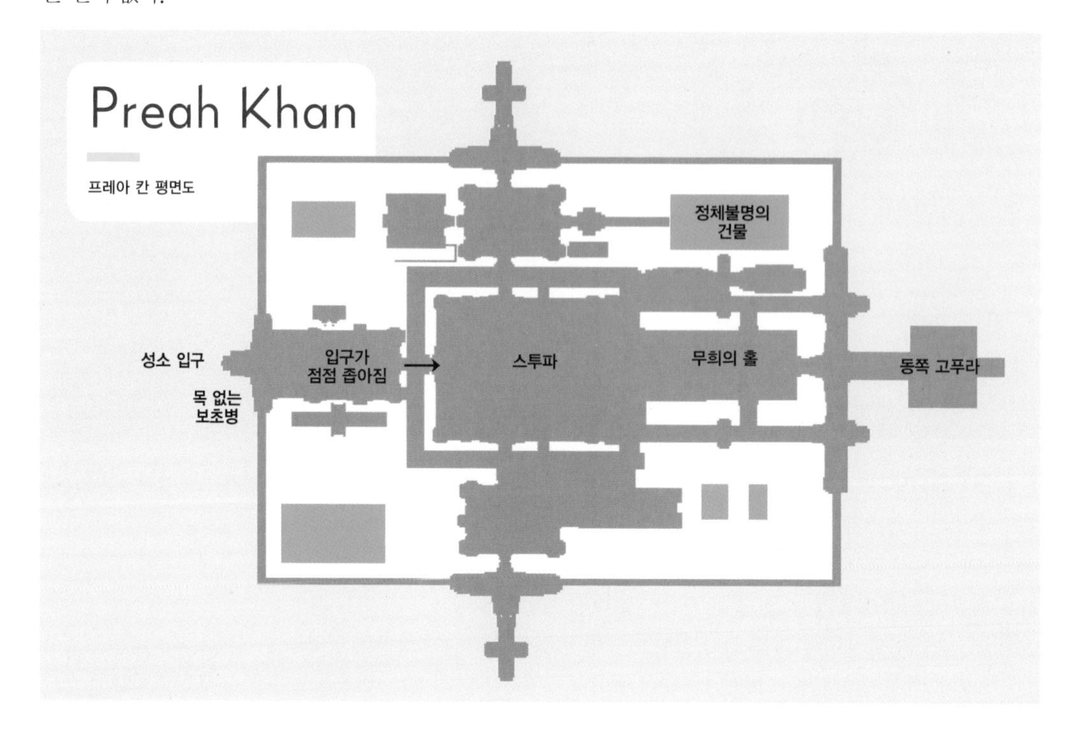

링가처럼 보이지만 그냥 석등이다. 불교 유적이라는 것을 잊지 말 것.

### 참배로와 다리

유적 앞 진입로 양쪽으로 석등이 나열되어 있는 것을 볼 수 있다. 석등의 몸통에는 가루다가 조각되어 있고, 위쪽에는 원래 불상이 있었으나 불교 탄압 시기 때 모두 훼손됐다. 참배로가 끝나면 다리가 있고, 다리의 난간에는 앙코르 톰처럼 '우유의 바다 휘젓기' 조각이 자리하고 있다. 다리 아래의 해자는 거의 말라붙어 있다가 우기 때만 약간 물이 고인다.

난간의 우유의 바다 휘젓기 조각은 훼손이 심한 편이다.

### 성소 외벽

성소로 들어서기 전 잠시 외벽을 살펴보자. 프레아 칸의 외벽에는 50m 간격으로 거대한 가루다 상이 조각되어 있다. 오로지 프레아 칸에서만 보이는 스타일로, 가루다가 나가를 움켜쥐고 있는 형태로 조각되어 있다. 이러한 가루다와 나가의 결합은 자야바르만 7세 유적에서만 보이는 아주 독특한 스타일이다.

### 성소 입구

외벽 입구 안으로 들어서면 금세 테라스 및 성소의 입구와 만나게 된다. 입구 앞에는 목 없는 보초병 동상이 두 기 서 있다. 입구 위쪽 박공에는 내용을 잘 알아보기 힘든 부조가 있는데, 〈라마야나〉에서 '랑카의 전투' 부분을 그린 것이다.

### ∘ 점점 좁아지는 입구

부속 건물을 지나 중앙 성소로 들어가면 긴 복도가 이어지며, 중간 중간 문이 나 있는 것을 볼 수 있다. 복도에 서서 중심부를 바라보면 몹시 과장된 원근감이 느껴지는데, 단순히 감각의 문제가 아니라 실제로 안쪽으로 갈수록 문의 크기가 작아지는 것이다. 이는 중앙 성소로 갈 때 몸을 겸손히 낮추라는 종교적 의미와 함께 전투에 대비하는 전략적인 의미를 갖고 있다. 적군이 침투해 들어갈 때 처음에는 넓게 보고 쉽게 덤비지만 나중에는 좁은 문 때문에 여러 명이 한꺼번에 들어가지 못하고 적은 수가 느린 속도로 들어갈 수밖에 없게 되는 것. 따라서 내부에 있는 사람들이 좀 더 손쉽게 방어할 수 있는 환경이 되는 것이라고.

### 누가 목을 잘랐을까?

프레아 칸의 목 없는 보초병을 보면 무섭기도 하고, 한편으로는 슬퍼 보이기도 합니다. 이런 목 없는 보초병은 바이욘 앞에서도 볼 수 있는데요. 이 불길해 보이는 보초병들은 사실 처음부터 이런 모습은 아니었습니다. 참파나 아유타야와 전쟁을 할 때 적국에서 잘라 간 것이지요. 앙코르와트 2층에 있는 불상들도 머리 없는 게 숱해요. 오죽하면 앙코르 시대의 불상과 후대의 불상을 구별하는 법이 머리의 유무겠어요. 캄보디아에는 온통 몸통만 남아 있지만 태국의 박물관에 가면 온통 머리만 주르륵 있다는 우스개도 있을 정도예요.
왜 하필 머리를 베어 갔을까요? 물론 전리품이죠. 그렇다면 통째로 업어가는 게 더 낫지 않을까요? 그러니까 단순한 전리품이 아니라는 얘깁니다. 머리를 베어 가는 행위에는 다분히 주술적인 의미가 담겨 있습니다. 바로 국력을 약화시키겠다는 염원을 담은 것이죠. 그런 의미로 시련을 당한 것이 또 있습니다. 바로 사자꼬리예요. 앙코르 유적의 사자상이 보이면 한번 유심히 보세요. 꼬리 제대로 달고 있는 게 하나도 없답니다.

Mission
## 스투파를 찾아라!

중앙 성소의 맨 가운데로 가면 앙코르 유적답지 않은 물건이 하나 놓여 있다. '스투파'라는 것으로, 부처님의 사리를 모시는 일종의 사리탑이다. 원래는 자야바르만 7세 아버지를 상징하는 관음보살상이 있었다고 하나 16세기에 소승불교 사원으로 바뀌며 스투파로 대치되었다. 스투파가 있는 곳이 정 중앙이므로 이곳을 기준으로 동서남북 방향을 잡으면 된다.

### 무희의 홀

동쪽 광장에는 기둥과 입구로 구성된 작은 공간이 있는데, 상단에 압사라의 조각이 있어 '무희의 홀'이라 불린다. 이런 식으로 문틀이나 상단에 압사라가 조각되어 있는 것은 프레아 칸에서만 볼 수 있다. 실제로 앙코르 시대에 압사라 댄서들이 춤을 추던 공간이라고 한다.

### 정체불명의 건물

동쪽 광장으로 나오면 성소를 등지고 왼쪽에 기둥으로만 이루어진 2층 건물이 하나 보인다. 앙코르 유적이 아니라 그리스에 있어야 될 법한 건물로, 정확한 용도는 현재까지 밝혀지지 않았다. 건물의 모양새나 만듦새가 너무도 서양적인지라 당시 서양과의 교류가 있었던 증거가 아닐까 추측하지만 뒷받침할 만한 변변한 증거는 없다. '신성한 칼을 보관하던 곳'이라는 얘기도 있으나 그야말로 '썰'이다.

### 동쪽 고푸라

원래 왕이 이용하던 정식 출입구이다. 동선 상 가장 마지막에 보게 되는데, 그때까지 간간히 보이던 자야바르만 7세식 나무 침식이 가장 극명하게 보이는 곳이다. 테라스와 사자상 등이 비교적 잘 보존되어 있으나 찾는 사람이 많지 않아 한가롭게 즐길 수 있다.

## 자야바르만 7세의 명과 암

앙코르 유적을 다루는 많은 책이나 자료에서 자야바르만 7세를 앙코르 최고의 '성군'으로 묘사하고 있습니다. 스스로 부처임을 선언하고 중생 구세를 평생의 업으로 삼았던 왕이라고들 하죠. 확실히 그의 정치는 역대 앙코르 왕들과는 결이 다르긴 합니다. 도로와 병원을 짓고 상인을 위한 시설을 마련하는 등 백성들에게 직접적으로 베푸는 정치를 행했던 왕은 자야 7세가 유일할지도 모릅니다. 하지만 과연 그가 정말 그렇게 마냥 성군이기만 했는지는 살짝 생각해 볼 필요가 있습니다.

자야바르만 7세는 정통성이 약한 왕이었습니다. 아버지인 다란인드라바르만 2세가 앙코르 왕의 계보에 이름을 올리고 있기는 합니다만, 그가 진짜 앙코르의 왕이었는가에는 회의적인 학자들이 많습니다. 지방 속국의 왕 또는 브라만 계급의 지방 호족으로 왕권 다툼에 끼어들었다가 패했을 거라고 보는 거죠. 실제로 자야 7세는 수도에서 먼 지역에서 자라났고, 이후 왕위에 오를 때도 어머니 쪽의 혈통을 내세웠거든요. 아버지는 나중에 추서 형태로 왕위에 이름만 걸었을 확률을 높게 보는 학자들이 많습니다.

또한 자야 7세는 역대 앙코르 왕들이 모두 거치고 지나간 '데바 라자' 의식을 하지 않았습니다. 그것을 불교식으로 바꾼 '부다 라자'를 거행하고 '신왕'이 아닌 '불왕(佛王)'임을 선언했죠. 당시 불교는 서민 종교였습니다. 반대로 상류 계급 및 통치 이념은 여전히 힌두였죠. 참파와의 전쟁을 승리로 이끈 후 자야 7세는 앙코르 최고의 권력자 반열에 올랐습니다. 그가 왕이 되는 건 당연한 수순이었겠죠. 그러나 혈통이나 종교 문제로 상류 계급에서 강한 반발이 있었을 거라는 건 충분히 추측 가능한 얘기입니다. 아마 데바 라자를 할 수 없었겠지요.

자, 그렇다면 자야바르만 7세가 왜 그렇게 사원 건축에 매달렸는지 설명이 되겠지요? 정통성이 약한 왕일수록 부모의 신격화에 매달렸거든요. 병원 및 백성들을 위한 건축 사업도 이 맥락에서 설명 가능합니다. 그는 상류층 세력을 적으로 돌린 상태였습니다. 그렇다면 자기의 편이 되어줄 것이 누구였겠습니까. 바로 불교를 믿던 일반 백성이었던 겁니다. 또한 자야바르만 7세는 무인(武人)이었습니다. 나라 옆에는 숙적 참파가 호시탐탐 기회를 엿보고 있는 상황입니다. 그래서 도로를 그렇게 수없이 만들었던 거죠. 지방 세력에서 반란의 기운이 보이면 신속하게 정리하기 위해서요, 참파 정벌의 목적도 있었고요. 사원 또한 전쟁이 나면 방어하기 좋은 형태로 지었습니다. 앙코르 톰의 해자에는 악어를 풀어놓고 저수지로 수위를 조절합니다 그만큼 외부 침략과 지방의 반란에 민감했던 겁니다. 100% 백성들만 좋으라고 한 일은 아니었다는 거죠.

이렇게 왕위 내내 건축 사업과 외부 침략에 대비한 덕분에 국력은 점점 약해져 갔고, 자야바르만 7세 이후 앙코르 왕국은 급격한 쇠락의 길을 걷게 됩니다. 희대의 성군으로 묘사되는 한 파란만장한 왕의 이면에는 이러한 인간의 욕망이 숨어 있었습니다.

# NEAK PEAN

## 독특하고 아름다운 수상사원, **니악 포안**

**축성시기** 12세기 후반 **축성자** 자야바르만 7세 **종교** 불교 **소요시간** 30~40분

**역사적 중요도** ★★☆(상징성, 개성, 실용성 완벽) **관광적 매력** ★☆~★★☆(계절에 따라 극과 극)

니악 포안은 독특한 유적이다. 도서관이나 회랑 같은 것은 전혀 없고, 건물 비슷한 것은 오로지 중앙 탑 하나. 그 외에는 온통 연못으로만 구성되어 있다. 복잡한 건물 구조와 갖가지 조각으로 치장한 다른 유적에 비해서는 단순해 보이기도 하지만, 사실 이곳에는 그 어느 유적보다도 섬세하고 치밀한 종교적 상징성이 곳곳에 배치되어 있다. 그렇다면 이곳은 다른 수상 유적과 마찬가지로 조상을 기리기 위해 지은 사원일까? 여기가 니악 포안의 가장 중요한 반전 포인트. 이곳은 사원이 아니라 몸을 치료하는 목적으로 만든 일종의 병원이었다.

History 자야바르만 7세는 앙코르 왕조 마지막 저수지인 자야타타카(북 바라이)를 축성하고 그 가운데에 수상 사원인 니악 포안을 지었다. 니악 포안은 중앙 연못의 물이 사당 속에 있는 동물의 입을 통해 네 개의 작은 연못으로 넘쳐흐르는 구조인데, 곳곳에 고도의 상징이 깃들어 있다. 자야바르만 7세의 종교인 대승불교, 특히 관음신앙을 기본으로 하지만 곳곳에서 힌두적인 상징도 볼 수 있다. 중앙 연못은 힌두 신화와 불교 설화에서 공통으로 등장하는 불멸의 연못 아나바타프타를 형상화한 것. 아나바타프타는 큰 강 네 개의 발원지로

여겨지는데(84p.), 중앙 연못에서 작은 연못 네 곳으로 물이 넘치는 것은 이를 상징한다. 네 개의 연못은 힌두 문화권에서 만물의 원소라 일컫는 땅, 물, 불, 바람을 각각 담당한다. 옛날 캄보디아에서는 이 네 가지 원소의 균형이 깨지면 몸에 병이 찾아오고, 그럴 때 이곳에서 목욕을 하면 몸이 낫는다고 믿었다. 이런 속신은 현재까지도 이어지고 있어, 몸에 병이 들면 앙코르와트의 해자 등 성스러운 물을 찾아 목욕을 하는 사람들이 적지 않다.

현재 북 바라이는 거의 육지화 되어 비가 올 때만 조금씩 물이 고이는 정도이다.

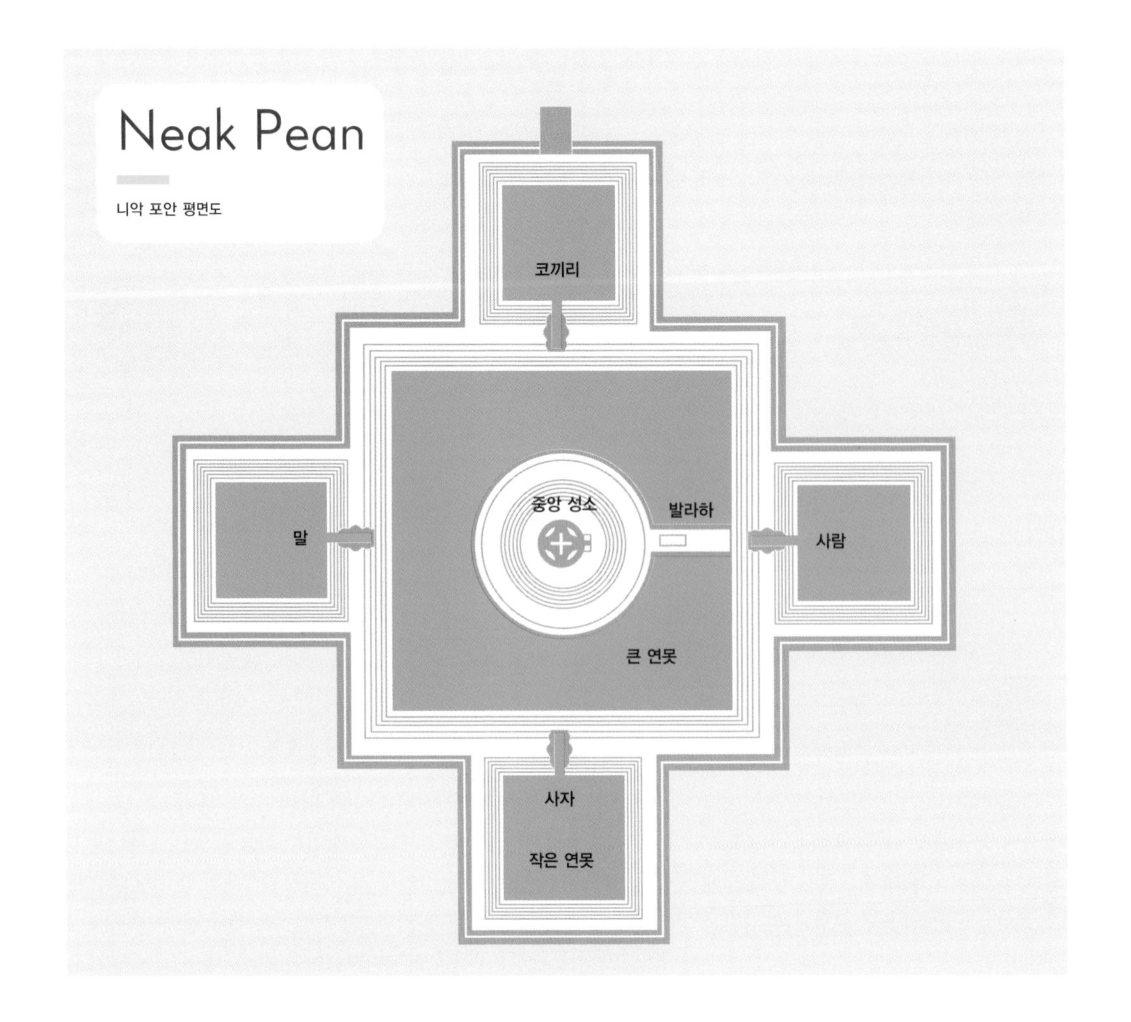

# What to see

니악 포안은 건기와 우기의 볼거리 차이가 심한 곳이다. 건기 및 우기 초입에는 연못의 물이 모두 말라 앙상한 느낌이 나는 대신 중앙 탑과 작은 연못의 성소를 자유롭게 돌아볼 수 있다. 우기 및 건기 초입에는 연못에 물이 고여 상당히 아름답다. 풍경만 두고 보면 우기 승.

### 중앙 연못과 중앙 탑

총 8개의 층 위에 탑이 올라가 있는 형식으로, 맨 아래에는 나가 두 마리가 서로 맞물리듯 빙 둘러싸고 있는 모습으로 조각되어 있다. '니악 포안'이라는 이름은 '또아리를 튼 뱀'이라는 뜻으로, 이 나가 조각 때문에 붙여진 이름이다. 중앙 탑은 관음보살에게 바쳐진 기념물로써 사방에 불상과 부처의 일대기가 조각되어 있다. 건기에는 중앙 연못의 물이 모두 말라 중앙 탑을 가까이에서 볼 수 있다.

건기의 모습

우기의 모습

### 발라하

중앙 연못 동쪽에는 마치 〈오디세이〉에 나오는 것과 같은 말 조각상이 있다. 자세히 보면 윗부분은 말인데 아래는 사람 다리 같은 것이 절박한 모습으로 조각되어 있다. 이는 관음 현신의 전설인 '발라하 설화'를 묘사한 것. 500명의 상인들이 금은보화를 가득 실은 배를 타고 바다를 건너다 풍랑을 만나 난파할 위기에 처하자 절실하게 관음보살에게 기도를 드렸고, 관음은 이 기도를 듣고 '발라하'라는 이름의 말로 현신하여 그들을 구원해 주었다는 스토리다. 이곳의 발라하는 익사사고 방지를 기원하는 의미로 세워졌다고 한다. 원래는 동서남북 사방에 있었다고 추측되나 현재는 동쪽에 하나만 남아 있다.

Mission

**코끼리, 말, 사자, 사람을 찾아보자!**

중앙 연못의 동서남북에는 작은 연못이 하나씩 있고, 중앙 연못과 이어지는 면에는 사당이 위치해 있다. 사당 안쪽에는 물이 나오는 입구가 하나씩 있는데 각각 코끼리, 말, 사자, 사람의 얼굴 모양을 하고 있다. 건기에만 가능한 미션이다.

# TA SOM

## 고푸라 하나 때문에, **타 솜**

**축성시기** 12세기 후반 **축성자** 자야바르만 7세 **종교** 불교 **소요시간** 10~20분

**역사적 중요도** ☆(밝혀진 것도 없거니와 너무 작다) **관광적 매력** ★☆(일부러 들러서 볼만한 동쪽 고푸라)

자야바르만 7세가 만들었다는 것. 다른 유적들보다 시기가 비교적 앞선다는 것. 그 외에 이 유적에 대해 밝혀진 사실은 없다. 일반적으로는 프레아 칸을 짓기 전에 아버지를 위해 만든 사당이라고 하는데 이 또한 명확한 근거는 없다. 규모도 워낙 작은 데다 제대로 복원되지 않아 현재 볼거리는 오로지 동쪽 고푸라 하나뿐이다. 고푸라 하나 보겠다고 굳이 들러야 하나 싶다면 가볍게 패스할 것. 단, 이 고푸라 때문에 이 유적에 반한 마니아들이 적지 않다는 것은 말해 두고 싶다. 적어도 동쪽 고푸라 하나만큼은 타 프롬에도 뒤지지 않을 정도로 아름답다.

## What to see

관광객용 출입구는 서쪽 고푸라인데 보아야 할 아름다운 고푸라는 반대쪽인 동쪽이므로 입구로 들어간 후 무조건 직진하자. 자야바르만 7세 특유의 사면상이 부드러운 미소를 짓고 있고, 그 아래 출입구가 벵골 보리수 뿌리에 촘촘히 감겨 있는 모습이 인상적이다. 보리수 뿌리 아래 숨겨진 압사라상이나 부조들을 찾아보는 재미도 적지 않다.

관광객용 출입구인 서쪽 고푸라. 앙코르에 흔한 자야 7세 스타일 사면상 고푸라다.

# Banteay Srei & Banteay Samre

아름다움을 아는 당신에게,

## 반띠에이 스레이 & 반띠에이 삼레

건축이나 미술에 큰 관심이 없다. '가성비'는 무엇보다 소중하다. 앙코르 유적을 하루 이틀 돌아봤는데 별로 와 닿는 게 없었다. 위의 셋 중에 두 개 이상 해당한다면 지금부터 소개할 두 유적은 가뿐히 패스해도 좋다. 두 유적의 최대 단점이 비용 대비 효율, 이른바 '가성비'가 떨어지는 것이기 때문. 교통편에 7~15달러의 추가요금이 붙고 툭툭으로 가면 편도 한 시간도 넘게 걸리는 것에 비해 두 유적 다 규모는 작은 편이다. 그러나 조금이라도 미적 감각 및 감수성이 있다고 자부한다면, 가성비 따위는 무시하고 반띠에이 스레이와 반띠에이 삼레로 향하자. 돈과 시간이 결코 아깝지 않은 기쁨을 안겨 줄 것이다.

### History Summary

두 유적은 이름이 비슷하고 위치가 비교적 가까울 뿐 역사적인 연관성은 전혀 없다. 반띠에이 스레이는 라젠드라바르만 2세 시대에 건립된 앙코르 초기의 건축물이고 반띠에이 삼레는 앙코르 중기에 건립된 것으로 추정된다. 두 유적은 스타일도 아주 다르고, 모시는 신도 다르고, 건축적 의미도 다르다. 각 유적의 역사적 배경은 각각의 페이지에서 다시 설명한다.

# Tour Guideline

### ○ 스레이-삼레는 세트로!

두 유적은 앙코르 유적군에서 다소 멀리 떨어져 있는데, 방향이 같아 대부분의 여행자들이 세트로 묶어 본다. 두 곳 모두 교통 이용 시 추가 요금이 드는 곳인데, 두 곳을 묶어서 가면 스레이 요금에 삼레를 얹어서 볼 수 있다. 앙코르 왕국 최고의 예술작품으로 불리는 스레이를 메인 요리로 즐기고, 고즈넉한 분위기의 삼레는 디저트로 즐기자.

### ○ 아침 일찍, 또는 오후 늦게

두 곳 모두 동향이므로 오전 시간에 가는 것이 유적 관람이나 사진 촬영에 좋다. 반띠에이 스레이는 오전 9시를 넘기면 단체 관광객들에게 점령당하다시피 하므로 가급적 이른 시간에 갈 것. 저녁 햇살을 받으면 아주 예쁜 붉은 빛을 발하므로 오후 늦게 가는 것도 나쁘지 않다. 단, 오후시간에는 역광이기 때문에 사진이 잘 나오지 않는다는 것은 염두에 두자.

## Recommened Root 반나절 추천 루트

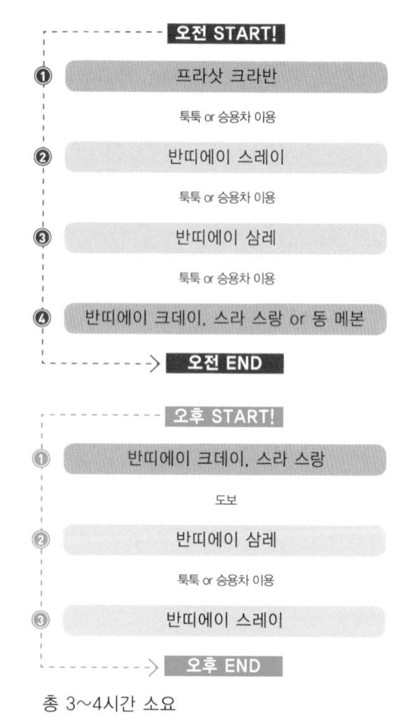


총 3~4시간 소요

# BANTEAY SREI

## 앙코르의 보석, **반띠에이 스레이**

**축성시기** 967년 **축성자** 라젠드라바르만 2세(신하 야흐나바라하가 축성) **종교** 힌두교(시바, 비슈누) **소요시간** 1~3시간

**역사적 중요도** ★★★(앙코르 건축 예술의 총아) **관광적 매력** ★☆~★★★(사람이 많으면 매력이 확 떨어진다.)

이곳을 두고 '보석'이라고 표현하는 것은 흔하고 진부하다. 그러나 이토록 작고 극도로 섬세하며 화려한 유적을 두고 달리 표현할 말이 없는 것 또한 사실이다. 그 단단한 사암을 마치 비누라도 되는 양 자유자재로 조각해 놓은 모습을 보면 그야말로 감탄밖에 할 것이 없다. 성소나 고푸라의 박공에 조각된 신화 이야기들, 일명 '동양의 모나리자'로 불리는 성소의 여신상 등 앙코르 유적에서 아름다움과 관련된 모든 요소를 함축적으로 담아 놓은 곳이다. 그러나 워낙 멀고 추가 비용이 든다는 것, 규모가 작아 단체관광객이 몰리면 아름다움이고 뭐고 그냥 작은 도떼기시장으로 변할 위험이 있다는 단점은 언제나 존재한다. 일정이 지나치게 짧은 여행자나 평소 미적 감각에 크게 자신 없는 여행자라면 패스해도 좋다.

**History** 반띠에이 스레이는 라젠드라바르만 2세 당시 지어졌는데, 왕이 직접 축성한 것이 아니라 당시 왕의 스승이었던 야흐나바라하가 지었다. 신하가 지은 건물이기 때문에 규모는 작으나, 그 어떤 왕이 지은 건물 이상으로 화려하고 정교하게 지어졌다. 야흐나바라하는 기록상으로는 브라만 신분의 학자 겸 의사로 왕의 정신적 스승이었다고 하나, 실제로는 당시 앙코르 정치권력의 핵심인물이었다고 여겨진다.(81p.) 오랫동안 밀

림 속에 묻혀 있던 반띠에이 스레이는 1914년 프랑스의 한 군인에 의해 발견된다. 신하가 지은 사원임에도 앙코르 유적에서도 발군을 자랑하는 정교한 아름다움 덕분에 다른 사원보다 복원 작업이 빨리 진행되었다. 현재 유적 복원의 기본으로 여겨지는 '아나스틸로시스(anastylosis) 공법'으로 복원된 최초의 사원이기도 하다.

## 아나스틸로시스(anastylosis) 공법이란?

용어가 너무 어려우니 쉬운 한국말로 바꿔보겠습니다. '해체 복원 방식'입니다. 한 번에 딱 와 닿죠? 당시의 자재를 사용하여 복원하는 것이 공법의 핵심입니다. 사실 우리말로 번역된 저 이름이 모든 것을 설명합니다. 해체했다가, 다시 쌓는 거예요.

과정은 이렇습니다. 먼저 유적의 모든 곳을 사진으로 남깁니다. 그 후 돌들을 해체하면서 돌 하나하나에 번호를 매깁니다. 해체가 다 끝나면 번호 순서대로 다시 튼튼하게 쌓아올리는 겁니다. 돌을 해체하는 과정에서 나무뿌리 등은 제거하고요. 다시 쌓아 올리면서 세월에 풍화되어 쓰러졌거나 쓰러지기 직전이었던 건물들이 다시 견고한 모습을 찾게 됩니다. 말은 쉽지만 고고학 및 건축학적으로 고도의 기술을 요구하는 방법이라고 하는군요.

반띠에이 스레이는 이 '해체 복원 방식'을 사용하여 복원된 앙코르 최초의 유적입니다. 이후 반띠에이 삼레, 바푸온 등이 이 방법으로 복원되었어요. 반띠에이 스레이 주변을 보면 숫자가 적혀진 돌들을 쉽게 볼 수 있습니다. 복원할 때 자리를 못 찾은 돌들도 있고, 내전이나 도굴에 의해 훼손된 것들도 있답니다. 여러모로 앙코르 유적에는 사연이 참 많아요.

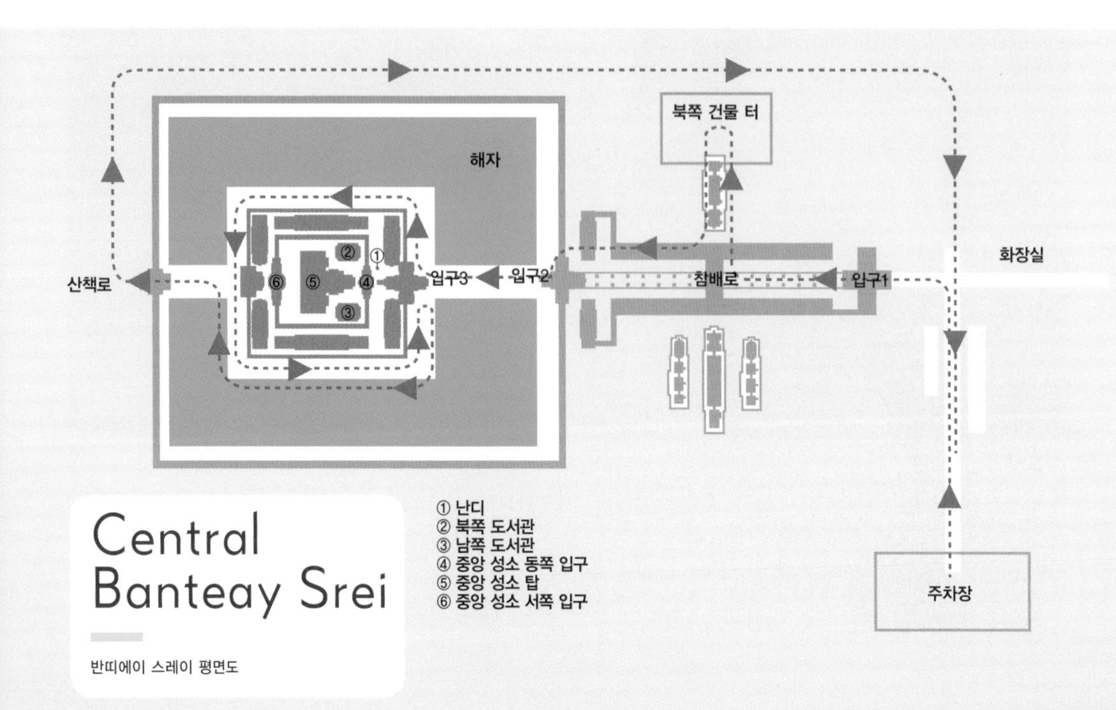


Central Banteay Srei

반띠에이 스레이 평면도

# What to see

반띠에이 스레이는 '꼼꼼히' 봐야 하는 유적이다. 규모가 워낙 작기 때문에 대충 쓱 훑으면 전부 다 보는 데 20분도 걸리지 않을 수 있다. 하지만 그러기에는 너무 아까운 유적이다. 박공 하나하나의 조각이 모두 다를 정도로 다채롭고, 허투루 비워 둔 구석을 찾아보기 힘들 정도로 치밀하고 섬세하다. 겹겹이 둘러쳐진 구조로 되어 있어 입구 ①, ②, ③을 통과한 후에야 중앙 성소에 다다르게 된다.

## ∘ 입구 ①

반띠에이 스레이의 바깥 대문 역할을 하는 곳이다. 원래는 긴 외벽이 있었으나 지금은 모두 유실되었다. 문 상단의 삼각 박공에는 아주 화려한 조각이 있는데, 가운데에 코끼리를 타고 있는 인드라(86p.)가 있고, 그 아래에는 칼라(87p.)가 조각되어 있다.

칼라의 조각은 붙임기둥 옆 장식에서도 볼 수 있다.

## ∘ 참배로

동쪽 입구로 들어가면 약 150m에 이르는 긴 참배로가 나타난다. 포석이 깔린 길 양쪽에는 석등 같이 생긴 것들이 죽 늘어서 있는데, 이는 다름 아닌 링가(86p.)이다. 참배로 양쪽으로 기둥이 늘어서 있는 것을 보아 원래 회랑이 있었던 것으로 추측할 수 있다. 참배로 중간쯤 좌우로 문이 하나씩 보이는데, 이 문을 통해서 나가면 회랑 뒤쪽에 있는 부속 건물터로 갈 수 있다. 오른쪽에 있는 북쪽 건물터에 한차례 들렀다 가자.

### • 북쪽 건물 터

박공이며 외벽 등은 대부분 유실되었고, 안쪽에 있는 박공 하나와 문틀만 남아 있다. 안쪽 박공에는 사람 비슷한 것을 잡아먹는 칼라가 조각되어 있다. 잡아먹히는 쪽은 하체부터 몸이 거의 먹힌 상태라 상체 약간과 머리만 보이는데, 머리 부분의 장식을 보아 데바, 즉 선한 신이라는 것을 알 수 있다. 칼라는 탐욕스러운 신으로 정말 닥치는 대로 먹어 치우는데, 심지어 자기 몸뚱이까지 먹었다고 한다.

칼라가 데바를 먹어치우고 있는 모습

Mission

**〈라마야나〉 박공을 찾아라!**

건물 터에서 중앙 성소 쪽으로 가다 보면 자리를 찾지 못하고 바닥에 놓여 있는 박공이 하나 있는데, 〈라마야나〉에서 라바나가 시타를 유괴하는 장면(88p.)이 그려져 있다. 인물들이 워낙 조그맣게 그려져 있어 내용을 알아보기는 쉽지 않으나 찬찬히 들여다보면 라바나와 시타의 모습을 알아볼 수 있다.

반띠에이 스레이의 역사를 알려준 고마운 비문들

문 안쪽으로 들어가면 링가가 소실된 요니를 하나 볼 수 있다.

### • 해자와 입구 ②

북쪽 건물 터에서 다시 성소 쪽으로 발걸음을 옮기면, 해자와 함께 성소의 모습이 드러난다. 이곳이 해자와 어우러진 모습을 담기 가장 좋은 포토 포인트다. 비가 온 뒤 맑은 날이면 반띠에이 스레이의 모습이 해자에 고스란히 비쳐 아주 아름다운 사진을 얻을 수 있다.

해자를 건너기 전에도 다 허물어진 입구가 하나 있다. 이곳의 벽에는 건물의 내력에 대한 자세한 기록이 새겨져 있어 건물의 연대와 축성자를 아는 데 큰 도움을 주었다.

**1** 지붕 가운데 칼라 위에 앉아있는 비슈누
**2 뒷면 박공** 행운의 여신이자 비슈누의 아내인 락슈미가 코끼리의 축복을 받는 모습

Mission
## 반영샷을 찍어보자!

해자 앞은 반띠에이 스레이의 중앙 성소의 멋진 반영샷을 얻을 수 있는 좋은 포토 포인트다. 특히 비가 한차례 내린 후 날이 개면 최고로 아름다운 사진을 얻을 수 있다. 물이 많은 우기에 반띠에이 스레이를 여행한다면 꼭 해볼 것.

### ∘ 입구③

해자를 건너가면 비로소 성소 입구에 도착한다. 형태와 조각 모두 앙코르 유적 전체를 통틀어 가장 예술성이 뛰어난 것으로 평가받고 있다. 물 흐르는 듯한 곡선의 지붕과 중간 중간의 꽃 문양, 단 한 곳도 그냥 둔 곳 없이 섬세하고 촘촘하게 새겨 넣은 조각들을 보면 감탄이 절로 나올 지경이다. 지붕 가운데 삼각 박공에는 칼라 위에 앉아 있는 비슈누의 모습이 조각되어 있다. 뒷면 박공에도 조각이 있는데, 행운의 여신이자 비슈누의 아내인 락슈미가 코끼리의 축복을 받는 모습이 새겨져 있다.

## ∘ 중앙 성소

중앙 성소 내부는 출입이 되지 않으므로 아쉽지만 겉에서 한 바퀴 빙 둘러 가며 봐야 한다. 안쪽 깊숙한 곳에 있는 성소 탑들은 잘 보이지 않지만, 이제 간신히 안정을 찾은 유적이 관광객 등쌀에 다시 훼손되는 것을 막기 위해서라도 아쉬움은 조금 감수하자. 바깥에서 보이는 건물의 벽면과 박공의 조각만 보아도 볼 것이 너무 많은 곳이다. 중앙 성소를 한 바퀴 돌아본 후 들어온 입구인 동쪽 입구 반대편에 있는 서쪽 입구로 나가면 된다.

**1. 난디**

입구 ③을 통해 성소 쪽으로 들어오면 보이는 것으로, 원래는 시바의 소인 난디가 있던 자리이다. 현재는 그냥 '옛날에 무언가가 있던 그냥 받침대'로만 보인다.

**2. 중앙 성소 동쪽 입구**

성소로 들어가는 본격적인 입구이지만 안으로 출입은 할 수 없다. 바깥쪽 박공의 조각을 보는 것으로 만족하자. 가운데 조각된 거대한 사람은 시바 신으로, 춤을 추고 있는 모습이다. 이 입구의 뒤쪽에는 시바의 아내인 두르가가 조각되어 있다. 입구 ③에서도 볼 수 있듯, 입구의 앞쪽에는 남신을, 뒤쪽에는 그의 아내인 여신을 조각해 조화와 균형을 꾀하였다.

### 3. 북쪽 도서관

성소를 정면으로 바라봤을 때 오른쪽에 자리한 건물이다. 불꽃을 연상시키는 삼중의 지붕 장식과 건물의 어디 한 구석 빈 곳을 찾아보기 힘들 정도로 빼곡하게 들어찬 조각 덕분에 반띠에이 스레이 전체에서도 가장 아름다운 곳으로 손꼽힌다.

도서관의 앞뒤 박공에 모두 아름다운 조각이 새겨져 있다. 앞면(동쪽 면) 박공에는 크리슈나와 인드라의 대결 이야기가 조각되어 있는데, 화가 나서 비를 내리는 인드라와 그것을 막는 크리슈나의 모습이다(89p.). 맨 위쪽에 앉아 있는 것이 인드라이며 중간에 빗살무늬가 비를 뜻한다. 뒷면(서쪽 면) 박공에도 크리슈나에 관련된 조각이 있는데, 자신을 해치려 했던 사악한 삼촌 캄사왕을 크리슈나가 죽이는 장면이다.

**1 동쪽 면 박공** 화가 나서 비를 내리는 인드라와 이를 막는 크리슈나
**2 서쪽 면 박공** 크리슈나가 사악한 삼촌 캄사 왕을 죽이고 있다

### 4. 중앙 성소 탑

중앙에 탑 세 개가 나란히 서 있는데, 중앙 탑과 남쪽 탑은 시바를, 북쪽 탑은 비슈누를 모신다. 탑 앞에는 수문장 조각이 서 있는데, 인간의 몸체에 원숭이, 사자, 약샤(괴물), 가루다의 머리를 하고 있다. 수문장 조각의 가장 큰 특징은 유난히 '새것' 티가 팍팍 나는 것으로, 원래는 진품과 모조품이 사이좋게 자리 잡고 있다가 최근 진품을 모두 프놈펜의 국립 박물관으로 옮기고 이곳에는 새로 만든 모조품을 가져다 놓았다. 탑의 사방에는 가짜문이 조각되어 있고 문 옆에 수문장 역할을 하는 여신상과 남신상의 조각이 있는데, 중앙 탑에는 남신상이, 나머지 두 탑에는 여신상이 조각되어 있다. 중앙 성소는 출입이 되지 않으므로 이곳의 아름다운 조각들을 제대로 꼼꼼히 보고 싶다면 망원경을 준비할 것.

수문장 조각은 복원품도 아닌 모조품이다. 진품은 프놈펜의 국립박물관에 있다.

Mission

## '동양의 모나리자'를 찾아라!

앙코르 유적의 여신상 중 반띠에이 스레이의 여신상이 가장 정교하고 아름다운 것으로 정평 나 있다. 심지어 '동양의 모나리자'라는 별명이 붙어 있으며, 프랑스의 유명 작가 앙드레 말로의 도굴 스캔들이라는 희대의 에피소드도 있다. 일반적으로는 남쪽 탑의 서쪽 면 여신상이 '동양의 모나리자'로 통하고 있으나 사실 중앙 성소의 여신상은 모두 우열을 가리기 힘들 만큼 아름답다.

가운데에 있는 것이 시바, 옆에 활을 든 것이 카마

맨 밑에서 라바나가 수고롭게 산을 흔들고 있다

## Column 앙드레 말로 스캔들

앞서 반띠에이 스레이가 다른 유적보다 비교적 빨리 복원되었다는 얘기를 한 바 있습니다. 예술적 가치가 높고 보존 상태도 좋았으며 규모도 작으니 여러모로 빨리 손대기 좋은 유적이었던 것도 사실입니다. 그러나 복원을 앞당긴 결정적인 사연은 따로 있습니다.
앙드레 말로(Andre Malraux)라는 프랑스 작가 많이들 아실 겁니다. 〈인간의 조건〉을 비롯해 많은 작품을 남겼고요, 말년에는 프랑스 문화부 장관까지 지낸 인물입니다. '오랫동안 꿈을 그리는 사람은 마침내 그 꿈을 닮아간다'는 명언으로도 유명하죠. 바로 이 인물이 반띠에이 스레이 복원의 도화선이 된 주범(?)입니다.
앙드레 말로는 1923년 반띠에이 스레이를 방문합니다. 유럽에서 앙코르 붐이 한창이었으므로 젊은 작가 한 사람이 방문했다고 해서 특별할 일은 없습니다. 그런데, 특별해집니다. 이 젊은 작가께서 앙코르 역사에 길이 남을 사고를 쳤거든요. 도굴을 했어요 세상에. 앙드레 말로는 유럽에서 반띠에이 스레이에 대한 논문을 읽고는 험한 길을 헤치고 찾아왔다가 여신상을 보게 됩니다. 그리고 그 자리에서 홀랑 반해 버리죠. 반한 것까지는 좋은데, 이 대담한 청년은 이 조각을 훔쳐 가기로 마음먹습니다. 그는 여신상 몇 점을 훔쳐 도망가다 프놈펜에서 체포되고, 실형을 선고받습니다. 그때까지 반띠에이 스레이는 덜렁 발견만 됐을 뿐 아무 보호 장치나 법령이 없었는데, 이 사건에 '앗 뜨거라' 하고 자극받은 프랑스는 서둘러 반띠에이 스레이의 복원에 착수하게 됩니다. 그리하여 현재까지도 앙코르 유적에서 앙드레 말로의 이야기는 두고두고 회자되는 중입니다. 이건 유명세일까요, 아니면 망신살일까요?

### 5. 남쪽 도서관

이곳도 박공 앞뒤로 인도 신화 이야기가 섬세하게 조각된 모습을 볼 수 있다. 앞쪽(동쪽) 면에는 악마의 왕 라바나가 시바가 사는 카일라사 산을 뒤흔드는 얘기가 조각되어 있다.(89p.) 맨 아래쪽에 커다랗게 조각된 것이 라바나이다. 뒤쪽(서쪽) 면에는 카마의 이야기가 조각되어 있는데, 사랑의 신 카마의 화살을 맞고 파르바티를 사랑하게 된 시바가 카마를 벌하기 위해 태우는 장면이다.(89p.)

**6. 중앙 성소 서쪽 입구**

중앙 성소 관람을 마치고 밖으로 나갈 때 놓치지 말고 챙겨 볼 것. 서쪽 입구의 안쪽 박공에 보너스 격인 조각이 하나 있다. 〈라마야나〉에 나오는 수그리바와 발리의 싸움 장면(88p.)으로, 가운데에서 싸우고 있는 둘이 바로 수그리바와 발리다. 얼굴에서 박진감이 그대로 느껴진다.

Mission

## 미모사를 찾아라!

앙코르 유적 주변의 풀밭을 잘 살펴보면 작은 잎이 다닥다닥 매달린 모양의 앉은뱅이 풀을 쉽게 볼 수 있다. 넓은 잎을 잘게 잘라 놓은 것처럼 자잘한 잎이 수없이 매달려 있다. 이 식물이 바로 '미모사'. 잎을 건드리면 금세 잎이 확 오그라드는 신기한 풀이다. 반띠에이 스레이 주변의 풀밭에서 가장 쉽게 볼 수 있다.

# BANTEAY SAMRE

## '고즈넉'이란 이런 것, **반띠에이 삼레**

**축성시기** 12세기 중엽 **축성자** 미상(수리야바르만 2세 추정) **종교** 힌두교(비슈누) **소요시간** 20분~1시간

**역사적 중요도** ☆(누가, 왜, 어떻게 지었는지 아무것도 모른다) **관광적 매력** ★★(정말 고즈넉하고 분위기 있는 사원)

앙코르 유적 여행자들에게 피로를 안기는 가장 큰 요소 세 가지를 꼽자면 아마도 더위, 사람, 지식일 것이다. 더워 죽겠는데 사람은 바글바글하고, 이름 긴 왕들과 수많은 전문용어들 때문에 머리는 아프고···. 반띠에이 삼레는 이 세 가지 피로 요소를 하나도 갖추지 않은 유적이다. 높은 성채와 주변의 밀림이 풍부한 그늘을 만들고, 외딴 곳에 있어 사람도 많지 않다. 아직 역사적으로 밝혀진 것이 없어 지식에 대한 강박관념을 크게 가질 필요도 없다. 서양의 고성을 연상케 하는 아름다운 건물 이곳저곳을 느긋하게 돌아보다 동쪽 입구 앞에서 새소리를 듣는 것, 반띠에이 삼레는 그것으로 충분한 곳이다. 유적 여행이 끝나갈 무렵 피로에 지쳐 재충전할 필요가 있다면 꼭 이곳에 들러 보자.

**History** 아직 비문이 발견되지 않아 정확한 연대나 축성자, 용도 등에 대해서는 아무것도 밝혀진 바 없다. 다만 건축이나 조각의 양식을 통해 수리야바르만 2세 때의 유적으로 추측하고 있다. '앙코르와트의 축소판'이라는 별명이 붙어 있는데, 진짜 마치 3층 중앙 성소의 한 부분을 뚝 떼어다 놓은 듯한 느낌이 들 정도로 앙코르와트와 흡사하다. 여러 가지 정황을 볼 때 앙코르와트보다 먼저 축성되었을 가능성이 높다. 이 때문에 앙코르와트의 프로토 타입 내지는 모델이라는 의견도 있지만 딱히 명확한 근거는 없다. 해체 복원 방식으로 복원되었고, 앙코르 유적 전체를 통틀어 가장 복원이 잘 된 유적 중 하나로 꼽힌다.

## What to see

이 유적에서 딱히 챙겨 봐야 할 것은 없다. 산책, 또는 탐험하는 기분으로 천천히 돌아보면 된다. 중앙탑, 도서관, 가짜문, 상인방, 박공 등 앙코르 건축물 특유의 요소가 충실하게 갖춰져 있다. 박공에는 힌두 신화에 대한 각종 아름다운 조각이 남아 있으며 그 유명한 '우유의 바다 휘젓기'도 조각되어 있다.

### ∘ 동쪽 출입구

반띠에이 삼레는 다른 사원과 마찬가지로 동향으로 지어졌으나, 도로와의 연계성 때문에 현재는 북쪽 출입구를 주 출입구로 사용한다. 원래의 출입구인 동쪽 출입구는 길이 없고 밀림으로 이어진다. 남아 있는 테라스와 사자상이 이곳이 원래 주 출입구였음을 증명할 뿐이다. 동쪽 출구 앞에서 잠시 앉아 있노라면 사방에서 새소리가 들려온다. 언제, 어느 시간에 가도 새소리가 여행자를 맞아 주는 낭만적인 곳이다.

# Roluos Group

## 최초의 사원들이 있는 곳, 롤루오스 초기 유적군

롤루오스 지역은 씨엠립 시내에서 동쪽으로 13km 정도 떨어진 곳에 위치한 곳으로, 초기 앙코르 시대의 유적 여러 기가 모여 있는 소규모 유적군이다. 이곳의 대표적인 유적 세 곳은 기껏해야 중심 유적군의 군소 유적 정도 규모이고 시내에서 약간 떨어져 있어 3~5달러의 추가 요금까지 내야 한다. 그 덕분에 관광객들의 인기를 얻지 못해 언제가도 한산하다. 그러나 사실 롤루오스 유적군은 앙코르 유적을 제대로 이해하고자 하는 여행자들에게는 앙코르 톰이나 앙코르와트와 맞먹는 정도의 가치를 지니는 곳이다. 또한 눈에 뜨이는 화려함은 적지만 따뜻한 감수성을 자극하는 풍경으로 앙코르 유적 마니아들에게는 은근한 인기를 누리고 있다.

### History Summary

건국왕 자야바르만 2세는 앙코르 왕국을 세운 뒤 몇 차례 수도를 옮겼는데, 롤루오스 지역은 그중 마지막으로 정착한 도읍이다. 당시의 이름은 '하리하랄라야'로서 '시바와 비슈누에게 바쳐진 도시'라는 뜻이다. 야소바르만 1세가 야소다라푸라로 도읍을 옮기기 전까지 짧게는 50여년, 길게는 7~80년간 수도의 역할을 했다. 앙코르 왕국 최초의 도시라 할 수 있으며, 앙코르의 문명은 이 도시에서부터 본격적으로 꽃피기 시작했다고 봐도 틀리지 않다. 앙코르 문명 초기의 건축 스타일과 조각 양식이 가장 잘 남아 있어 역사적 가치도 매우 높은데, 이곳에 남아있는 주요 유적 세 기는 각자 하나씩 '최초'의 타이틀을 거머쥐고 있다.

# Tour Guideline

## ● 오후에 간다!

바콩(Bakong)은 프놈 바켕, 프레 룹과 더불어 앙코르 유적 최고의 일몰 포인트로 손꼽힌다. 오후 2~3시부터 천천히 관람을 시작하여 마지막을 바콩으로 잡고 느긋하게 일몰을 보면 된다.

## ● 첫날 간다!

앙코르에서 가장 오래된 9~10세기 유적들을 볼 수 있는 곳이다. 역사 순으로 차근차근 유적 여행을 하고 싶은 여행자라면 첫날 첫 번째 여행지로 롤루오스 지역을 택하자. 바콩의 명물 일몰을 포기하고 싶지 않다면 첫날 저녁 여행지로 택해도 좋다.

## ● 자전거로 간다!

롤루오스 유적지는 시내에서 10km 남짓 떨어져 있고 도로 포장도 잘되어 있어 자전거로 가기 아주 좋은 곳이다. 논밭이 한가롭게 펼쳐진 주위 풍경도 좋다. 단, 자전거로 갈 때는 되도록 오전 시간이 좋으며, 오후에 출발할 경우 일몰 이전에는 돌아오는 것이 좋다. 오후 5~6시에는 쌀르 주변이 오토바이와 자동차로 혼잡하여 꽤 위험하다.

## ● 현지인의 삶을 엿본다!

롤루오스 지역은 관광지로 정비되지 않아 유적과 현지인의 삶이 어우러진 채 세월이 흐르고 있다. 유적지 바로 옆에 절과 학교, 민가가 자리하고 있어 캄보디아 사람들의 순박하고 티 없는 모습을 아주 가까운 거리에서 지켜볼 수 있다.

# Recommened Root 반나절 추천 루트

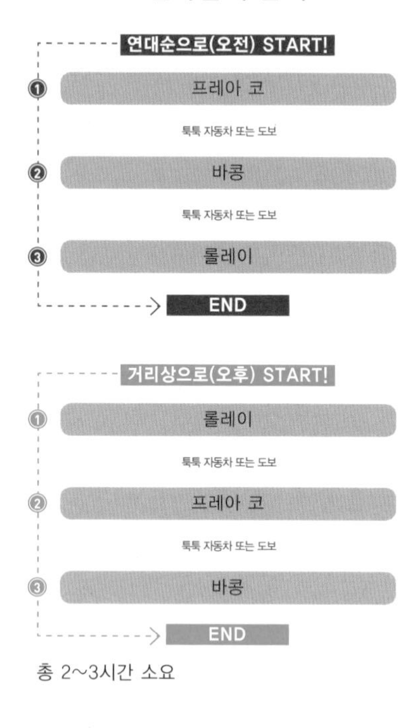


총 2~3시간 소요

# PREAH KO

## 최초의 사원, **프레아 코**

**축성시기** 9세기 후반(880년 추정) **축성자** 인드라바르만 1세 **종교** 힌두교(시바) **소요시간** 20~30분

**역사적 중요도** ★★(초기 유적이란 이런 것) **관광적 매력** ★☆(한적한 느낌 + 유적 분위기 물씬)

이곳에 '최초'의 타이틀을 붙이기 위해서는 몇 가지 부연 설명이 필요하다. 군소 유적 중에 프레아 코보다 연대가 오래된 것으로 추정되는 것이 남아 있기 때문이다. 이곳은 어느 왕 때 어떤 목적으로 지었는지 기록이 정확히 남아 있는 유적으로는 최초의 것이다. 실제로는 백오십 일곱 번째쯤 되는지 어쩐지 알 수 없으나 어쨌든 현재 남은 유적 중 역사적 가치가 있는 것으로는 '최초'의 것이다. 초기의 건축 및 조각 양식을 잘 볼 수 있다. 유적 분위기 날 만큼은 낡고 허물어졌지만 지나치게 폐허는 아닐 정도로는 복원이 되어 있어 꽤 보는 맛이 있는 사원이다.

**History** 앙코르의 세 번째 왕 인드라바르만 1세가 왕위에 올라 가장 먼저 축성한 사원이다. 힌두의 신 시바를 주신으로 하고, 선대왕인 자야바르만 2세, 인드라 1세의 외할아버지, 인드라 1세의 부모 이렇게 총 세 쌍의 조상을 모신다.

비문에 따르면 인드라 1세는 개국왕 자야 2세의 '혼인으로 이루어진 후계자'라고 한다. 자야 2세의 처가 쪽 손자뻘 되는 혈통으로, 학자들 중에는 인드라 1세의 어머니가 자야 2세와 정략적으로 결혼을 하였고 이에 인드라 1세가 일종의 양자로 편입되었다고 주장하는 사람도 있다. 확실한 것은 인드라 1세는 정통성이 모자란 왕이었다는 것, 그러므로 왕권의 정당성을 확립하기 위해 자신의 조상을 모두 신격화할 필요성이 있었다는 것이다. 또한 그 조상을 따르던 세력까지 흡수하려는 정치적인 목적도 있었다고 한다.

## What to see

넓지 않은 부지에 정체 모를 돌조각들이 흩어져 있는 가운데 복원된 탑들이 우뚝 서 있다. 앙코르 문화가 제대로 꽃피기 전 초기 유적임에도 상인방이나 붙임 기둥 등에서는 생각 외로 정교한 조각을 만날 수 있다. 느긋한 기분으로 천천히 돌아볼 것.

### ○ 난디

'프레아 코'란 신성한 소리는 뜻으로, 유적의 앞마당에 소가 세 마리 엎드려 있는 것을 보고 지은 직관적인 이름이다. 시바가 타고 다니는 소인 난디를 형상화 한 것으로, 영원히 시바를 기다린다는 의미로 납작 엎드려 있는 것이라 한다. 소가 세 마리인 이유는 이곳에 모셔진 조상신이 세 쌍이기 때문.

### ○ 사자

초기 앙코르 사자 조각의 특징인 약간 엉거주춤한 자세에 풍성한 갈기를 잘 볼 수 있다.

## 여섯 개의 탑

앞에 3기, 뒤에 3기 총 여섯 개의 탑이 서 있다. 몸통은 벽돌로 쌓아 올렸고, 상인방이나 문지기 등 조각이 들어간 곳에는 사암을 사용했다. 뒤의 탑들보다 앞의 탑들이 크기가 조금 더 큰데 이는 뒤쪽 탑은 여자 조상, 앞쪽 탑은 남자 조상을 모셨기 때문이라고 한다. 여섯 개의 탑이 모두 크기가 다르고 배열 또한 삐뚤빼뚤한데, 생전의 인간관계를 탑의 크기와 위치에 반영한 결과라고 한다. 왼쪽부터 차례로 인드라 1세의 생부와 생모, 자야 2세 내외, 외조부 부부를 모신다. 내부에는 조각과 위패, 링가 등이 안치되어 있었지만 지금은 대부분 소실되었다. 초기의 유적이지만 앙코르 유적의 특징인 상인방 조각, 문지기, 가짜 문 등이 충실하게 나타나 있다.

프레아 코의 외벽과 상인방에는 시바의 한 가지 형태인 칼라의 조각이 유난히 많다. 칼라는 앙코르의 건축물에서 액막이의 의미로 즐겨 쓰이던 상징이다.

Mission

### 남성탑과 여성탑을 가려 보자!

프레아 코는 여성 조상을 모신 탑 3기와 남성 조상을 모신 탑 3기로 구성되어 있다. 이 중 어떤 것이 남성탑이고 여성탑일까? 답은 문지기. 남성을 모시는 탑에는 남성 문지기인 드바라 팔라, 여성을 모시는 탑에는 여성 문지기 데바타가 조각되어 있다. 꼭 직접 확인해 볼 것.

# BAKONG

## 최초의 피라미드형 사원, **바콩**

**축성시기** 9세기 후반 **축성자** 인드라바르만 1세 **종교** 힌두교(시바) **소요시간** 30분~1시간 이상

**역사적 중요도** ★☆(최초의 피라미드형 사원) **관광적 매력** ★★☆(주요 일몰 포인트 중 한 곳)

최초의 피라미드형 사원으로 왕이 스스로를 위해 건립하며 정치적 구심점 역할을 한 중앙 사원의 시초이기도 하다. 프놈 바켕, 프레 룹과 더불어 가장 중요한 일몰 포인트지만 세 포인트 중에서 사람은 가장 적기 때문에 여유롭게 일몰을 감상할 수 있는 곳이다. 유적 경내에 학교와 현대식 절이 있어 유적과 함께 살아가는 사람들을 가까이서 볼 수 있는 곳이기도 하다.

**History** 인드라바르만 1세가 조상을 위해 프레아 코를 지은 뒤 자신을 위한 사원으로 축성한 것이 바로 바콩이다. 해자와 다리, 진입로, 성벽, 메루 산을 형상화한 중앙 탑 등 기본요소를 완벽하게 갖춘 형태의 사원으로는 가장 오래된 것이다. 하리하랄라야 정중앙에 자리하여 앙코르의 신앙과 정치의 구심점 역할을 했다. 인드라 1세 이후 조상을 위한 사원과 왕 자신을 위한 사원, 그리고 저수지 세 가지를 건립하는 것이 왕의 기본 사업이 된다.

## What to see

롤루오스 유적군의 하이라이트라고 봐도 무방하다. 조금 과장을 보태어 말하면 롤루오스에서는 바콩만 들러도 될 정도지만 그렇게 하면 교통 추가요금이 아까우므로 그냥 다 둘러볼 것. 입구에는 과거 고푸라가 있었던 것으로 추정되나 현재는 기둥만 몇 개 남아 있다. 경내에 학교와 절이 있으며 멀지 않은 곳에 마을이 있어 현지인들이 유적 안팎을 삶의 터전으로 삼고 살아가는 모습을 볼 수 있다.

### ○ 다리

거대한 나가 조각이 다리의 난간 역할을 하고 있는데, 나가의 몸통이 바닥에 착 달라붙어 있는 것이 특징이다. 후대의 유적들은 나가의 몸통이 땅 위로 들려 있고, 후기 유적인 자야바르만 7세의 건축물에서는 '우유의 바다 휘젓기' 형상화를 통하여 나가를 아예 번쩍 들어 올리는 형태로 발전된다.

### ○ 1층 지상

입구와 통하는 동쪽 앞마당에는 도서관 건물을 비롯하여 용도는커녕 형체조차 알 수 없는 건물들이 여기저기 흩어져 있다. 중간에 있는 성소 건물을 제외하고는 대부분이 아직 제대로  복원되지 않았다. 성소를 빙 둘러가며 8개의 전탑이 있는데, 시바의 여덟 가지 형상을 뜻한다고 한다.

## 4층탑과 5층 중앙 성소

중앙 성소탑은 5층에 조성되어 있으며, 탑 하나만이 우뚝 서 있는 형태이다. 다음 대의 중앙 사원인 프놈 바켕에서는 5개의 탑을 세우는 형태로 발전하며, 이후에는 탑 5개가 기본형이 된다. 과거에는 중앙 탑 안에 링가가 안치되어 있었다고 하나 현재는 사라졌다. 중앙 성소탑의 모양이 앙코르와트와 어딘가 비스무리한데, 원래는 이런 모양이 아니었으나 전란으로 파괴된 뒤 앙코르왕국 중기 이후에 재건되었고, 그때 앙코르와트의 영향을 받아 지금의 형태가 되었다고 한다.

Mission

### 일몰을 보자!

바콩은 동향 사원이므로 해지는 것을 보려면 위로 올라가 입구 반대편을 바라봐야 한다. 앙코르 유적 통틀어 가장 폭넓고 안전한 계단을 자랑하므로 다른 유적은 계단이 아찔해서 포기했던 사람들이라도 얼마든지 올라갈 수 있다. 눈앞에 평원이 아닌 숲이 펼쳐져 있어 약간 시야가 답답한 것이 단점. 그러나 프놈 바켕이나 프레 룹에 비해 사람이 많지 않다는 엄청난 강점이 일몰 포인트로서의 점수를 올린다.

# LOLEI

## 최초의 수상 사원, **롤레이**

**축성시기** 9세기 후반 **축성자** 야소바르만 1세 **종교** 힌두교 **소요시간** 10~20분

**역사적 중요도** ★★(최초의 수상사원) **관광적 매력** ★(모르고 보면 그냥 폐허)

이곳을 돌아볼 때는 상상력이 필요하다. 그렇지 않으면 그냥 썩어 가는 탑 두 개와 다 썩은 탑 두 개가 서 있는 폐허에 불과한 곳이다. 그러나 원래 이곳은 지금은 사라진 앙코르 최초의 인공저수지 위에 우뚝 선 아름다운 수상 사원이었다. 물과 어우러진 아름다운 네 개의 탑을 상상하는 것이 롤레이를 제대로 보는 방법이다. 상상력이 부족하다면 탑들은 대충 보고 주변을 한 바퀴 돌아보는 것을 권한다. 롤레이 주변에는 절과 민가 등이 자리하고 있어 유적과 함께 현대를 살아가는 캄보디아 사람들의 생활상이 잘 펼쳐져 있다.

**History** 인드라바르만 1세의 뒤를 이어 왕위에 오른 야소바르만 1세가, 인드라바르만 1세가 축조한 인공 저수지인 인드라타타카 위에 건설한 수상 사원이다. 이 사원은 후대에 일종의 전범(典範)이 되어 선대 왕이 축조한 저수지 위에 사원을 건설하는 것이 하나의 원칙이 된다. 동 메본, 서 메본 등이 이에 해당한다. 야소바르만 1세는 롤레이를 건설한 뒤 자신을 위한 사원을 건설하기 위해 도읍을 현재의 앙코르 유적지 부근으로 옮겨 프놈 바켕을 건설하고, 하리하랄라야의 수도로서의 역사는 거기서 마무리된다.

# Ruins in Outskirts

## 앙코르 마니아의 선택, **근교 유적**

지금부터 소개할 유적 네 곳은 씨엠립에서 꽤 먼 곳에 자리하고 있어 각각 반나절 이상의 시간과 꽤 많은 교통비가 들어간다. 게다가 앙코르 패스가 통하지 않아 별도의 입장권도 끊어야 한다. 그럼에도 불구하고 갈 만한 가치가 있냐고? 자신 있게 "Yes"라고 말할 수 있다. 역사적인 가치와 아름다움은 물론 시내 유적에서는 맛볼 수 없는 또 다른 매력까지 존재하는 곳들이다. 4박 이상 계획을 잡은 여행자라면 이 중 한 곳 정도는 꼭 들러보기를 권한다.

# BENG MEALEA

## 아름답고 고즈넉한 미지의 사원, **벵 밀리아**

**축성시기** 미상(11세기 후반 추정) **축성자** 미상(수리야바르만 2세 추정) **종교** 힌두교 **소요시간** 2~3시간

**역사적 중요도** ☆(누가 왜 지었는지 밝혀진 게 없다) **관광적 매력** ★★★(인디아나 존스 놀이의 극치)

'밀림 속에 숨겨진 고대 사원' 같은 기대를 품고 앙코르 유적 여행을 온 여행자라면 아마 조금은 실망할 수도 있다. 주요 유적지는 복원과 정비가 얼추 끝난 상황이라 '밀림' '잊혀진 사원' '탐험' 같은 표현과는 거리가 좀 멀어진 것이 사실이다. 이런 현실에 실망한 여행자라면 주저하지 말고 벵 밀리아를 찾자. 본격적인 복원 전이라 고즈넉한 폐허의 느낌을 고스란히 간직하고 있어 감수성이 예민한 여행자라면 최고의 유적으로 기억할 만한 곳이다. 영화 〈알 포인트〉의 촬영지기도 하다. 다만 최근 한국과 중국의 패키지 여행 상품에 필수 코스로 들어가는 추세라 날짜와 시간대를 잘못 맞추면 세일 첫날 백화점을 능가하는 어마어마한 인파에 시달려야 한다. 모쪼록 이곳의 고즈넉한 매력을 한껏 즐길 수 있는 행운이 함께하기를.

**History** 건축 양식으로 볼 때 앙코르 중기 정도에 지어진 것으로 보인다. 앙코르와트와 유사한 점이 많은데 건축 연대는 그보다 앞서는 것을 보아 앙코르와트의 모델이 아닐까 추측하는 학자들도 있다. 수리야바르만 2세 때 지어진 사원이라는 의견이 많지만 선대 왕이 축성했을 거라고 보는 시선도 있다. 앙코르와트에 버금갈 정도 큰 규모인데, 도읍에서 이렇게 먼 곳에 이 정도 규모의 사원을 지었다면 분명 중요한 용도가 있었을 텐데, 정작 그 '중요한 용도'가 무엇인지는 아무도 모른다. 요점은 하나. 아무것도 명확하게 밝혀진 사실이 없다는 것.

## How to get there

### ㅇ 승용차 or 밴으로 간다!

시내에서 70km 남짓 떨어져 있으므로 툭툭으로는 무리가 있다. 4인 이하는 승용차, 그 이상은 밴을 대여할 것. 되도록 인원수를 채우는 것이 비용 절감에 도움이 된다. 시내에서 편도 1시간 반 정도 소요된다.

**가격** : 승용차 $60, 밴 $80 (기사 포함 왕복 이용료)

### ㅇ 입장권을 따로 끊는다!

유적 통합 이용권 범위에서 벗어난 곳이라 별도의 입장권이 필요하다. 기사가 알아서 매표소 앞에 세워 주므로 걱정은 하지 않아도 좋다. 입장권 판매소 부근에 깨끗한 화장실도 있다.

**입장권** : 5$

매표소의 모습

### ㅇ 도시락을 준비하자!

관광지로 제대로 개발된 곳이 아니라 변변히 식사할 곳이 없다. 주차장 부근에 식당 비슷한 것이 있긴 하나 위생상태가 좋지 못하다. 샌드위치 등 간단한 먹을거리와 음료수를 준비해 가는 것이 좋다.

### ㅇ 이른 시간, 평일, 비성수기

최근 벵 밀리아가 패키지 여행자들의 사랑을 듬뿍 받는 덕에 부담스러울 정도로 혼잡해질 때가 많다. 되도록 일찍 출발해서 패키지 여행자들보다 이른 시간에 선점하는 것을 추천한다. 또한 평일이나 비성수기 등 사람이 비교적 적은 시기의 여행자들에게 조금 더 적합하다.

### ㅇ 투어 상품 이용도 OK!

씨엠립 시내의 여행사나 온라인 한인 가이드 투어 업체 등에서 벵 밀리아를 돌아보는 소규모 투어 상품을 쉽게 찾아볼 수 있다. 벵 밀리아 단독 투어도 있고, 오전에 벵 밀리아에 들렀다가 오후에 똔레 삽을 들르는 등의 조인트 투어 상품도 있다. 승용차 빌리는 비용이 부담되는 나홀로 여행자라면 투어 상품을 적극적으로 알아볼 것.

진입로의 모습. 붉은 황토가 그대로 드러난 흙길이다.

# What to see

아직 복원이나 연구가 제대로 되지 않은 유적이라 꼭 봐야 되는 요소를 집어내기는 힘들다. 굳이 무언가를 보려고 할 필요 없이 산책 나온 기분으로 느긋하게 돌아보면 충분하다. 사람이 없으면 없을수록 진가가 살아나는 곳이므로 가급적이면 이른 시간-평일-비성수기의 원칙을 따를 것.

### ○ 내부

도서관 건물 몇 기가 남아 있을 뿐 테라스, 진입로, 회랑, 중앙 성소 등은 거의 다 무너진 상태이다. 당시의 건축 자재들이 사방에 무방비하게 널려 있고, 그 위로 나무와 풀이 자라 있다. 내부의 구석구석을 효율적으로 돌아볼 수 있도록 관광객용 보도 및 계단이 잘 마련되어 있으므로 동선에 대해서는 크게 고민하지 않아도 좋다. 길을 잃을 것 같으면 단체 관광객들의 움직임을 보고 따라가는 것도 요령.

### ○ 외부

사원을 둘러싸고 있는 성벽은 내부에 비해 비교적 옛 모습을 잘 간직하고 있으나 곳곳에 정체를 알 수 없는 돌무더기가 쌓여 있는 것은 마찬가지다. 성벽을 따라 천천히 한 바퀴 돌아보다 마음에 드는 곳에 앉아 책을 읽거나 휴식을 취해 보자. 맥주를 한 잔 정도 마시는 것도 OK지만 주변에 파는 곳이 없으므로 미리 준비할 것. 단체 관광객들이 내부의 길이 막힐 정도로 점령하고 있을 때도 성벽 주변은 한가한 경우가 많으므로 인파에 치일 때는 되도록 빨리 밖으로 나와서 시간을 보내는 쪽을 추천한다.

# PHNOM KULEN

## 앙코르 왕국이 태어난 곳, **프놈 쿨렌**

**축성시기** 9세기 **축성자** 자야바르만 2세 **종교** 힌두교 **소요시간** 하루 종일

**역사적 중요도** ★★☆(앙코르 왕국의 역사가 시작된 산) **관광적 매력** ★☆(유적도 보고 물놀이도 하고, 가기 쉽지 않은 것이 단점)

프놈 쿨렌은 앙코르의 역사가 시작된 곳이고, 씨엠립 강이 발원하는 수원지이며, 앙코르 유적을 세울 때 쓴 사암의 채석장인 동시에 영화 〈툼 레이더〉에서 안젤리나 졸리가 멋진 다이빙을 선보인 곳이다. 비록 유적은 거의 없다시피 하지만, 앙코르 유적을 사랑하는 여행자라면 그 상징성만으로도 충분히 방문할 가치가 있다. 폭포를 중심으로 계곡 물놀이터가 형성되어 있어 신나게 물놀이를 즐기기도 좋다. 가족 여행이나 동창회 등 여러 명이 함께 온 여행자들에게 한나절 피크닉 장소로 강력 추천한다.

History 자바 왕국에 볼모로 잡혀갔던 첸라 왕국의 왕자 자야바르만 2세는 캄보디아 영토로 돌아온 뒤 과거 첸라 왕국의 영토를 지배한다. 몇 차례 도읍을 옮긴 뒤 자야바르만 2세는 프놈 쿨렌에 본격적인 도읍을 정하고, 데바 라자 의식을 치른 뒤 독립국임을 선언한다. 당시 데바 라자 의식을 치른 것으로 추정되는 유적은 현재까지 남아 있으나 일반 관광객들은 볼 수 없다.

## How to get there

### ∘ 밴 or 자동차로 간다!

시엠립에서 약 70km 떨어져 있는 데다 산으로 올라가는 길이 좁고 험하여 툭툭으로는 올라가기 힘들다. 승용차보다는 힘 좋은 밴을 타는 쪽을 추천. 씨엠립에서 편도 2시간 정도 소요되는데, 거리에 비해 소요시간이 긴 이유는 산길이 험해서 차가 빨리 갈 수 없기 때문이다.

**왕복대절비용** : 승용차 $70, 밴 $90

프놈 쿨렌은 여러 명이 밴으로 움직이는 것이 가장 좋다.

### – 오전에 간다!

산으로 올라가는 길은 아주 좁아 도저히 차 두 대가 나란히 갈 수 없다. 그래서 오전에는 상행만, 오후에는 하행만 허용한다. 정오 이후에 도착하면 올라가고 싶어도 올라가지 못하므로, 아무리 늦어도 오전 10시 전에는 시내에서 출발하자.

### – 입장은 별도!

앙코르 유적 통합 입장권이 통하지 않으므로 별도의 티켓을 구매해야 한다. 산 입구의 매표소에서 구매 가능하다.

**입장료** : $20

### – 야유회 준비 or 투어 참여

프놈 쿨렌은 물속의 링가 외에 딱히 볼 유적이 없어 상징성을 제외하면 유적 여행지로서는 그다지 훌륭하지 못하다. 물놀이를 주목적으로 한 한나절 소풍이라고 생각하는 것이 좋다. 주변에 허름한 식당이 몇 곳 있는데 가격은 상당히 비싸면서 음식의 맛이나 질은 크게 떨어지는 편. 음식과 음료수, 술 등을 직접 챙겨 가서 일행들과 야유회를 즐겨 보자. 나홀로 여행자 및 적은 인원수의 여행자라면 한인 투어 업체의 프놈 쿨렌 상품을 찾아볼 것. 삼겹살을 구워 먹으며 한나절 물놀이를 즐기다 반띠에이 스레이나 벵밀리아 등으로 이동하는 당일치기 투어 상품이 있다.

물가에 나무로 엮은 방갈로 비슷한 것이 있다. 약간의 자릿세를 받는다.

# What to see

프놈 쿨렌에는 유적이 몇 곳 있기는 하나 복원도 되지 않았고 변변히 길도 뚫리지 않아 관광객들은 접근이 불가능하다. 유적 감상보다는 계곡에서 물놀이 하는 곳이라고 생각하고 신나게 길을 떠나자.

### ◦ 프레아 앙토(Preah Ang Toh)

'앙토'란 와불을 뜻하는 단어로, 거대한 와불상으로 유명한 불교 사원이다. 높은 바위 위에 아슬아슬하게 놓인 법당이 제법 신기해 보이는 곳이다. 법당 위에서 바라보는 프놈 쿨렌의 풍경이 시원하게 다가온다. 마당에는 링가가 하나 놓여 있는데, 많은 현지인들이 이곳에 소원을 빈다.

와불상

### ◦ 물속의 링가

프놈 쿨렌에서 볼 수 있는 유일한 유적이다. 얕은 계곡물 속에 수많은 격자무늬가 일정하게 있는데 이것이 링가와 요니이다. 요니 가운데 자리하고 있는 둥글납작한 링가는 원래 더 볼록 튀어난 모양이었으나 세월을 거쳐 물에 깎여 지금처럼 되었다. 링가 외에도 다양한 신상이 조각되어 있으나 마모되어 잘 보이지 않는다. 12세기경 만들어진 것으로 추측되는데 발원지인 프놈 쿨렌에 신성한 상징을 새겨넣음으로써 씨엠립 강물을 성스럽게 하려는 목적이 있었다고 한다.

#### Column 링가에 소원 빌기

절에 있는 삼신각 칠성각에 소원을 빌면서 유래와 역사에 대해 궁금해 하시는 분은 아마 많지 않을 겁니다. 캄보디아 사람들도 그렇습니다. 시바의 상징이던 링가는 이제 그냥 민간 신앙이 되어 불교 사원 앞마당에서 사람들이 소원 비는 용도로 쓰이고 있습니다.

링가에 소원을 빌 때는 이렇게 하시면 됩니다. 우선 링가 앞에 있는 물통에서 물을 한 바가지 뜨세요. 그 물을 링가 위에 부으면서 링가를 어루만지며 소원을 빕니다. 그리고 아래 흘러나오는 물에 손을 씻으면 오케이입니다. 신성한 상징인 링가에 물을 부으면 그 물이 영험한 기운을 갖게 되어 소원을 이뤄 주는 거라고 합니다. 프레아 앙토에 들르면 꼭 한 번 해보세요.

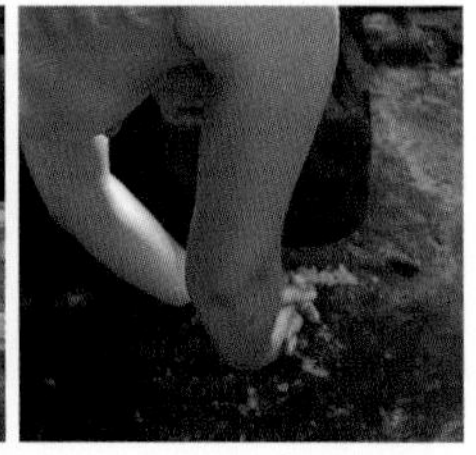

### 폭포에서 물놀이하기

영화 〈툼 레이더〉에서 안젤리나 졸리가 멋지게 다이빙하던 폭포를 기억하는지? 그 폭포가 바로 프놈 쿨렌에 있다. 계곡 중간에는 4~5m짜리 아담한 폭포가 하나 있고, 좀 더 하류로 내려가면 바로 그 폭포가 나온다. 폭포 아래에는 언제나 현지인 아이들이 놀고 있는 모습을 볼 수 있다. 씨엠립 인근에서 가장 인기 있는 물놀이 유원지로, 위쪽 폭포에서는 폭포수를 맞으며 자연 마사지도 즐길 수 있다. 아래쪽 폭포에는 수심이 갑자기 깊어지는 곳이 있으므로 주의해야 한다.

### 빨간 바나나

프놈 쿨렌에는 과일 좌판이나 상점이 꽤 많은 편인데요, 그런 곳에서 거의 반드시 파는 것이 하나 있습니다. 바로 빨간 바나나예요. 모양을 보면 분명히 바나나가 맞는데 껍질이 보라색에 가까운 붉은빛을 띱니다. 요즘 한국에도 간간히 들어오니 아시는 분들 있겠네요. 이 바나나는 원래 캄보디아에서는 거의 나지 않는데 프놈 쿨렌 일대에서만 유일하게 난다고 하네요. 맛은 보통 바나나랑 크게 차이 나지 않습니다만, 이것도 기념이니 프놈 쿨렌 가시면 한번 드시고 오세요.

# KOH KER

## 또 하나의 수도, **코 케르**

**축성시기** 10세기 초중엽 **축성자** 자야바르만 4세 **종교** 힌두교 **소요시간** 2~3시간

**역사적 중요도** ★★(왕국 분열기에 또 하나의 수도였던 곳) **관광적 매력** ★(시간 및 비용 대비 볼 것은 적은 편)

이쯤에서 다시 한 번 앙코르 왕국의 수도 변천사를 점검해 보자. 최초의 수도는 프놈 쿨렌이었다. 이후 현재의 롤루오스 지역인 하리하랄라야로 천도하였고, 그 후 야소바르만 1세에 의해 현재의 앙코르 유적지로 이동한다. 후기에는 앙코르 톰이라는 거대 도시가 만들어진다. 그런데 그 중간에 또 하나의 수도가 있었으니, 그것이 바로 코 케르다. 앙코르 왕국이 남북으로 분열되었을 때 북쪽 왕조의 수도였던 곳으로, 앙코르 톰과 비슷한 유적 종합선물 세트 같은 곳이다. 아직 복원 및 개발이 제대로 되지 않은 데다 거리까지 멀어 정말 사람이 없는 유적 중 한 곳이다. 역사와 유적에 관심이 많고 예산과 일정이 넉넉한 여행자라면 한 번쯤 고려해 볼 만하다.

**History** 야소바르만 1세가 죽은 뒤 그의 아들 하샤바르만 1세가 왕위에 오른다. 그리고 그 다음 왕위에 오른 것은 하샤바르만 1세의 숙부인 자야바르만 4세. 그는 야소다라푸라를 버리고 머나먼 동북 지역으로 이동, 코 케르에 새로운 수도를 세우고 데바 라자 의식을 치른다. 여기서 약간 역사에 아귀가 잘 맞지 않는 일이 발생한다. 하샤바르만 1세와 자야바르만 4세의 재위 기간이 몇 년간 겹치는 데다 야소다라푸라에도 여전히 통치자가 남아 있었기 때문이다. 즉, 왕국이 분열되었다고 볼만한 근거가 충분한 것이다. 학자들은 하샤 1세와 자야 4세가 왕권을 놓고 다툼을 벌였고, 여기에서 패한 자야 4세가 자신의 추종자들을 이끌고 코 케르로 가서 독립 왕조를 세운 것으로 보고 있다.

## How to get there

### ○ 승용차 or 밴으로 간다!

코 케르는 시엠립에서 약 120km 떨어진 곳에 자리하고 있어 승용차로 가도 편도 두 시간이 넘게 걸린다. 툭툭은 아예 불가능하다고 보아도 무방하다.

**왕복대절비용** : 승용차 $90, 밴 $110

### ○ 벵 밀리아와 묶는다!

범위는 꽤 넓지만 그다지 볼 것은 많지 않은 편이다. 단독으로 가는 것보다는 벵 밀리아와 묶어 하루 코스로 생각하는 것이 좋다.

### ○ 투어 상품으로 간다!

시엠립 시내의 여행사 및 인터넷 가이드투어를 통해 당일치기 투어로 돌아볼 수 있다. 그다지 인기지역이 아닌지라 한인 투어 가이드 회사에서는 찾아보기 힘들다. 요금은 1인당 120~150달러 선.

## What to see

좁지 않은 부지에 작은 규모의 유적들이 산재해 있다. 천천히 산책, 또는 탐험하는 기분으로 돌아보면 된다. 아직 관광지로 정비되지 않아 수풀과 야산, 농지들이 유적과 함께 어우러져 있어 야생의 느낌이 물씬 풍긴다.

### ○ 프라삿 톰(Prasat Thom)

코 케르의 중심 사원. 자야바르만 4세가 데바 라자 의식을 치른 곳으로 추정된다. 사암 기단을 차곡차곡 쌓아 올린 단순한 형태의 피라미드형 사원이다. 사진으로는 짐작하기 힘들지만 상당히 높은 편이다. 꼭대기까지는 나무 계단이 놓여 있는데, 경사가 앙코르와트 3층에 맞먹을 정도로 가파르다. 맨 꼭대기로 올라가면 주변의 평지가 한눈에 들어오며 가슴이 탁 트이는 기분이 든다. 단, 나무 계단의 상태에 따라 올라가지 못할 때도 많다.

## 진정한 앙코르 마니아에게 권한다, 프라삿 프레아 비헤르(Prasat Preah Vihear)

평생 두 번은 돌아보지 않아도 좋을 만큼 앙코르의 모든 것을 밑바닥까지 탈탈 털어 보고 싶나요? 또는 남들은 잘 가지 않는 유적에 내 발자국을 새기고 싶나요? 그렇다면 지금 소개하는 이곳을 주목해 주시기 바랍니다. 앙코르 유적 마니아들 사이에서 일명 '끝판왕'으로 통하는 프라삿 프레아 비헤르를 소개해 드리겠습니다.

'프라삿 프레아 비헤르'는 '프레아 비헤르 사원'이라는 뜻입니다. 프레아 비헤르는 씨엠립에서 북동쪽으로 약 200m 가량 떨어져 있는 지역의 이름이에요. 이 지역은 당렉(Dângrêk) 산맥을 따라 태국과 캄보디아의 국경이 형성되어 있는데요, 프라삿 프레아 비헤르는 당렉 산맥의 어느 산꼭대기에 자리하고 있습니다. 주로 앙코르 중기, 콕 집어 수리야바르만 1세 내지는 2세 때 세워진 것으로 추정되는 근사한 사원이, 비교적 보전 상태가 좋습니다. 비슷한 시대의 사원인 벵 밀리아나 반띠에이 삼레와 비슷한 형태인데요, 프라삿 프레아 비헤르가 그 중 가장 완성도가 높다고 말하는 사람들도 있습니다. 사원도 사원이지만 이곳은 풍경이 최고입니다. 해발 500m 높이의 산꼭대기에 자리하고 있는데, 산 아래로 가슴까지 시원해지는 너른 평원이 펼쳐져 있어요.

이곳이 '끝판왕'으로 불리는 이유는 그야말로 앙코르 유적 도장깨기의 '끝판'이기 때문입니다. 일단 너무 멀어요. 씨엠립에서 무려 240km거든요. 비용도 많이 듭니다. 승용차 대절이 120달러, 밴은 180달러고요 투어 상품을 이용해도 1인당 100달러 가까이 듭니다.

게다가 이곳은 국경지대입니다. 태국과 캄보디아는 사이가 썩 좋지 않아서 국경 분쟁이 종종 일어나는데요, 이 일대가 분쟁의 단골 오브 단골입니다. 프라삿 프레아 비헤르 자체도 분쟁의 대상이었고요. 2013년 국제사법재판소가 프라삿 프레아 비헤르의 캄보디아 소유권을 재인정하기 전까지 이 유적을 두고 험악한 일이 종종 벌어지곤 했습니다. 지금도 이 지역을 방문할 때는 여권이 필수예요.

이런 어려운 점들 때문에 프라삿 프레아 비헤르는 어지간한 앙코르 마니아들도 '맨 마지막'으로 미뤄 두는 곳이 되었습니다. 그러나 이것 하나는 정말 확실합니다. 만일 여기 다녀오시면 진짜 어디 가서 앙코르 마니아라고 당당히 명함 좀 내밀어도 됩니다. 뭐랄 사람 하나도 없습니다. 아마도 끝판 대장으로 모셔지지 않을까 싶습니다.

# Sightseeing in Siem Reap

# 씨엠립에 앙코르 유적만 있다고 생각한다면 조금 섭섭한 이야기다.

유적이 8할인 것은 사실. 그러나 나머지 2할의 볼거리 및 즐길 거리도 각각의 존재감과 매력을 훌륭하게 발산하며 여행자들을 기다리고 있다. 유적만으로는 부족함을 느끼는 트래블 홀릭들을 위한 씨엠립의 재미있는 볼거리와 즐길거리들을 하나하나 알아보자.

# TONLE SAP

## 동양 최대의 호수, **톤레 삽**

길이 150km, 너비 30km, 기본 면적 3,000㎢에 우기 때는 메콩 강의 역류로 그 3~4배가 넓어지는 아시아 최대 규모의 호수. 캄보디아 전 국토 면적의 15%를 차지하는 거대한 호수와 그 위에 집을 짓고 살아가는 마을의 모습, 맹그로브 숲의 신비한 풍경, 저녁나절 모든 것을 붉게 감싸는 일몰 등 볼거리가 가득하다. 앙코르 유적을 제외하고 씨엠립에서 무엇을 봐야 할지 순위를 정한다면 단연 1순위라 할 수 있다.

## Tour Guidline

### ∘ 투어 상품을 이용하자!

씨엠립 시내의 여행사나 한인 투어 업체에서 톤레 삽 상품을 쉽게 찾아볼 수 있다. 톤레 삽 주변의 작은 마을과 맹그로브 숲을 돌아본 뒤 호수 중심부까지 돌아보는 코스로 구성된다. 가격은 업체나 프로그램 내용마다 차이가 있으나, 가장 일반적이라 할 수 있는 반일 코스는 차량과 호수 입장료, 뱃삯, 맹그로브 숲 투어를 포함하여 30~40달러 선이다. 20달러 이하의 저렴한 상품은 맹그로브 투어 등을 10달러 안팎의 옵션으로 빼는 경우가 많으므로 미리 확인할 것. 비수기에는 10~20% 정도 할인해 주는 곳도 있다. 온라인을 통해 영업하는 한인 투어나 씨엠립 시내의 현지 여행사를 이용하는 것이 저렴하고 편하다.

### ∘ 개별 방문은 비추

투어 상품을 이용하는 것이 꺼려지는 사람도 있을 수 있으나, 톤레 삽을 개별 방문하고 싶은 여행자는 비용을 2배 가까이 각오해야 한다. 톤레 삽까지 가는 교통편 대절이 15~35달러에 톤레 삽 입장료가 인당 10달러, 뱃삯이 10달러부터 40~50달러까지 간다. 뱃삯에는 바가지 쓸 위험까지 존재하는 것이 현실.

## 이렇게 즐긴다!

톤레 삽 투어는 크게 '총 크니어 Chong Khneas' 마을 투어와 '캄퐁 플럭 Kampong Phluck' 마을 투어로 나뉜다. 총 크니어는 톤레 삽 여행의 대명사 같은 곳이고, 캄퐁 플럭은 최근 무섭게 성장하여 대세가 된 곳이다. 과연, 내 여행과 어울리는 톤레 삽 여행은 어느 곳일지 찾아볼 것.

| 총 크니어 Chong Khneas | 마을 이름 | 캄퐁 플럭 Kampong Phluck |
|---|---|---|
| 물 위에 배를 띄우고 그 위에 집과 가게를 짓고 사는 수상마을. 주로 베트남 사람들이 거주한다. | 어떤 마을? | 호수 수위가 높아지는 시기의 침수를 피하기 위해 높은 축대를 쌓고 그 위에 집을 지은 캄보디아 전통 마을. |
| 수상마을 투어. 쪽배를 타고 수상 마을을 구석구석 돌아본다. 수상 학교나 당구장 등도 가볼 수 있다. 투어 상품에 따라서 우기에는 맹그로브 숲으로 가는 것도 있다. | 옵션 투어는? | 맹그로브 숲 투어. 쪽배를 타고 20~30분간 나무 사이를 누비며 자연의 신비를 체험한다. 최근 캄퐁 플럭을 씨엠립 여행 필수 코스로 만든 1등 공신. 옵션이 아닌 기본코스로 포함된 투어 상품도 있다. |
| 건기 우기 모두 방문 가능하다. 우기 때는 호수가 엄청 넓어져 웅장한 아름다움을 뽐내지만 낙조를 볼 수 없는 날이 있고, 건기 때는 물이 줄어 호수가 볼품없어지지만 거의 매일 황홀한 노을이 진다. | 건기 or 우기? | 우기에만 방문 가능하다. 맹그로브 숲은 물이 말라서 쪽배가 들어갈 수 없고, 전통 가옥 마을은 땅이 드러날 정도로 수위가 내려가 풍경이 황량해진다. |

### 오전 투어 VS 오후 투어

톤레 삽 투어는 크게 오전 투어와 오후(일몰) 투어로 나뉜다. 오전 투어는 마을을 돌아본 뒤 호수 중앙부에 보트를 세우고 수영을 즐기다 돌아가는 것으로 진행되고, 오후 투어는 호수 중앙부 의 전망대에서 낙조를 즐긴다. 아시아에서 가장 큰 호수에서 수영을 하는 것이 평생의 로망 중 하나였다면 오전 투어로, 그냥 거대한 호수에 진 아름다운 노을을 보고 싶다면 오후 투어로 갈 것. 2 : 8 정도의 비율로 오후 투어 쪽이 압도적으로 인기가 높다. 한인 업체 중에서는 아예 오후 투어만 진행하는 곳도 있을 정도.

일생에 두 번 보기 힘들 정도로 아름다운 톤레 삽의 낙조

## 톤레 삽 투어 미리 보기

총 크니어든 캄퐁 플럭이든 씨엠립 시내에서 출발한다. 여행사에서 숙소로 픽업을 갈 수도 있고, 각자 사전에 통보받은 집합 장소에 모이기도 한다. 차를 타고 15~20분가량 달리면 선착장에 도착한다. 상품과 계절에 따라 코스는 조금씩 달라질 수 있다.

톤레 삽 주변지도

## ∘ 총 크니어 투어

1

선착장 도착 –
배 탑승

2

출발!

3

마을 도착.
천천히 돌아보자.
쪽배 투어는
안 해도 ok.

4

다시 큰 배로 이동

5

전망대 도착 –
일몰 감상 or 수영

6

선착장으로 귀환!

## ∘ 캄퐁 플럭 투어

1

선착장 도착 –
배 탑승

2

출발!

3

마을 도착!

4

맹그로브 숲 이동
후 투어 시작!

5

다시 이동하여
호수 중심부 도착
– 일몰 or 수영

6

선착장으로
돌아간다.

# ANGKOR NATIONAL MUSEUM

## 앙코르 유적 워밍업 or 총정리, **앙코르 국립 박물관**

유물 전시 및 멀티미디어를 통해 앙코르 시대에 대한 다양한 지식을 친절하게 해설하는 박물관이다. 앙코르 시대의 문화유산을 시대 및 미학, 역사학적 관점을 통해 8개로 분류하고, 각각에 대한 지식을 영상물과 오디오 가이드 등을 통해 설명한다. 건물도 세련되고 쾌적하며 전시의 수준도 상당히 높아 유적에 대한 심도 깊은 이해를 원하는 여행자라면 꼭 들러 볼 만하다. 본격적으로 유적을 돌아보기 전 워밍업의 기분으로 관람하거나 아예 유적 투어를 끝낸 뒤 총정리하는 기분으로 들르면 좋다. 그러나 '그 자체로 위대한 박물관인 앙코르 유적에서 굳이 박물관을 찾아서 봐야 하는가'라고 생각한다면 얼마든지 패스해도 좋다.

| | |
|---|---|
| **위치** | 샤를 드 골 로드 선상. 박쥐 공원 앞 사거리에서 샤를 드 골 길을 따라 약 500m |
| **구글 GPS** | 13.36657, 103.86028 |
| **개장시간** | 4~9월 8:30~18:00 10~3월 8:30~18:30 |
| **전화번호** | 063-966-601 |
| **입장료** | $12(바우처 이용시 $9) 오디오가이드 $5(한국어 지원) |
| **홈페이지** | www.angkornationalmuseum.com |
| **툭툭에게** | '내셔널 뮤지엄'이라고 하자. 시내 편도 2달러 |

# PUB STREET

## 여행자의 밤을 위한 거리, **펍 스트리트**

서울에 이태원, 방콕에 카오산이 있다면 씨엠립에는 펍 스트리트가 있다. 씨엠립 중심가 올드 마켓 부근에 자리한 약 200m 길이의 골목으로, 여행자들이 즐겨 찾는 레스토랑·펍·바·카페·마사지숍·노천식당 등이 밀집해 있다. 상점들이 밤늦은 시간까지 문을 열고 있어 새벽까지 번쩍번쩍 불야성을 이룬다. 씨엠립에서 가장 오래된 여행자거리로, 최근에는 씨엠립의 여행자 상권이 넓어지며 예전보다 갈 데가 훨씬 많아졌지만 이곳의 인기는 아직 죽지 않았다. 저녁 식사 후 밤마실 삼아 나와서 거리에 가득한 여행의 기운을 즐기며 맥주 한 잔 마시기 딱 좋다. 오후 5~7시 정도에는 해피 아워를 실시하는 곳이 많아 맥주 한 잔을 1~2달러 안팎의 가격에 마실 수 있다. 매해 12월 31일에는 거리 전체에서 카운트다운 파티가 열린다.

| | |
|---|---|
| **위치** | 올드 마켓 부근 |
| **구글 GPS** | 13.35479, 103.85473 |
| **개장시간** | 매장마다 다름 |
| **전화번호** | 매장마다 다름 |
| **툭툭에게** | '펍 스트리트'라고 하면 된다. 시내 중심가에서는 도보 가능하다. |

### 펍 스트리트의 지배자, 템플 Temple

씨엠립 시내, 특히 펍 스트리트 일대를 돌아다니다 보면 가장 많이 보이는 간판 중 하나는 단연 '템플 Temple'입니다. 업종도 무지무지 다양하죠. 클럽, 펍, 카페, 레스토랑, 호텔, 마사지숍까지 있습니다. 마치 씨엠립의 진정한 지배자 같은 모습입니다. 원래 템플은 펍 스트리트 중간에 자리한 펍 겸 레스토랑이었습니다. 1층에서는 해피 아워 맥주를 펍 스트리트 최저가로 팔아댔고, 2층의 레스토랑에서는 무료로 압사라 공연을 펼쳤습니다. 그 결과 펍 스트리트 최고의 인기 명소가 되었죠. 그 후 템플은 어마어마한 문어발식 확장을 합니다. 펍 스트리트 인근 골목에 레스토랑을 하나 더 열고, 강 건너편에 카페도 열고, 속산 로드 안쪽에 현지인 대상의 대형 클럽도 엽니다. 이런 식으로 씨엠립에는 템플의 브랜드를 달고 있는 업소가 무려 30여 곳에 달합니다. 이 모든 곳을 다 가볼 필요는 없지만, 템플 본점 2층의 레스토랑(268p.)과 마사지 숍(310p.), 강 건너편의 카페(277p.)는 한 번씩 가 볼만합니다. 해당 페이지에서 좀 더 자세히 설명드릴게요.

# KANDAL VILLAGE

## 요즘 뜨는 예쁜 골목, **컨달 빌리지**

중앙 시장(프사 컨달) 뒤쪽에 자리한 한적하고 예쁜 카페 골목으로, 최근 씨엠립의 핫플레이스로 각광받고 있다. 이 일대는 원래 프랑스풍 이층집이 몰려 있던 주택가로 프랑스인과 일본인들이 주로 모여 살았는데, 약 4~5년 전부터 1층을 상점으로 개조하여 예쁜 카페와 레스토랑, 숍, 스파, 여행사, 게스트하우스 등을 열기 시작하며 씨엠립의 명물 거리로 떠올랐다. 이곳의 상점들은 서울이나 도쿄에 있어도 손색이 없을 정도로 예쁜 외관과 인테리어를 자랑하는데, 겉모습 뿐만 아니라 콘셉트나 제품 라인업, 서비스도 유기농이나 공정무역, 디자인 등을 표방하는 세련된 곳이 많다. 이 가게 저 가게를 기웃거리며 가로수가 우거진 거리를 느릿느릿 산책하다 마음에 드는 카페나 디저트 숍, 스파 등에서 느긋하게 시간을 보내는 것이 이 동네를 즐기는 최고의 방법.

| | |
|---|---|
| **위치** | 시바타 로드. 중앙 시장(프사 컨달) 뒤쪽 |
| **구글 GPS** | 13.3575, 103.85607 (프랑지파니 스파) |
| **개장시간** | 매장마다 다름 |
| **전화번호** | 매장마다 다름 |
| **홈페이지** | www.facebook.com/kandalvillage |
| **툭툭에게** | '컨달 빌리지'라고 하면 알아듣는다. 시내에서는 도보 가능 |

# Special Page. 올드 마켓 주변의 숨은 예쁜 골목들

씨엠립이 하루가 다르게 변하고 있다. 십년 전까지만 해도 펍 스트리트를 벗어나면 딱히 갈 곳이 없었는데, 지금은 어디다 내놔도 빠지지 않을 정도로 '힙'하고 재미있는 골목들이 속속 탄생하고 있다. 재미있는 골목 산책을 좋아하고 낯선 곳에서의 밤나들이를 두려워하지 않는 당신에게 올드 마켓 주변의 예쁜 골목 세 곳을 추천한다.

## 올드 우든 레인 Old Wooden Lane

펍 스트리트의 양쪽 뒤편에는 실핏줄처럼 촘촘한 골목들이 예쁘게 얽혀 있는데, 올드 우든 레인은 그중에서도 가장 예쁜 골목으로 꼽힌다. 이름처럼 오래된 목조 캄보디아 전통 가옥들이 남아 있는 곳으로, 옛날 집을 개조하여 만든 예쁜 가든 펍들이 많이 자리하고 있다. 아사나 Asana, 실크 가든 Silk Garden 등이 대표적. 바로 옆 골목인 '덩 헴 스트리트 Dung Hem Street'에 자리한 새빨간 외관의 중국식 바 '미스 웡 Miss Wong'도 꼭 찾아볼 것.

**위치** 펍 스트리트에서 템플 왼쪽으로 난 골목. 또는 벨미로스 피자 옆골목

**구글 GPS** 13.354819, 103.854726 / 13.355599, 103.854333

## 리틀 펍 스트리트 Little Pub Street

펍 스트리트 맞은편에 뻗어 있는 좁은 골목으로, 이름 그대로 '작은 펍 스트리트' 같은 곳이다. 얼마 전까지만 해도 보디아 스파 본점 건물을 제외하고는 아무것도 없던, 황량하다 못해 무섭기까지 한 골목이었는데, 몇 년 전부터 유쾌한 분위기의 노천 바가 하나둘 들어서더니 지금은 근사한 벽화가 가득한 멋진 펍 골목이 되었다. 성수기 및 주말에는 골목 내 펍들의 연합파티가 종종 열린다.

**위치** 펍 스트리트의 시바타 로드 반대쪽 입구를 등지고 바라보면 정면에 보이는 골목. 유케어 약국 옆골목이다.

**구글 GPS** 13.355027, 103.855212

## 앨리 웨스트 Alley West

펍 스트리트에서 올드 마켓으로 향하는 길에서 시바타 로드 쪽으로 빠져나가는 80m 남짓 길이의 골목으로, 씨엠립에서 가장 개성 있는 숍들이 자리하고 있다. 기념품, 의류, 잡화 등 업종도 다양하며 상점 외관이 독특해 구경하는 재미도 쏠쏠하다. 골목 중간쯤 공중에 우산을 매달아 놓았는데, 골목의 전반적인 색감과 잘 어우러져 꽤 예쁜 모습이 연출된다. 인생샷까지는 몰라도 예쁜 기념샷 하나는 확실히 건질 수 있는 곳이다.

**위치** 펍 스트리트의 서쪽 끝에서 시바타 로드에 못 미쳐 있는 큰 사거리에서 왼쪽으로 꺾은 뒤 오른쪽으로 나타나는 첫 번째 골목이다.

**구글 GPS** 13.35426, 103.85434

# ROYAL GARDENS

## 박쥐를 만날 수 있는 공원, **로열 가든스**

캄보디아 왕실의 씨엠립 별궁(Royal Residence) 주변으로 넓게 펼쳐진 왕실 소유의 정원. 특별한 담장이나 출입구가 없는 열린 공간이라 일반인도 출입 가능하여 일종의 도심 공원처럼 쓰이고 있다. 공원 주변으로 키 큰 나무들이 우거져 있는데, 낮에 이 나무들을 자세히 보면 가지에 까만 것이 촘촘히 매달려 있는 것을 어렵지 않게 볼 수 있다. 이들은 바로 이곳에서 서식하는 박쥐들. 그것도 세계적인 희귀종인 황금박쥐다. 맑은 날 저녁때 이곳을 다니다 보면 박쥐 떼가 하늘을 나는 장관을 종종 볼 수 있다. 일설에 의하면 황금박쥐의 똥이나 오줌을 맞으면 '대박'에 준하는 행운이 온다고 하나 과학적으로 증명되지는 않았다. 교민 및 한인 가이드들은 '로열 가든스'라는 원명칭보다 '박쥐공원'이라는 명칭으로 즐겨 부른다.

**위치** 6번 국도와 샤를 드 골 길이 만나는 사거리 부근

**구글 GPS** 13.36243, 103.85892

**개장시간** 없음

**툭툭에게** 시내 중심가 어디서나 도보 이동 가능

# SIEM REAP RIVER

## 한 번쯤은 걷고 싶은 노을 진 강가, **씨엠립 강**

씨엠립 시내를 남북으로 관통하는 강. 프놈 쿨렌에서 발원하여 앙코르 유적과 씨엠립 시내를 지난 뒤 톤레 삽으로 흘러 들어간다. 폭이 겨우 몇 미터 남짓일 정도라 우리네 감각으로는 강보다는 개천에 가깝다. 강 주변에 산책로와 휴식을 위한 벤치 등이 조성되어 있어 현지인들의 쉼터로 애용된다. 최근 아트 나이트 마켓에서 놓은 나무다리 두 개가 씨엠립 시내의 중요 포토포인트 중 하나로 통하고 있다. 강 동쪽, 즉 올드 마켓 건너편 쪽의 강변도로 일대에는 최근 씨엠립에서 가장 핫하고 고급스러운 레스토랑과 숍, 카페 등이 속속 들어서는 추세인데, 그 중 '킹스 로드 King's Road'라고 하는 소규모 복합 공간이 가장 대표적이다. 노을이 졌을 때 가장 멋진 풍경을 볼 수 있으므로 씨엠립을 떠나기 전 꼭 한번은 보고 가자.

| | |
|---|---|
| **위치** | 시내 중심가에서 동쪽으로 가면 나타난다.<br>시바타 길을 기준으로 하면 올드 마켓 방향을 등지고 오른쪽으로 가면 된다. |
| **구글 GPS** | 13.35335, 103.85596 (아트 마켓 브리지) |
| **입장료** | 없음 |
| **툭툭에게** | 시내 중심가에서 도보 이동 가능. 나무다리로 이동을 원한다면 '아트 마켓'이라고 하면 된다. 요금은 2 달러 정도 |

# WAT DAMNAK

## 생각보다 예쁜 현대식 사원, **왓 담낙**

'왓'은 절, '담낙'은 궁전이라는 뜻으로, 19~20세기에 왕실의 별궁으로 쓰이던 곳을 현대식 불교 사찰로 개조했다. 현재는 사찰 외에도 NGO 및 학문 기관의 역할을 겸하고 있어 연구소, 도서관, 초등학교, 재봉학교 등이 함께 자리하고 있다. 한때 왕궁이었던 만큼 건물과 정원이 상당히 아름다운데, 특히 아름다운 탑들이 나무와 어우러진 풍경이 몹시 인상적이다. 올드 마켓 일대에서 도보나 뚝뚝으로 쉽게 이동 가능한 곳으로, 최근 이 주변이 씨엠립을 대표하는 맛집 골목 및 배낭 여행자 거리로 새로이 뜨고 있는 중.

**위치** 씨엠립 강 동남쪽. 올드 마켓에서 하드락 씨엠립 방향으로 강을 건넌 뒤 남쪽으로 길을 따라 쭉 간다.

**구글 GPS** 13.35172, 103.85681

**개장시간** 없음

**툭툭에게** '왓 담낙'이라고 하자. 시내 편도 2~3$

탑 주변에는 당시의 끔찍한 상황을 담은 사진 및 자료들이 상설 전시되고 있다.

# WAT THMEI

## 작은 킬링필드, **왓 트마이**

'왓 트마이'란 캄보디아어로 '새로운 사원(New Temple)'이라는 뜻으로, 그다지 특별할 것 없는 작은 불교 사원이다. 특이한 점이라고는 경내 한쪽에 마련되어 있는 사방이 유리로 된 탑 하나뿐. 바로 그 탑에 캄보디아 현대사의 아픔이 진하게 농축되어 있다. 70년대 크메르 루주군의 학살에 희생된 사람들의 유골을 모아 놓은 탑이기 때문. 일명 '킬링 필드'라는 이름으로 불리는 학살 현장은 프놈펜 주변이 가장 유명하나 워낙 캄보디아 전역에서 일어났던 사건이므로 씨엠립에도 작게나마 그 흔적이 남아 있다. 캄보디아의 현대사에 관심은 있지만 프놈펜까지 갈 시간은 없는 여행자라면 잠시 들러 역사의 아픔에 잠시나마 숙연하게 공감해 볼 것.

| | |
|---|---|
| **위치** | 소카 호텔 옆길에서 앙코르와트 방향으로 약 2.7km |
| **구글 GPS** | 13.38285, 103.85966 |
| **개장시간** | 06:00~18:00 |
| **입장료** | 없음 |
| **툭툭에게** | '왓 트마이'라고 하면 된다. 시내에서 편도 3$ |

KOREA FOOD & BBQ
대박
ARIRANG
KOREA RESTAURANT
Today's Specials
Roeski Pizza
Shredded Potato Pancake, Top with Tomato Sauce, Bacon, Ham, Vegetables, Olives
PHO YONG

# Food & Drink of Siem Reap

씨엠립 베스트 레스토랑

캄보디아 전통 음식점

유적 안 맛집들

동남아 음식

무규칙 이종 여행자 식당

디저트 & 카페

한식

앙코르 유적의 웅장함과 신비로움.
캄보디아의 자연이 주는 평온함.
그러나 이런 것들도 배고픔 앞에서는
한낱 부질없는 것일지 모른다.

여행자의 허기를 달래 주는 동시에 캄보디아라는 낯선 나라와 미각을 통한 만남을 주선하는 즐거운 음식들을 알아보자. 이국의 맛에 가슴부터 두근거리는 미식가부터 향신료 테러에 가슴 졸이는 토종 입맛까지 모두를 만족시킬 멋진 식당 및 음식들을 소개한다.

# 캄보디아 음식 맛보기

캄보디아의 음식은 인도차이나 반도의 다른 국가인 태국, 라오스, 베트남의 음식과 비슷한 구석이 많다. 일명 '안남미'라고 하는 장립종 쌀을 먹고, 한국인에게 익숙하지 않은 향신료를 사용한다. 대표적인 캄보디아 음식은 다음과 같다.

### 아목 Amok

생선 또는 육류에 향신료 파우더와 코코넛밀크를 넣고 찐 뒤 바나나잎 그릇에 담아낸다. 캄보디아식 커리라고 생각하면 틀리지 않는다. 가장 유명한 캄보디아 음식 중 하나로, 캄보디아 여행을 하는 사람이라면 누구나 한 번은 먹어 보는 음식이다.

### 록락 Lok Lak

캄보디아의 대표적인 소고기 요리로, 일종의 스테이크이다. 얇게 저민 소고기를 간장 양념으로 굽거나 볶은 뒤 밥과 달걀 프라이를 곁들여 낸다. 한국인 입맛에 가장 잘 맞는 캄보디아 요리 중 하나.

### 꾸이띠우 Kuy Teav

국물에 말아 먹는 쌀국수로, 노천 식당 등에서 흔히 볼 수 있다. 국물은 육류와 해산물 등을 이용하여 만들고, 고명으로 소고기, 닭고기, 돼지고기 등을 얹는다. 우리에게 친숙한 베트남의 쌀국수에 비해 국물이 탁하고 진한 맛이 난다.

### 바이차 & 미차 Bai Chha & Mi Chha

'바이'는 밥, '미'는 면, '차'는 볶았다는 뜻으로 볶음밥과 볶음면을 뜻한다. 길거리 음식 및 저렴한 현지인 식당의 메뉴로 가장 흔한 것. '미'는 인스턴트 라면과 비슷한 질감의 얇은 밀가루 면이다.

### 캄보디안 립 Cambodian Rib

캄보디아식 돼지갈비 구이로 주로 등갈비를 이용한다. 간장 양념을 하여 굽거나 찌는 방식으로 요리하는데, 한국 사람 입맛에 약간 색다르면서도 크게 거슬리는 것 없이 맛있다. 고기 요리를 좋아한다면 꼭 한번 먹어 보자.

### 넘 빵 Num Pang

캄보디아식 바게트로 식사 대용으로 즐겨 먹는다. 프랑스 본토의 맛에도 크게 뒤지지 않을 정도로 맛있다. 안에 다양한 재료를 끼운 샌드위치도 인기.

### 뜨러꾼 차 Trakuon Chha

'뜨러꾼'은 나팔꽃의 일종인 식물로, 영어로는 모닝글로리 (Morning Glory) 또는 워터 스피나치(Water Spinach)라고 한다. 한자어 표기는 '공심채'. 캄보디아에서 가장 많이 먹는 채소 중 하나로, 줄기부분을 기름에 볶은 것이 '뜨러꾼 차'이다. 닭고기 · 돼지고기 등의 육류를 섞어 볶기도 한다.

## 식재료에 따른 메뉴 고르기

신토불이는 캄보디아 땅에서도 유효하다. 햄버거든, 파스타든, 피자든 결국 재료는 대부분 캄보디아에서 생산된 것을 쓰기 때문에, 재료에 따라 맛있고 맛없는 음식이 갈린다. 과연 캄보디아에서는 어떤 식재료를 먹어야 성공확률이 높을까?

**돼지고기** 캄보디아의 돼지고기는 감칠맛이 강하고 지방이 느끼하지 않아 아주 맛있다. 돼지고기를 사용한 메뉴는 일단 믿어도 좋다.

**라임** 한국에서는 보기도 힘든 라임이 인도차이나 반도에는 지천으로 널려 있다. 상큼쌉쌀하면서도 은은한 단맛이 일품. 특히 피로할 때는 라임을 넣은 음료 한잔이 최고!

**감자** 전분질이 많고 파삭파삭하다. 여행자 식당에서 음식을 시키면 감자튀김이 딸려 나오는 경우가 많은데, 남기지 않고 다 먹을 만큼 맛있다.

**소고기** 뉴질랜드, 미국, 호주 등지에서 수입한 고기는 OK. 그러나 캄보디아산은 잠시 고민할 필요가 있다. 육우가 아닌 물소 고기를 사용하여 육질이 가죽만큼 질긴 경우가 종종 있다.

**민물생선** 톤레 삽 일대에서 잡힌 민물생선이나 갑각류 요리도 꽤 많은 편이나 잘못 손질하면 흙냄새가 너무 심하여 먹기 힘들다. 기생충도 우려되므로 웬만하면 피할 것.

### 식당에서 유용한 캄보디아어 몇 마디

- ~명 → ~네악
- ~주세요 → 쏨~
- 물 → 떡
- 기본 물 (무료로 주는 물) → 떡 토마다
- 숟가락 → 슬랍 쁘리어
- 젓가락 → 쩡꺼
- 향신료 빼주세요 → 꼼 딱 찌
- 언니~ → 봉 쓰라이
- 계산서 주세요 → 쏨 끌로이

## 캄보디아에서 밥 먹을 때 알면 좋은 토막상식

– 일품요리를 주문하면 흰밥은 그냥 주는 곳들이 많다. 그것도 심지어 무한리필로! 주문한 요리를 담은 접시에 함께 담겨 나오거나 종업원이 밥단지를 들고 퍼 준다. 굳이 볶음밥류를 따로 시키지 말고 밥을 주는지 물어볼 것.

– 감칠맛이 필요한 모든 음식에 MSG를 많이 쓴다. 특히 저렴한 여행자 식당이나 현지인 식당에서는 국물 요리와 고기 요리에 듬뿍듬뿍 넣곤 한다. 화학조미료에 민감한 사람은 조금 고급스러운 식당을 찾거나 서양 음식을 주문하자.

– 더운 나라라 그런지 단맛을 몹시 선호한다. 일반 식사류는 무난한 편이지만, 단맛의 디저트나 음료는 정말 화끈하게 달다. 단맛을 좋아하는 사람이라면 잔뜩 기대를 해도 좋다. 그 반대라면 마음의 각오를 단단히 할 것.

– 관광객에게는 현지인보다 30~50% 정도 비싼 가격을 받는 경우가 종종 있다. 메뉴판이 아예 다른 곳들도 꽤 많다. 그러나 현지인 메뉴판은 캄보디아어 주문이 가능한 사람에게나 가져다주므로 그다지 기대하지 말 것.

– 식당에서 팁을 딱 얼마 줘야 한다고 정해진 약속이나 규칙은 없으나, 어느 정도는 주는 것이 매너. 거스름돈으로 받은 리엘을 팁으로 주는 것이 가장 무난하다. 거스름돈이 나오지 않았다면 음식값의 5~10%를 주면 된다. 총액 10달러 미만이라면 패스해도 무방하다.

– 캄보디아의 물에는 철분과 석회가 많은 데다 수도 정화 시설이 좋지 않다. 그래서 반드시 생수를 사서 마셔야 한다. 식당 중에는 테이블에 주전자를 비치해 놓는 곳이 종종 있는데, 맹물이 아니라 한국의 보리차와 비슷한 느낌의 캄보디아 전통 식수용 찻물이다. 마셔도 별 탈이 나지는 않지만 민감한 사람들은 아무래도 주의하는 것이 좋다.

# Siem Reap Restaurant

## 현재 상황 씨엠립 최고의 맛집들, 씨엠립 베스트 레스토랑

알뜰한 예산으로 꼼꼼하게 일정을 하나하나 수행하고 있을 당신. 몸과 마음에 영양을 공급하고 아울러 추억까지 안겨 줄 수 있는 근사한 식사를 한 끼 해보는 건 어떨까. 씨엠립은 미식이 크게 발달한 도시는 아니나, 최근 시내 곳곳에 세계 유수의 도시와 견줘도 밀리지 않을 정도로 수준 높은 레스토랑이 속속 생겨나는 추세다. 캄보디아의 유적과 자연에 크게 감동했다면 이제는 미각으로 감동할 차례다.

미슐랭 스타급 퓨전 프렌치,

### 퀴진 왓 담낙 Cuisine Wat Damnak

| | |
|---|---|
| **위치** | 왓 담낙 주변 |
| **구글 GPS** | 13.34956, 103.86013 |
| **전화번호** | 077-347-762<br>(휴무일 및 영업일내 11:00~14:00 통화불가) |
| **영업시간** | 화~토 18:30~21:30(월요일 휴무) |
| **홈페이지** | www.cuisinewatdamnak.com |
| **가격** | 6코스 디너 $31.0, 5코스 디너 $27.0,<br>음료 $1.0~6.0, 하우스 와인 1잔 $4.5 |
| **에어컨** | 1층 O, 2층 X |

캄보디아의 식재료와 식문화에 프렌치 조리기법을 도입해 수준 높은 요리를 선보이는 프렌치 퓨전 레스토랑. 과거 씨엠립 최고의 호텔로 평가 받던 '호텔 들라뻬 Hotel De la Paix' 총주방장 출신의 프랑스인 셰프가 운영하는 곳이다. 현재 씨엠립에서 미슐랭 스타 퀄리티에 가장 가까운 레스토랑으로 평가받고 있다. 캄보디아의 오래된 가옥을 개조하여 레스토랑 건물로 쓰고 있어 분위기도 상당히 좋다. 씨엠립에서 잊지 못할 '미식'의 경험을 하고 싶은 식도락 여행자에게 강력 추천. 일주일에 단 5일만, 그것도 디너 시간에만 영업하기 때문에 예약은 필수.

**주문은 이렇게!** 개별 메뉴 없이 코스로만 운영된다. 두 종류의 코스 중 택 1을 하고, 선택한 코스를 5코스로 갈지 6코스로 갈지 결정한다. 전반적인 음식의 수준이 상당히 높은 편이므로 평소 좋아하는 메뉴가 있는 쪽으로 선택할 것. 메추라기(quail)가 들어간 요리가 높은 평가를 받고 있으므로 딱히 결정하기 힘들다면 메추라기가 있는 코스로 골라 보자. 성수기에는 7~10일 전, 비성수기에는 1~2일 전에 예약하는 것이 좋다. 에어컨은 1층에만 있으나 분위기는 2층이 더 좋다. 카드 결제도 가능하다.

프사 네 지점

본점

오므라이스
Fried Rice Wrap Egg
$2.25(9,000R)

중국식 철판 볶음면
Chinese Noodle on Hot Plate
$2.5(10,000R)

베지테리언을 위한 맛있는 선택,

## 비트킹 하우스 Vitking House

| | | |
|---|---|---|
| 본점 | 위치 | 왓 담낙 주변 |
| | 구글 GPS | 13.35004, 103.86443 |
| | 전화번호 | 012-563-673 |
| | 영업시간 | 07:00~21:30 |
| | 에어컨 | X |
| 프사 네 지점 | 위치 | 타풀 로드 부근 |
| | 구글 GPS | 13.36199, 103.8517 |
| | 전화번호 | 093-854-444 |
| | 영업시간 | 07:00~21:30 |
| | 에어컨 | O |
| 가격 | 식사류 $2.0~5.0, 음료 $1.0~2.5 | |

채소와 과일을 비롯한 각종 채식용 식재료를 이용하여 맛깔스러운 요리를 만들어내는 베지테리언 레스토랑. 상당히 저렴한 가격에 꽤 훌륭한 요리를 내놓는다. 육류는 전혀 쓰지 않지만 달걀과 유제품은 사용하는 오보 · 락토 베지테리언 메뉴이다. 두 곳에 지점이 있는데, 씨엠립 강 동쪽 왓 담낙 근처에 있는 노천 레스토랑이 본점이고 시내 쪽에 있는 것이 새로 생긴 지점이다. 본점은 동남아 느낌 물씬한 노천 식당이라 관광객이 많고, 지점에는 현지인 손님이 많다.

**주문은 이렇게!** 맛과 메뉴는 두 곳이 동일하나 본점은 노천 식당이라 에어컨이 없고 지점에만 있다. 분위기는 본점 쪽이 훨씬 좋다. 메뉴판에 가격이 리엘로 표시되어 있으나 달러로도 계산 가능하다. 음식의 양이 다소 적고 채식 메뉴라 열량도 낮은 편이므로 배가 많이 고프다면 인원수+1~2 정도로 주문할 것. 동남아 음식을 기본으로 중식, 서양식이 있으며 김치가 들어간 메뉴도 있다.

캄보디아에서 맛보는 괜찮은 프렌치,

## 라넥스 L'ANNEXE

| | |
|---|---|
| **위치** | 속산 로드. 나이트 마켓과 가깝다. |
| **구글 GPS** | 13.35476, 103.84933 |
| **전화번호** | 095-839-745 |
| **영업시간** | 월 16:00~22:00 화~일 12:00~22:00 |
| **홈페이지** | www.annexesiemreap.com |
| **가격** | 스타터 $6.5~17, 메인 $8~27,<br>디저트 $2~6.5, 음료 및 주류 $1.5~5.5 |
| **에어컨** | X |

캄보디아는 한때 프랑스의 식민 지배를 받은 적이 있는데, 그 때문인지 실력 있는 프랑스 음식점이 꽤 많다. 씨엠립에도 프랑스 음식점이 제법 있는데, 라넥스는 그중에서 최근 가장 인기가 높은 곳이다. 소박하게 꾸며진 정원을 끼고 있는 노천 레스토랑으로 분위기도 좋은 편. 무엇보다 맛이 상당히 뛰어나다. 본토에도 크게 밀리지 않을 것 같은 상당한 솜씨를 자랑한다. 가격은 씨엠립 물가치고 살짝 높은 편이나 비슷한 수준의 음식을 본토나 한국에서 먹으려면 두 배 정도는 된다는 걸 감안하면 오히려 저렴하다고도 할 수 있다.

**주문은 이렇게!** 코스는 없고 모든 메뉴를 단품으로 주문한다. 고기 요리, 특히 스테이크는 대부분 만족도가 높은 편. 코코뱅, 에스카르고, 오리다리 콩피, 뵈프 부르기뇽 등 대중적으로 유명한 프랑스 음식도 다수 선보이는데, 가격에 비해 음식의 퀄리티가 매우 뛰어나다. 음식의 양이 많거나 적지 않고 딱 적당한 정도이므로 인원수에 맞춰서 시키는 것이 좋다.

코코뱅
Coq au Vin $11

메인 요리를 주문하면 서비스로
오르되브르(전채)가 나온다.

예쁘고 분위기 좋은 NGO 레스토랑,

## 스푼스 SPOONS

| | |
|---|---|
| **위치** | 왓 담낙 주변 |
| **구글 GPS** | 13.3492, 103.857 |
| **전화번호** | 076-277-6667 |
| **영업시간** | 화~일 11:30~22:00 (월요일 휴무. 그외<br>부정기적 휴무는 홈페이지에 사전고지) |
| **홈페이지** | egbokmission.org/spoons-cafe |
| **가격** | 애피타이저 $3.5~3.75, 메인요리 $5.75~7.75,<br>음료 및 맥주 $1.5~..5 |
| **에어컨** | X |

캄보디아 청년의 자립을 돕는 NGO '에그복 EGBOK'에서 운영하는 레스토랑. 에그복을 통해 요리와 서비스 등을 공부한 뒤 스푼스에 취업하여 돈을 벌어 자립하게 되는 구조다. 밝고 세련된 분위기와 친절한 서비스, 능숙한 영어 접객 등으로 씨엠립을 찾는 여행자들에게 최근 큰 인기를 끌고 있다. 인테리어가 아기자기하고 예뻐 커플 여행자들이 즐겨 찾는다.

**주문은 이렇게!** 캄보디아 전통 요리를 서구식으로 살짝 개량한 요리를 선보이는데, 메뉴가 전반적으로 한국인의 입맛에 잘 맞는 편. 프레시 스프링 롤, 파파야 샐러드, 고등어 구이, 코코넛 치킨 등이 가장 인기가 높다. 계절에 따라 민물 생선을 이용한 다양한 요리도 선보이므로 모험심이 강하다면 주문해 볼 것. 2~3인용 셰어링 스타일 코스 메뉴도 있다.

그린 파파야 샐러드
Green Papaya Salad $3.5

고등어 통구이
Whole Mackerel $7.75

맛있기로 소문난 NGO 레스토랑,

## 헤이븐 Haven

| | |
|---|---|
| **위치** | 왓 담낙 주변 |
| **구글 GPS** | 13.34956, 103.86091 |
| **전화번호** | 078-342-404 |
| **영업시간** | 월~토 11:30~14:30, 17:30~21:30<br>(일요일 휴무) |
| **홈페이지** | www.havencambodia.com |
| **가격** | 스타터·샐러드 $4.5~6.5,<br>메인요리 $5.5~10.0, 디저트 $2.0~5.0 |
| **에어컨** | X |

유럽계 NGO에서 운영하는 레스토랑으로, 부모의 도움을 받지 못하는 캄보디아의 고아 및 저소득층 자녀에게 주거와 교육, 직장을 제공한다. 스푼스와 여러모로 비슷한데, 분위기는 스푼스 쪽이, 맛은 헤이븐 쪽이 좀 더 뛰어나다는 평가가 많다. 좌석 배치나 벌레 문제 등에서 섬세하고 친절한 서비스를 제공하는 것도 플러스 요인. 누구의 입맛에나 맞는 무난한 맛이고 메뉴에 햄버거, 샌드위치 등이 있어 주로 어린이를 동반한 가족 여행자들에게 인기가 많다.

**주문은 이렇게!** 런치와 디너 사이에 휴지 시간이 있어 영업시간이 다소 짧은 편이므로 성수기에는 예약을 하는 편이 좋다. 메뉴는 캄보디아 퓨전과 서양 음식이 있는데, 캄보디아 음식 쪽이 조금 더 인기가 높은 편. 특히 다른 로컬 식당에서 현지식을 경험한 뒤 맛과 위생면에서 실망한 사람들이 헤이븐의 음식에 큰 점수를 주고 있다.

믹스 사테
Mixed Satays $5.0

아목
Khmer Amok $7.0

맥주 한잔과 즐기는 괜찮은 독일 요리,

## 텔 Tell

| | |
|---|---|
| **위치** | 올드 마켓 주변 |
| **구글 GPS** | 13.35592, 103.85372 |
| **전화번호** | 063-963-289 |
| **영업시간** | 10:30~22:00 |
| **가격** | 각종 스테이크 $10~41, 소시지 및 중부유럽 요리 $6~32, 맥주 및 음료 $1~5 |

독일을 중심으로 스위스, 오스트리아 등 중부유럽의 음식을 선보이는 레스토랑으로, 몇몇 음식은 유럽 본토에 견주어도 뒤지지 않을 정도의 맛을 낸다. 우리나라의 모 여행 프로그램에 씨엠립 스테이크 맛집으로 등장한 이래 한국 여행자들에게 필수 코스 중 하나로 손꼽히고 있다. 시내 한복판에 위치하고 있어 펍 스트리트, 나이트 마켓 등과 접근성이 좋다. 가격대는 살짝 높은 편. 술자리를 겸한 저녁식사에 적합한 곳이다.

**주문은 이렇게!** 고기 요리는 무엇을 시켜도 실패 확률이 적다. 한국에서는 스테이크 맛집으로 유명하나 원래 간판요리는 독일식 족발구이. 인증샷을 찍은 뒤 종업원에게 요청하면 먹기 좋게 잘게 잘라 준다. 스테이크류도 대부분 수준급. 고기 없이 못사는 육식주의자라면 방송에 나왔던 메뉴인 '비프 러버 플래터 Beef Lover Platter'($41)를 주문할 것. 소고기 티본과 텐더로인 스테이크가 한가득 나온다. 방송에서는 한 사람이 먹었지만 원래는 2~3인용.

비프 립 아이
Beef Rib Eye
(250g) $16.5

독일식 돼지 족발
Pork Knuckle $13

생맥주 Draft
(500cc) $2.25

그네 의자에서 즐기는 럭셔리한 오후,

## 크로야 Kroya

| 위치 | 씨엠립 강변 우체국 부근 |
|---|---|
| 구글 GPS | 13.35956, 103.85784 |
| 전화번호 | 063-964-123 |
| 영업시간 | 아침 06:00~10:30, 점심 11:30~14:30,<br>저녁 18:00~22:30 |
| 홈페이지 | shintamani.com/angkor/kroya |
| 가격 | 식사류 $7.0~18.0 음료 $3.0~8.0 |
| 에어컨 | O (그네 의자가 있는 외부 좌석은 X) |

씨엠립에서 최고급 호텔 중 하나로 손꼽히는 신타마니 리조트의 부설 레스토랑으로, 씨엠립의 대표적인 파인 다이닝 레스토랑이다. 음식의 퀄리티와 맛, 가성비 등에는 약간의 설왕설래가 있으나 그 누구도 부정하지 않는 것은 단연 분위기. 특히 야외 좌석에 놓여 있는 그네 의자가 명물이다. 이 의자 때문에 일부러 찾아오는 사람도 있을 정도. 침대 크기의 넓은 쿠션이 놓인 그네 의자에서 좋은 사람과 참신하고 재미있는 시간을 보내고 싶은 사람에게 추천.

**주문은 이렇게!** 아침, 점심, 저녁 3차례 영업하며 점심과 저녁은 메뉴가 거의 같다. 코스 메뉴는 없고 단품으로 주문하는 알 라 카르트 스타일로 운영한다. 버거, 파스타, 샐러드 등의 서양 요리와 캄보디아 요리, 디저트가 있는데, 사실 높은 가격에 비해 맛은 평범하다는 평이 많다. 식사 시간 외의 늦은 오후에 시원한 음료, 또는 늦은 저녁 시간에 술을 간단히 즐기는 곳으로 들르는 사람도 많다.

수박 슬러시
Icy Watermelon $4

피자 마니아들의 탁월한 선택,

## 벨미로스 피자 Belmiro's Pizza

| 위치 | 펍 스트리트 부근 |
|---|---|
| 구글 GPS | 13.35561, 103.85432 |
| 전화번호 | 095-779-930 |
| 영업시간 | 월~토 12:00~24:00 (일요일 휴무) |
| 홈페이지 | www.belmirospizza.com |
| 가격 | 조각피자 $2.0~3.0,<br>풀 사이즈 피자 $10.0~18.0,<br>스트롬볼레 $6.0~7.0, 애피타이저 $3.0~8.0,<br>기타요리 $5.0~9.0, 생맥주 $1.0 |
| 에어컨 | X |

정통 미국 동부식 피자를 표방하는 곳으로, 저렴한 가격에 맛있는 피자를 선보여 저예산 여행자들에게 큰 인기를 누리고 있다. 얇은 도우 위에 치즈와 토핑이 듬뿍 올라가 맛이 아주 진하다. 피자 외에도 햄버거, 파스타, 부리토, 타코 등 패스트푸드 마니아들이 쌍수 들어 환영할 만한 메뉴를 다양하게 갖추고 있다. 하루 한 끼 정도는 꼭 패스트푸드로 해결하던 식습관의 소유자라면 한 번쯤 찾아볼 것.

**주문은 이렇게!** 피자의 사이즈가 큰 편. 풀사이즈 피자는 미디엄과 라지 두 종류가 있는데, 미디엄은 2~3인, 라지는 3~5인 정도의 양이다. 모든 음식이 다소 짠 편이므로 맥주를 꼭 곁들이는 것을 권한다. 점심보다는 술자리를 겸한 저녁 식사자리가 좀 더 어울린다. 테이크아웃도 가능하다.

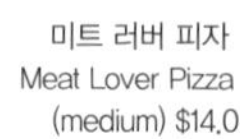

미트 러버 피자
Meat Lover Pizza
(medium) $14.0

# Cambodia Restaurant

## 저예산으로 즐기는 본토의 맛, 캄보디아 전통 음식점

캄보디아를 여행할 때는 뭐니 뭐니 해도 캄보디아 음식을 먹어 주는 것이 예의이자 소중한 경험이라고 생각하는 사람이라면 이 페이지를 유심히 볼 것. 비교적 저렴한 가격으로 캄보디아 음식을 다양하게 경험할 수 있는 음식점들을 소개한다. OO페이지에 소개하는 여행자 식당에서도 캄보디아 음식은 접할 수 있으나, 이 페이지에서 소개하는 음식점들은 캄보디아 음식을 전문으로 하는 곳들이라 아무래도 메뉴의 다양성이나 맛 쪽이 조금 더 나은 편이다.

편안하고 저렴한 캄보디안 퓨전 식당,

### 릴리 팝 Lily Pop

| | |
|---|---|
| **위치** | 타풀 로드 |
| **구글 GPS** | 13.36117, 103.85372 |
| **전화번호** | 086-879-255 |
| **영업시간** | 11:00~23:00 |
| **홈페이지** | www.lilypop-restaurant.com |
| **가격** | 식사류 $1.5~4.0, 음료 $0.5~2.5, 칵테일 $2.0~2.75 |
| **에어컨** | X |

타풀 로드에 자리한 작은 식당으로, '아시안 퓨전 레스토랑'을 표방하고 있다. 캄보디아 음식을 기본으로 태국 · 베트남 · 라오스 등의 스타일을 가미한 음식을 선보인다. 음식의 맛이 모두 준수한 데 비해 가격이 상당히 저렴하여 전 세계의 배낭여행자들에게 큰 사랑을 받고 있다. 타풀 로드나 시바타 로드 주변에서 캄보디아 음식 잘하는 곳을 찾는다면 한 번쯤 찾아가 볼 만한 곳. 채식 메뉴가 마련되어 있으므로 베지테리언들은 제1선상으로 올려도 좋다.

**주문은 이렇게!** 메뉴판에 사진과 더불어 인기도, 매운 정도가 친절하게 표시되어 있다. 각 요리마다 재료를 조금씩 다르게 주문할 수 있으므로 특정 종교나 알레르기 보유자, 또는 편식하는 사람들에게 더욱 좋다. 볶음류, 국물, 커리류에는 별도로 주문하지 않아도 흰밥이 나온다. 서빙 속도는 다소 느린 편.

스프링 롤 (치킨)
Fresh Spring Roll (Chicken) $1.75

모닝글로리 볶음 (돼지고기)
Fried Morning Glory (Pork) $2.75

오래된 전통 음식 대표 선수,

## 크메르 키친 Khmer Kitchen

| | |
|---|---|
| **위치** | 펍 스트리트 & 올드마켓 일대에 3개의 지점이 있다. |
| **구글 GPS** | 13.35443, 103.85539, |
| **전화번호** | 012 763 468 |
| **영업시간** | 07:00~22:00 |
| **홈페이지** | www.khmerkitchens.com |
| **가격** | 식사류 $2.5~5.0, 음료 $1.0~4.0, 칵테일 $4.0 |
| **에어컨** | X |

다국적 메뉴판이 난무하는 올드 마켓 일대에서 꿋꿋하게 캄보디아 전통 음식으로만 승부하는 곳으로, 씨엠립의 저예산 캄보디아 전통 요리 분야에서 오랫동안 최고의 자리를 누리고 있다. 음식과 분위기가 모두 깔끔하며 찾기 쉬운 것이 최고의 강점. 캄보디아 음식에 흥미가 있는데 크게 비용을 들이고 싶지 않다면 일순위로 찾아볼 만한 곳이다. 그러나 인기가 지나치게 많아진 탓에 서비스나 친절함은 예전만 못하다. 가격도 크게 올라 씨엠립 물가치고는 다소 비싼 편이다.

**주문은 이렇게!** 올드 마켓 주변에 총 3개의 지점이 있다. 만석인 경우는 직원이 비어 있는 지점으로 안내해 준다. 음식의 양이 많지 않으므로 2명일 경우 메뉴를 3가지 정도 주문하는 것이 좋다. 포크 립, 커리, 샐러드류가 가장 무난하다.

망고 샐러드
Mango Salad $4.5

캄보디아식 커리
Khmer Curry $5.5

포크 립
Deep Fried Pork Ribs $5.0

요즘은 여기가 대세,

## 크메르 그릴 Khmer Grill

| | |
|---|---|
| **위치** | 왓 담낙 주변 |
| **구글 GPS** | 13.35109, 103.85564 |
| **전화번호** | 095-839-899 |
| **영업시간** | 08:00~22:00 |
| **홈페이지** | www.khmergrill.com |
| **가격** | 식사류 $2.0~3.0, 각종 음료 $1.0~2.5, 칵테일 $2.5 |
| **에어컨** | X |

왓 담낙 주변 신흥 먹자골목에 자리한 자그마한 식당으로, 크메르 키친의 아성에 도전하는 곳이다. 깔끔한 분위기에 캄보디아답지 않은 신속한 서비스가 최고의 장점. 주류와 음료도 다양하게 취급하고 있어 가볍게 한잔 즐기기도 좋다. 최근 인기가 워낙 높아 점심 · 저녁 시간에는 줄을 오래 서야 하고 특히 저녁 시간에는 서양인 배낭여행객들이 점령하고 왁자지껄하게 술마시는 분위기라 자리 잡기 쉽지 않다는 것이 단점.

**주문은 이렇게!** 사진 메뉴판이 준비되어 있다. 종업원들이 영어를 잘하는 편이므로 커뮤니케이션에는 큰 지장이 없다. 양이 적은 편이므로 2인이라면 메뉴 3개 정도를 주문하는 것이 적당하다. 포크 립, 스테이크, 닭구이 등 고기 요리가 인기가 많다.

라임 셰이크
Lime Shake $1.0

스프링 롤
Fresh Spring Roll
$2.0

포크 립 구이
Grill Pork Ribs $3.0

파인애플 볶음밥의 명가,

## 리리 레스토랑 LyLy Restaurant

| | |
|---|---|
| **위치** | 시바타 로드 |
| **구글 GPS** | 13.36166, 103.85554 |
| **전화번호** | 095-800-890, |
| **영업시간** | 06:00~21:00 |
| **홈페이지** | ly-ly-restaurant.business.site |
| **가격** | 각종 식사류 \$2.5~3.5, 쌀국수 \$2.5~4.0, 음료 \$0.5~2.5 |
| **에어컨** | X |

시바타 길에 자리 잡은 저렴한 현지인 식당으로, 오래전부터 배낭여행자들에게 알음알음 유명세를 타고 있다. 기본은 캄보디아 스타일에 중국식과 베트남식이 조금씩 섞여 있는데, 그래서 그런지 유난히 한국인의 입맛에 잘 맞는다는 평가를 듣고 있다. 시바타 대로변에 자리하고 있는 데다 럭키몰과 가까워 찾기도 편하다. 길거리 현지 식당의 비위생과 흙먼지는 싫지만 올드 마켓 주변의 비싼 물가는 더 싫을 때 절충안으로 찾으면 딱 좋은 곳.

**주문은 이렇게!** 압도적으로 인기가 높은 것은 파인애플 볶음밥. 거대한 파인애플의 한가운데를 파고 볶음밥을 가득 채워 나오는데, 비주얼과 양에 비해 가격이 저렴하다. 볶음밥의 재료는 돼지고기, 닭고기, 소고기, 계란, 채소, 해물 중 택1 한다. 다른 재료는 모두 가격이 같으나 (\$3.0) 해물은 0.5달러 더 비싸다. 쌀국수와 죽, 바게트 샌드위치도 맛있어 아침식사로도 좋다. 대부분의 메뉴가 사진으로 담긴 메뉴판이 있으므로 말보다는 손가락으로 사진을 가리켜서 주문하는 편이 더 정확하다.

파인애플 볶음밥
Fried Rice Pineapple \$3.0

바게트 샌드위치
Bread with pork roll \$2.5

아이스커피
Iced Coffee \$1.0

# Restaurants in historic places

## 시간도 아끼고 맛도 챙기자! 유적 안 맛집들

유적 관광을 할 때 은근히 고민되는 것이 바로 점심 식사. 시내와 멀지 않은 유적을 들렀다거나 시간이 넉넉하다면 시내로 나와서 맛집을 찾는 것이 가장 좋다. 그러나 동선이 애매하거나 시간이 없을 때는 어쩔 수 없이 유적 내에서 식사를 해결해야 할 때도 있다. 굳이 배가 고프지 않더라도 땡볕 속에서 걷다 보면 차가운 커피나 과일 음료수 한잔이 간절해질 때도 많다. 유적 내에는 노천 식당이나 좌판이 곳곳에 자리하고 있지만, 이런 곳들은 위생이 좋지 않고 맛에 비해 가격이 비싸다. 맛과 위생 면에서 안전하면서 시간도 아껴 줄 수 있는 유적 안 괜찮은 맛집들을 알아보자.

시내 맛집+쇼핑 명소+앙코르와트=

### 앙코르카페 Angkor Cafe

| | |
|---|---|
| **위치** | 앙코르와트 앞 |
| **구글 GPS** | 13.41229, 103.85836 |
| **전화번호** | 017-692-370 |
| **영업시간** | 06:00~18:00 |
| **홈페이지** | www.bluepumpkin.asia |
| **가격** | 음료 $2.5~5.5, 식사류 $3~9, 브렉퍼스트 메뉴 $1.5~6.75 (서비스 차지 3% 별도) |
| **에어컨** | O (냉방 강도는 몹시 약함) |

앙코르와트 입구 건너편 툭툭 주차장 부근에 자리한 카페. 식사류 및 디저트, 음료 등을 팔며 한쪽에는 기념품 매장도 마련되어 있다. 음식은 시내의 유명 카페 블루 펌프킨이, 기념품은 공방 겸 고급 기념품점인 아티산 앙코르가 맡고 있다. 씨엠립의 '네임드' 업체들이 운영하는 카페답게 유적 내의 모든 식음료 매장을 통틀어 가장 고급스러운 퀄리티를 자랑한다. 유적 내에서 식사를 하고 싶다면 일단 일순위로 고려할 것. 가격이 다소 비싼 것이 흠.

**주문은 이렇게!** 커피, 소프트 드링크, 슬러시 등 음료와 햄버거, 파스타, 샌드위치, 피자, 덮밥 등의 간단한 식사류를 두루두루 갖추고 있다. 시내의 블루 펌프킨과 메뉴 내용은 거의 비슷하나 가격은 20~30% 정도 더 비싸고, 아이스크림 및 디저트는 없다. 아침 일찍 문을 열기 때문에 앙코르와트 일출 감상 후 아침 먹기도 좋다. 머핀, 크레이프, 크루아상 등으로 구성된 브렉퍼스트 메뉴를 별도로 마련하고 있다.

레몬 셰이크 Lemon Shake $3.5

햄 앤 치즈 크루아상 Ham & Cheese Croissant $4.0

인기 유적에서 즐기는 시원한 쉼표,

## 골든 멍키 Golden Monkey

| | |
|---|---|
| **위치** | 앙코르와트, 타 프롬, 바이욘, 코끼리 테라스 앞의 메인 주차장 |
| **전화번호** | 060-333-670 (대표번호) |
| **홈페이지** | www.facebook.com/Golden-Monkey-68623186491414 |
| **가격** | 과일 셰이크 $2.5~3.5 커피 $1.5~3.0<br>샌드위치 및 간식류 $2.0~6.0 |
| **에어컨** | X |

최근 주요 인기 유적 앞에서 상당한 인기를 끌고 있는 푸드 트럭. 아이스커피나 생과일 스무디 등 시원한 음료를 주메뉴다. 타 프롬이나 바이욘에서 이곳의 테이크아웃 컵을 들고 다니는 사람들을 적지 않게 볼 수 있다. 유적 앞 푸드 트럭이지만 위생 및 재료 상태도 수준급. 캄보디아 현지인과 한국인 청년들이 동업으로 운영하는 곳이라는 것도 반가운 점 중 하나다.

**주문은 이렇게!** 음료는 모두 아이스류로, 커피 · 홍차 · 과일 스무디가 주종이다. 스무디의 재료는 모두 좋은 편이므로 입맛에 맞는 것 아무거나 골라도 좋다. 코코넛 맛에 거부감이 없다면 '허니 코코넛' 메뉴에 도전해 볼 것. 씨엠립 주변에서는 단 한 곳에서만 생산되는 특별한 코코넛을 사용하는데, 보통 코코넛에 비해 맛이 진하고 부드럽다. 샌드위치류의 간단한 식사도 판매하므로 출출할 때 이용해 볼 것. 메뉴에 아메리카노는 적혀 있지 않으나 요청하면 만들어 준다.

허니 코코넛 스무디
Honey Coconut $2.75

아이스 아메리카노 $1.25

동쪽 지역 유적에서 배가 고플 때,

## 크루오사 크메르 Krousar Khmer

| | |
|---|---|
| **위치** | 스라 스랑 앞 |
| **구글 GPS** | 13.43283, 103.90481 |
| **전화번호** | 092-849-411 |
| **영업시간** | 07:00~16:00 |
| **가격** | 애피타이저 $6.0~15.0 식사류 $6.5~8.0<br>음료 및 맥주 $1.5~4.0 |
| **에어컨** | O |

스라 스랑 앞에 자리한 식당으로, 캄보디아 전통식을 중심으로 다국적 메뉴를 선보인다. 최고의 강점이라면 에어컨이 있다는 것. 유적 안쪽이라 전기 사정이 신통치 않아 냉방 강도는 약한 편이지만, 많이 더울 때는 이것만으로도 고맙다. 맛 또한 한국인의 입맛에 크게 거슬리지 않는 무난한 편. 따 프롬, 쁘레 룹, 반띠에이 쓰레이 등 동쪽 지역 유적을 돌아볼 때 그다지 고민 안 하고 들르기 좋다. '크루오사'는 캄보디아어로 '가족'이라는 뜻으로, 외부 간판에는 영문으로 '크메르 패밀리 Khmer Family'라고 적혀 있다. 무료 와이파이도 된다.

**주문은 이렇게!** 살짝 중국 냄새를 풍기는 캄보디아 전통식부터 커리, 파스타, 볶음면까지 다종다양한 메뉴를 선보인다. 음식사진이 첨부된 메뉴판을 갖추고 있으므로 주문에는 큰 걱정을 하지 않아도 OK. 아무래도 유적 안쪽이므로 위생 상태가 100% 좋다고는 할 수 없다. 가장 안전한 메뉴는 볶음 종류. 가격대가 약간 높은 편이나 앙코르 카페보다는 저렴하다.

치킨 캐슈넛
Chicken Cashew Nut
$6.75

# Traveler Restaurant

## 저예산 여행자를 위한 선택, **무규칙 이종 여행자 식당**

요즘은 그래도 꽤 다양해졌지만, 얼마 전까지만 해도 씨엠립 중심가의 식당들은 대부분 다국적 무규칙 여행자식당이었다. 동남아의 관광지에서 흔히 찾아볼 수 있는 스타일의 식당인데, 저렴한 가격에 전통 음식, 동남아 음식, 서양 음식, 아침식사, 핑거 푸드 등 폭넓다 못해 잡다한 메뉴를 선보이는 것이 특징이다. 현재도 이런 식당들을 어렵지 않게 찾아볼 수 있으며, 그중 몇몇은 씨엠립을 대표하는 맛집으로 사랑받고 있다. 저예산으로 여행하는 사람들 또는 다양한 입맛의 여행자들이 함께 다니는 경우 가장 고려할 만한 음식점이라 할 수 있다.

까르보나라 스파게티
Spaghetti Carbonara
$5.75

툼 레이더 칵테일
Tomb Raider $3.75

역사와 전통의 씨엠립 간판 레스토랑,

### 레드 피아노 Red Piano

| | |
|---|---|
| **위치** | 펍 스트리트 |
| **전화번호** | 092-477-730, 063-964-750 |
| **영업시간** | 07:00~00:30<br>(성수기·파티 진행시에는 01:30까지) |
| **홈페이지** | www.redpianocambodia.com |

**가격** 식사류 $3.5~9.0 음료·주류 $1.5~6.5 칵테일 $3.5~6.0

**에어컨** X

씨엠립의 명물 여행자 레스토랑으로, 아마도 씨엠립을 통틀어 가장 유명한 식당이라고 해도 과언은 아니다. 안젤리나 졸리가 영화 〈툼 레이더〉 촬영 당시 즐겨 찾던 곳이라고 한다. 캄보디아 음식과 각종 서양 음식을 다양하게 갖추고 있으며 맛과 양이 모두 무난하다. 맛보다는 일종의 관광코스처럼 찾아오는 손님들이 많은 곳. 저녁 시간에 술 한잔 하기도 좋다. 유명세와 위치 덕분에 가격대는 다소 비싸다.

**주문은 이렇게!** 2층 발코니 자리에 앉으면 펍 스트리트 주위의 전경이 한눈에 들어온다. 메인 요리를 시키면 감자튀김과 샐러드가 곁들여 나오는데, 감자튀김의 양이 상당하면서 맛있다. 양이 적지는 않으므로 1인 1메뉴 정도면 충분하다. 안젤리나 졸리가 즐겨 마셨다고 하는 칵테일 '툼 레이더'를 비롯하여 다양한 인터내셔널 칵테일을 갖추고 있다. 툼 레이더는 10잔을 마실 때마다 1잔이 무료.

좋은 경치와 다양한 메뉴,

## 몰로포 카페 Moloppor Cafe

**위치** 킹스 로드

**전화번호** 063-504-6888, 093-864-565

**영업시간** 10:00~22:30

**홈페이지** http://www.molopporcafe.com/restaurant

**가격** 식사류 $2.5~13 음료 $1.5~4.0 빙수 $1.0~1.5

**에어컨** O (신관 건물 1층에만 있다)

일본계 NGO에서 운영하는 여행자 식당으로, 씨엠립 강변에 자리하고 있다. 얼마 전까지만 해도 아주 작은 건물의 1~2층에서 운영하는 소규모 식당이었는데, 여행자들 사이에서 입소문이 퍼져 장사가 너무 잘된 나머지 옆 건물을 사들여 크게 확장했다. 옛 건물과 새 건물 두 곳에서 영업하는데, 옛 건물의 2층에서는 씨엠립 강변의 풍경과 함께 식사를 즐길 수 있다. 에어컨을 쐬고 싶다면 새 건물 1층 레스토랑으로 갈 것. 새 건물에서는 호텔 영업도 한다.

**주문은 이렇게!** 메뉴판의 두께가 옛날 전화번호부를 방불할 정도로 엄청나며 메뉴도 다양하다. 캄보디아 음식, 동남아 음식, 서양 음식, 일본 음식에 각종 해물 요리와 수끼까지 있을 정도. 인원수 많은 여행자들이 가면 가장 좋을 만한 곳이다. 간 얼음에 시럽을 뿌려 주는 일본식 빙수를 팔고 있는데, 얼음의 입자가 몹시 굵다. 한국식 빙수를 생각하면 당황할 수 있으니 미리 염두에 둘 것.

파파야 샐러드 세트
(+찰밥, 닭날개구이)
Papaya Salad Set $3.75

믹스 빙수
Mix Ice Snow
$1.5

치즈 & 토마토 파스타
Cheese & Tomato Pasta $3.00

빵과 디저트와 로컬 푸드가 한 자리에,

## 라 불랑제리 카페 La Boulangerie Cafe

**위치** 펍 스트리트

**구글 GPS** 13.35522, 103.85446

**전화번호** 088-791-9610

**영업시간** 06:00~22:00

**가격** 조식메뉴 $3.75~4.75

**에어컨** O

'불랑제리'는 프랑스어로 제빵이나 빵집을 뜻하는 단어로서, 라 불랑제리 카페 또한 빵을 이용한 다양한 메뉴를 선보이는 곳이다. 크루아상, 바게트, 샌드위치, 파니니, 크로크 등 빵을 이용한 다양한 메뉴는 물론 피자 · 파스타 · 햄버거 등의 서양 간편식, 그리고 다소 뜬금없는 캄보디아 전통식 메뉴를 두루 갖추고 있다. 메뉴의 다양성만 보면 씨엠립 최강. 이렇게 잡다한 메뉴를 갖춘 음식점들은 보통 맛이 떨어지기 마련이나 이곳은 의외로 빵 분야에서는 씨엠립에서 가장 맛있는 곳이라는 평가를 받고 있다.

**주문은 이렇게!** 크루아상과 바게트, 달걀, 구운 토마토, 커피, 주스 등으로 구성된 조식 세트 메뉴가 평이 좋다. 아침식사를 주지 않는 게스트하우스나 호스텔에서 묵는다면 한 번쯤 이곳의 아침식사를 맛볼 것. 베이컨, 달걀, 크루아상 등은 추가 주문 가능하다. 빵 오 쇼콜라나 레이즌 롤, 데니시 등 다른 빵 종류도 많다.

크루아상 Croissant
1개 $0.66

뱀부 브렉퍼스트(커피+주스+
바게트 3조각+크루아상 1개+버터+잼)
Bamboo Breakfast
$3.75+0.66(크루아상 추가)

시저 샐러드 Caesar Salad $3.90

요새 씨엠립 여행자 식당 대세,

## 트라이 미 Try Me

| 위치 | 타풀 로드 |
|---|---|
| 구글 GPS | 13.36075, 103.85358 |
| 전화번호 | 012-891-292, 017-419-343 |
| 영업시간 | 08:30~10:30 |
| 가격 | 각종 음료 $0.75~4.0 아침식사 $1.5~3.0<br>서양식 $2.0~6.0  캄보디아 음식 $2.5~4.5 |
| 에어컨 | X |

씨엠립에 산재하는 수많은 다국적 여행자식당 가운데서 최근 가장 인기가 많은 곳이다. 아침식사와 파스타·샌드위치·고기 요리 등 간단한 서양 요리, 캄보디아 전통 요리를 주종으로 하는데, 가격은 상당히 저렴한 것에 비해 맛은 고르게 뛰어나다. 친절한 서비스와 편안한 분위기도 인기에 한몫한다. 배낭여행자 분위기를 내고 싶을 때, 저렴한 가격으로 든든하게 먹고 싶을 때 찾아가면 가장 좋은 곳.

**주문은 이렇게!** 어느 메뉴를 택해도 크게 실패 염려가 없는데 특히 캄보디아 음식과 샐러드류가 깔끔하고 맛있는 것으로 유명하다. 칵테일이 가격에 비해 맛있어 저녁에 간단하게 한잔 하러 가기도 좋다. 점심 · 저녁 피크 시간에는 언제나 만석이라 자리를 잡기 힘드므로 꼭 가보고 싶다면 피크 시간 전후로 방문할 것.

캄보디안 커리
Cambodian Curry
$3.5

압사라 댄스와 함께 즐기는 저녁식사,

## 템플 발코니 Temple Balcony

| 위치 | 펍 스트리트 |
|---|---|
| 구글 GPS | 13.35489, 103.85478 |
| 전화번호 | 015-999-922 |
| 영업시간 | 17:00~02:00 (1층은 08:00부터) |
| 홈페이지 | www.templegroup.asia |
| 가격 | 생맥주 1잔 $0.5 식사류 $2.0~15 |
| 에어컨 | X |

펍 스트리트의 펍 겸 여행자 레스토랑으로 시작하여 이제는 씨엠립의 지배자가 된 템플의 본점. 씨엠립의 여행자 식당을 얘기할 때 빼놓고 가면 서운한 곳으로, 레드 피아노와 더불어 씨엠립에서 가장 유명한 여행자 식당으로 손꼽힌다. 1층은 '템플 클럽(Temble Culb)'이라는 이름의 레스토랑 겸 클럽이고, 2층이 극장식 레스토랑 템플 발코니(Temple Balcony)이다. 씨엠립에서 가장 저렴한 생맥주와 무료 압사라 댄스 두 가지의 무기로 여행자를 사로잡는다. 저녁 시간대 왁자지껄하게 술과 음식을 즐기고 싶을 때 좋다.

**주문은 이렇게!** 압사라 공연은 매일 저녁 19:30~21:30에 열린다. 무대도 작고 공연에 집중하는 분위기도 아니므로 압사라 댄스가 무엇인지 맛만 보고 싶은 사람에게만 권한다. 음식에 대해 큰 기대는 하지 말자. 아목이 비교적 맛있는 편이다. 생맥주는 가격이 참 싸지만 그만큼 맛이 없다. 주당이라면 진토닉 피처를 주문해 볼 것.

까르보나라 스파게티
Spaghetti Carbonara  $5.0

아목  Amok $6.5

# South-Eastern Asia Food

## 태국 · 베트남 현지의 맛, 동남아 음식

솔직하게 말하자면, 캄보디아는 인도차이나 반도에서 미식으로는 크게 쳐주지 않는 나라다. 캄보디아 음식이 맛없다기보다는 국경을 접하고 있는 태국과 베트남의 음식이 너무 맛있는 탓이 크다. 가까운 나라니 만큼 캄보디아에서도 태국이나 베트남의 맛을 제대로 구현하는 음식점을 찾아보기는 그다지 어렵지 않다. 캄보디아 음식이 맘에 들지는 않지만 그래도 동남아에 왔으니 현지 맛을 즐기고 싶은 사람, 또는 그냥 평소부터 태국 · 베트남 음식 좋아하는 마니아는 이 페이지를 주목할 것!

### 속이 뜨끈해지는 베트남 쌀국수 한 그릇, 포 용 Pho Yong

| | | |
|---|---|---|
| 국립 박물관점 | **위치** | 샤를 드 골 거리. 국립박물관 맞은편 |
| | **구글 GPS** | 13.36769, 103.86107 |
| | **전화번호** | 087-887-088 |
| | **영업시간** | 06:30~22:00 |
| | **에어컨** | X |
| 올드 마켓점 | **위치** | 속산 로드 입구 |
| | **구글 GPS** | 13.35417, 103.85361 |
| | **영업시간** | 16:00~02:00 |
| | **에어컨** | X |
| **가격** | 쌀국수 $2.5, 볶음밥·볶음국수 $2.0<br>음료 $1.0~2.5 | |

가성비 최강의 베트남 쌀국수로 오랫동안 저예산 여행자 및 현지 젊은이들에게 사랑받는 곳. 보들보들하면서도 쫄깃한 면과 진한 국물이 일품으로, 단돈 2.5달러인 것치고는 상당히 퀄리티가 높다. MSG가 많이 들어 있기는 하지만 그것은 동남아 쌀국수의 운명이라고 생각하고 받아들일 것. 뜨끈한 국물이 생각이 날 때 가볍게 찾아가기 좋다.

**주문은 이렇게!** 국립박물관 건너편에 본점이, 속산 로드 앞에 분점 비슷한 곳이 있다. 속산 로드점은 정식 식당이 아니라 편의점 앞에서 운영하는 일종의 포장마차다. 포 용 외 다른 로컬 식당과 테이블을 공유하므로 주문을 헛갈리지 말 것. 위생 문제도 있으므로 가급적 국립박물관점을 이용하는 것을 권한다. 쌀국수·볶음국수·볶음밥 세 종류의 메뉴가 있는데 쌀국수가 압도적으로 맛있다. 향채와 숙주는 따로 담아 주므로 취향에 따라 넣으면 된다.

소고기 쌀국수
Vietnam Noodle Soup with Beef $2.5

현지인들이 즐겨 찾는 태국 맛집,

## 렐라와디 Lelawadee

| 위치 | 킹스 로드 |
|---|---|
| 구글 GPS | 13.34982, 103.85359 |
| 전화번호 | 097-497-0765, 063-636-4761, 095-613-188 |
| 영업시간 | 06:00~10:30 (재확인필요) |
| 홈페이지 | www.lelawadeerestaurant.com |
| 가격 | 각종 요리 $2.5~10 음료 $1.0~2.5<br>아침식사 $1.5~3.5 |
| 에어컨 | O |

킹스 로드 남쪽에 자리한 태국 식당으로, 관광객보다는 현지인들이 즐겨 찾는 곳이다. 셰프가 태국인인 것은 물론 모든 식재료를 태국에서 직수입할 정도로 태국 본토의 맛을 고집하는 곳인데, 그 덕분인지 방콕이나 치앙마이의 어지간한 로컬 맛집에 뒤지지 않을 정도로 괜찮은 맛을 낸다. 평소 태국 음식을 즐겨 먹는 마니아였다면 일부러라도 찾아볼만 하다. 가격대는 씨엠립 물가치고는 살짝 비싼 편.

**주문은 이렇게!** 모든 메뉴에 번호가 매겨져 있으므로 주문할 때는 번호를 대면 된다. 대부분의 메뉴가 준수한 맛을 내나 랏나 볶음이나 팟타이 등 볶음면류는 다른 메뉴에 비해 약간 떨어진다. 솜땀 · 얌운센 같은 매운 음식은 매운맛의 정도 조절이 가능한데, 평균적인 한국인들의 입맛에 비해 매운 강도가 센 편이므로 보통이나 순한맛 정도로 주문할 것.

매운 바질 볶음(팟카파오) + 돼지고기
Spicy Basil Stir Fried $3.25

당면 샐러드(얌운센) + 해물
Glass Noodle Sald $5.0

시푸드 파파야 샐러드 (솜땀)
Seafood Papaya Salad $4.0

모닝글로리 볶음
Fried Morning Glory $2.5

태국식으로 즐기는 해산물 대잔치,

## 레드 크랩 Red Crab

| 위치 | 6번 국도 |
|---|---|
| 구글 GPS | 13.36604, 103.85086 |
| 전화번호 | 063-966-599 |
| 영업시간 | 10:00~14:00, 17:00~22:00 |
| 가격 | 각종 요리 $5~100 |
| 에어컨 | O |

새우, 게, 생선 등 해산물을 이용한 태국 음식을 선보이는 태국식 시푸드 전문점. 위치가 다소 애매하고 외관이 촌스러워 관광객에게는 인기가 없으나 현지인 및 교민들은 외식 장소로 즐겨 찾는 곳이다. 씨엠립은 내륙지역이라 해산물이 드물고 가격이 비싼 편이라 이곳도 가격대가 꽤 높다는 것이 큰 단점. 그러나 맛은 태국 본토에도 크게 뒤지지 않으며, 가격도 한국에서 먹는 것보다는 저렴하다. 태국에서 맛본 시푸드를 잊지 못하는 사람 및 인원수가 많은 여행자에게 추천.

**주문은 이렇게!** 메뉴판에 사진이 모두 나와 있다. 본격적인 해산물 요리는 가격대가 상당히 높으나 튀김, 볶음밥, 면류 등은 그럭저럭 평범한 가격이다. 게가 들어간 요리는 대부분 준수한 맛을 내는데, 특히 태국식 게 커리(뿌팟퐁가리)는 태국의 유명 시푸드 전문점 맛과 거의 흡사하다. 튀김류도 맛있는 편. 음식이 전반적으로 양이 많으므로 가급적 여러 명이 가는 것이 좋다.

게 커리(뿌팟퐁가리)
Fried Crab Meat with Curry $15.0

새우 스프링 롤
Prawn Spring Rolls $7.5

게살볶음밥
Fried Rice with Crab Meat $6.5

볶음밥&볶음 국수의 명가,

## 타이 타이 Thai Thai

| 위치 | 소카 호텔 주변 |
|---|---|
| 구글 GPS | 13.36353, 103.85682 |
| 전화번호 | 012-766-475, 076-751-9973 |
| 영업시간 | 08:00~22:00 |
| 가격 | 각종 요리 $3.5~9.0 |
| 에어컨 | O |

씨엠립의 오래된 태국 음식점으로, 예로부터 배낭여행자들에게 은근하고 끈기 있게 인기를 끌어온 곳이다. 다른 태국 음식점에 비해 전반적인 가격이나 음식맛이 특별히 뛰어나지는 않으나, 볶음밥과 볶음국수만은 씨엠립 전체에서 이곳이 최고라는 평을 듣고 있다. 태국 음식이라면 무조건 '팟카오'와 '팟타이'라고 믿는 사람이라면 꼭 한번 들러 볼 가치가 있다. 타풀 로드 및 소카 호텔 주변과 멀지 않으므로 그 주변의 게스트하우스에서 묵는 사람이라면 가벼운 마음으로 들러 보자.

**주문은 이렇게!** 메뉴의 종류는 많은 편이나 전반적인 가성비가 좋지 않다. 무조건 볶음 중심으로 공략할 것. 특히 볶음밥과 팟타이는 실패 확률이 거의 없다. 볶음류는 닭, 돼지, 소, 해산물 중 택1 가능하고 재료에 따라 가격도 약간씩 다르다. 테이크아웃도 가능하다.

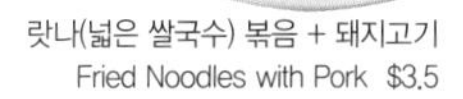

랏나(넓은 쌀국수) 볶음 + 돼지고기
Fried Noodles with Pork $3.5

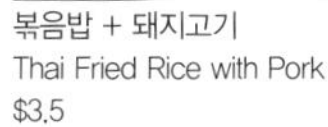

볶음밥 + 돼지고기
Thai Fried Rice with Pork
$3.5

팟타이+ 새우
Pad Thai with Shrimp $4.0

# Cafes & Desserts

## 달콤하고 시원한 휴식, 카페&디저트

오후 12시부터 2시까지의 휴식 타임. 또는 톤레 삽이나 근교 유적 가기 전후로 어정쩡하게 뜨는 시간. 이럴 땐 케이크 한 조각과 커피 한잔이 간절해진다. 덥고 바쁜 일정 속에 작은 활력소가 되는 휴식시간. 그런 달콤한 시간을 보낼 수 있는 장소들을 알아보자. 간단한 식사류도 파는 곳이 많으므로 현지식이 영 입에 맞지 않는 사람이라면 두 배로 주목할 것.

라임 & 허니
Lime & Honey
$5.0

망고 & 패션 프루츠
Mango & Passion Fruit $5.0

더위를 한방에 날려주는 예쁘고 맛있는 빙수,

### 프레시 프루츠 팩토리 Fresh Fruits Factory

| | |
|---|---|
| 위치 | 타풀 로드 |
| 구글 GPS | 3.36005, 103.85316 |
| 전화번호 | 081-313-900 |
| 영업시간 | 화~일 11:00~20:00 (월요일 휴무) |
| 홈페이지 | www.fruitcambodia.com |
| 가격 | 빙수 $4.0~7.0 스무디 $4.0~4.5<br>식사 · 간식류 $3.0~5.0 |
| 에어컨 | O |

최근 세계적인 여행 커뮤니티 트립 어드바이저에서 씨엠립 맛집 부문 전체 1위를 기록하고 있는 일본식 빙수 전문점. 과즙과 우유를 넣은 부드러운 얼음을 산처럼 쌓아올리고 신선한 과일 퓨레 및 슬라이스한 과일을 듬뿍 얹은 맛깔난 빙수를 선보인다. 동남아 배낭여행 분위기 물씬한 실내 인테리어 덕에 사진도 잘 나오는 편. 테이블 수가 7개밖에 되지 않아 자리 잡기 쉽지 않으나 조금 기다려서라도 먹고 올 만한 가치가 충분한 곳이다.

**주문은 이렇게!** 빙수는 총 9종이 있는데, 망고가 들어간 메뉴가 단연 인기가 높고 맛있다. 그 다음으로 인기 높은 메뉴는 라임. 가격이 씨엠립 물가에 비해 다소 높은 것처럼 보이나, 1개를 주문하면 2인이 충분히 먹고도 남는 양이라 알고 보면 저렴한 편이다. 1인 방문 시에는 양을 다소 줄인 1인용을 4달러에 주문할 수 있다. 스무디나 식사류 메뉴도 있으나 빙수의 압도적인 퀄리티에는 살짝 못 미치는 맛이다. 빙수의 메뉴명은 '아이스 마운틴 Ice Mountain'.

예쁜 컵케이크와 함께하는 시원한 오후,

## 블룸 bloom

| | |
|---|---|
| **위치** | 컨달 빌리지 |
| **구글 GPS** | 13.35729, 103.8552 |
| **전화번호** | 017-800-301 |
| **영업시간** | 10:00~17:00 |
| **홈페이지** | bloomcakes.org |
| **가격** | 컵케이크 1개 $1.65 2개 $3.25 3개 $4.85<br>커피류 $1.6~3.85 |
| **에어컨** | O |

상큼한 파스텔톤의 외관으로 한눈에 여행자들을 잡아 끄는 씨엠립의 명물 디저트숍. 주종목은 컵케이크로, 뉴욕이나 서울의 컵케이크숍 못지않은 예쁘고 맛있는 컵케이크를 선보인다. 아주 세련되거나 특이한 것은 아니나 아기자기하고 섬세한 디자인과 귀여운 색감이 매력적이다. 깜찍한 분위기의 인테리어와 서늘할 정도로 강하게 트는 에어컨도 인기 원인 중 하나.

**주문은 이렇게!** 컵케이크는 기본적으로 모두 같은 가격으로, 개수 및 세트 구성에 따라 가격이 조금씩 달라진다. 기본 메뉴 외에도 월별로 다양한 한정 메뉴를 선보여 선택의 여지가 넓다. 메뉴판에 컵케이크의 그림이 실려 있어 고르기도 편하다. 단, 메뉴판에 모든 메뉴가 실리는 것은 아니므로 진열장도 한 번쯤은 직접 확인할 것. 컵케이크의 사이즈는 몹시 작으나 당도가 상당하므로 대단한 단맛 마니아가 아니라면 1인 1컵이 적당하다. 커피나 스무디도 맛있다.

레드 벨벳 컵케이크
Red Velvet $1.65

캄보디아의 스타벅스,

## 브라운 커피 Brown Coffee

| | |
|---|---|
| **위치** | 타풀 로드 입구 |
| **구글 GPS** | 13.36353, 103.8549 |
| **전화번호** | 098-999-818 |
| **영업시간** | 06:30~21:00 |
| **홈페이지** | browncoffee.com.kh |
| **가격** | 드립커피 $2.5 일반 커피 $1.5~4.0<br>브렉퍼스트 · 브런치 $3.5~4.0 런치<br>$3.75~4.5 |
| **에어컨** | O |

로스터리와 베이커리를 겸한 카페로, 세련되고 쾌적한 분위기로 최근 씨엠립의 여유 있는 젊은 층에게 큰 인기를 끌고 있다. 2층 이상 높이의 빌딩을 통으로 단층으로 사용하고 있어 개방감이 상당히 뛰어나다. 테이블 조명이나 충전용 콘센트 등도 잘 갖추고 있어 인터넷을 즐기며 노닥거리거나 잠시 일을 하기도 좋다. 콘셉트나 커피 맛 등 여러모로 스타벅스와 비슷하여 '캄보디아의 스타벅스'라고 부르는 사람도 있다.

**주문은 이렇게!** 테이블에 자리를 잡고 앉으면 주문을 받으러 오지만, 홀의 크기에 비해 종업원 수가 적어 속도가 아주 느리고 빵이나 페이스트리류는 메뉴판에 아예 없다. 자리를 지켜 줄 일행이 있다면 카운터에서 직접 주문하는 편이 좋다. 커피 외에도 디저트, 빵, 식사류 등이 다채롭게 마련되어 있으며 특히 브런치류가 훌륭하다.

브라운 아이스 라테
Brown Iced Latte (R) $2.7

핸드드립 커피 $2.5

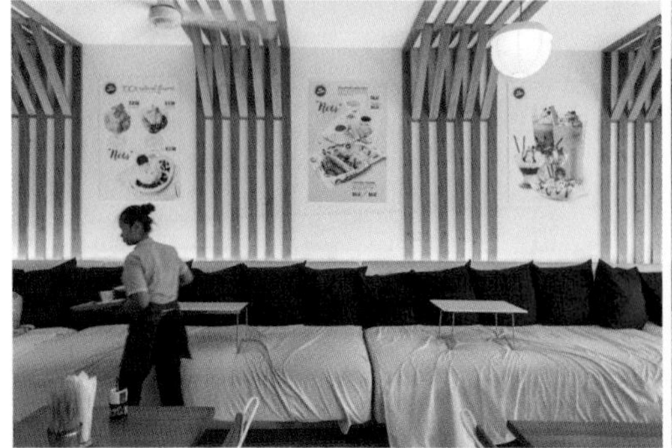

침대 의자가 있는 시엠립 명물 카페,

## 블루 펌프킨 Blue Pumpkin

| | |
|---|---|
| **위치** | 올드 마켓, 펍 스트리트 입구 바로 앞에 있다. |
| **구글 GPS** | 13.35477, 103.85536 |
| **전화번호** | 063-963-574 |
| **영업시간** | 06:00~23:00 |
| **홈페이지** | blue-pumpkin-old-market.business.site |
| **가격** | 커피 및 음료 $2.0~5.0 디저트 $3.5~4.5<br>아이스크림 퐁듀 $14 식사류 $3.5~6.5<br>빵·도넛·페이스트리 $1.0~2.5 |
| **에어컨** | O |

다리를 쭉 뻗고 앉을 수 있는 침대 의자를 구비하고 있는 씨엠립의 간판격 카페. 최근에 세련된 카페들이 많이 생기며 예전보다는 인기가 아주 조금 떨어졌으나 여전히 침대 의자에 자리를 잡는 것은 꽤 운이 좋아야 가능하다. 프랑스인 파티셰가 운영하는 곳으로, 프랑스 본토의 솜씨와 동남아의 단맛 사랑이 결합된 극강의 단맛 디저트를 선보인다. 씨엠립 여러 곳에 분점이 있으나 뭐니 뭐니 해도 침대 좌석이 있는 올드 마켓점이 최고. 1층과 1.5층에는 에어컨이 들어오지 않으므로 침대 의자가 다 찼더라도 가급적 2층에 자리를 잡을 것. 1층 테이블에는 충전 콘센트가 있으므로 급하게 충전이 필요하다면 1층으로.

**주문은 이렇게!** 양과자와 아이스크림을 비롯한 각종 디저트가 중심이나 식사 메뉴도 충실하게 갖추고 있으며 맛도 괜찮은 편. 현지 음식이 입에 맞지 않는 여행자는 이곳에서 하루 세끼를 모두 해결하기도 한다. 대부분의 메뉴는 테이블에서 주문을 받으나 케이크·빵·쿠키·페이스트리류 및 아이스크림은 1층의 매장에서 직접 골라야 한다.

초콜릿 퐁당
Chocolate Fondant $4.0

아이스 블랙 커피
Iced Black Coffee $2.7

커피 프라페
Coffee Frappe $3.95

사진 잘나오는 예쁜 비건 카페,
## 바이브 Vibe

| | |
|---|---|
| **위치** | 컨달 빌리지 |
| **구글 GPS** | 13.35727, 103.85732 |
| **전화번호** | 069-937=900 |
| **영업시간** | 월 7:30~16:30 화~일 7:30~21:00 |
| **홈페이지** | vibecafeasia.com |
| **가격** | 각종 음료 $1.5~6.5<br>식사 및 디저트류 $2.5~7.0 |
| **에어컨** | O (2층만. 강도는 매우 약함) |

예쁜 카페가 밀집되어 있는 컨달 빌리지에서도 손꼽히게 예쁜 카페로, 상수동이나 경리단길에 가져다 놓아도 손색없을 정도로 세련된 인테리어를 뽐낸다. 채식의 가장 윗단계로서 동물성을 전혀 소비하지 않는 '비건'을 위한 카페로, 과일과 채소만으로 만들어진 다양한 요리와 음료를 선보인다. 베지테리언, 건강을 생각하는 사람, 그리고 예쁜 카페에서 인증샷 찍기를 즐기는 여행자에게 강력 추천한다.

**주문은 이렇게!** 설탕을 전혀 넣지 않고 오로지 과일만 갈아서 만든 스무디가 대표 메뉴. 월~금은 오전 10:30까지 브렉퍼스트 메뉴를 주문하면 모든 음료를 1.5달러만 더 내고 추가 가능하다. 글루텐 프리 메뉴를 갖추고 있으며 메뉴판에도 표시된다. 글루텐 알레르기나 소화장애를 겪는 사람에게 추천.

아메리카노 (아이스)
Americano $2.0

바질& 블루베리 스무디
Basil & Blueberry $4.0

건강을 생각하는 예쁜 아지트,
## 더 하이브 The Hive

| | |
|---|---|
| **위치** | 컨달 빌리지 |
| **구글 GPS** | 13.35688, 103.85738 |
| **전화번호** | 076-555-5437 |
| **영업시간** | 07:00~20:00 |
| **홈페이지** | www.facebook.com/thehive.siemreap |
| **가격** | 커피류 $1.75~3.5 주스·셰이크 $2.75~3.0<br>아침식사 $2.75~5.5 점심메뉴 $3.5~6.0 |
| **에어컨** | O |

컨달 빌리지 안쪽에 숨듯이 자리한 작은 카페로, 씨엠립에 장기 거주하는 서양인들에게 조금씩 입소문을 타기 시작하여 현재는 가장 유명한 카페 중 하나로 자리매김하고 있다. 신선하고 질 좋은 재료로 만든 디톡스 주스가 주무기로, 정말 몸이 깨끗해질 것 같은 상큼한 맛이 일품이다. 조용한 분위기와 깨끗한 인테리어, 친절함도 플러스 요인. 씨엠립에 산다면 단골 삼고 싶을 만한 곳이다.

**주문은 이렇게!** 디톡스 주스가 가장 대표적인 메뉴이나 커피도 수준급. 특히 카푸치노나 플랫 화이트 등 우유거품이 들어간 메뉴가 평이 좋다. 식사 메뉴도 상당히 고급스럽고 맛있는 편으로 단골들은 식사를 하러 오는 경우가 많다고. 베지테리언 메뉴도 준비되어 있다.

온 아이스 롱 블랙
On Ice Long Black $2.5

프레시 그린 디톡스 주스
Fresh Green $3.0

커피 마니아를 위한 선택,

## 더 리틀 레드 폭스 에스프레소

The Little Red Fox Espresso

| 위치 | 컨달 빌리지 |
|---|---|
| 구글 GPS | 13.35736, 103.85658 |
| 전화번호 | 016-669-724 |
| 영업시간 | 목~화 07:00~17:00 (수요일 휴무) |
| 홈페이지 | www.thelittleredfoxespresso.com |
| 가격 | 핫 브루(에스프레소 베이스) $2.75~3.75 콜드 브루 $2.75~3.25 각종 음식류 $1.0~4.0 |
| 에어컨 | O |

커피의 맛에 좀 더 깊은 조예가 있는 여행자라면 이 '작은 붉은 여우' 카페를 주목해 볼 것. 캄보디아, 라오스, 태국 등에서 생산된 원두를 공정무역으로 수입하여 정성껏 볶아 추출한 에스프레소를 맛볼 수 있다. 진한 맛의 커피를 좋아하는 사람은 씨엠립 최고의 커피라고 극찬하기도 한다. 다양한 예술 작품과 잡지 등을 구비해 놓아 캄보디아의 예술 · 문화를 여행자들에게 알리는 쇼룸 역할도 하고 있다.

**주문은 이렇게!** 커피 종류는 기호에 따라 선택하면 충분하나, 특별히 선호하는 것이 없다면 콜드 브루를 마셔 볼 것. 콜드 드립, 아이스드 쿠반, 사이폰 커피 등 다른 곳에서 쉽게 마실 수 없는 메뉴들도 있다. 커피에 곁들일 간단한 쿠키 및 페이스트리류부터 간단한 식사까지 다양한 음식 메뉴도 마련되어 있다.

아이스 롱 블랙
Ice Long Black $2.25

길거리에서 즐기는 알뜰한 사치,

## 노이 카페 Noi Cafe

| 위치 | 올드 마켓 |
|---|---|
| 구글 GPS | 13.35373, 103.85589 |
| 전화번호 | 092-535-857 |
| 영업시간 | 06:00~19:00 |
| 가격 | 각종커피 |
| 에어컨 | X |

올드 마켓 바깥쪽에 씨엠립 강변을 보고 자리한 노천 커피숍으로, 1달러 안팎에 가성비 높은 커피를 선보인다. 특히 단돈 1달러에 스타벅스 벤티 급의 파괴적인 양을 자랑하는 아이스 아메리카노가 인기. 올드 마켓 주변을 돌아보다 커피와 찬 것이 간절해진 알뜰 여행자라면 1순위로 찾아볼 것. 노천 커피숍임에도 와이파이도 있다.

**주문은 이렇게!** 추출 솜씨가 아주 뛰어난 것은 아니라 에스프레소로 마시는 것보다는 얼음이나 우유를 섞은 쪽이 맛있다. 크림을 듬뿍 얹는 프라페로도 주문 가능하다. 테이크아웃 중심이나 좌석도 마련되어 있으므로 잠시 쉬어가도 OK. 홍차, 녹차, 핫초콜릿 등도 있다.

아이스 아메리카노
Iced Americano $1.0

씨엠립 맹주의 카페 진출,

## 템플 커피 앤 베이커리

Temple Coffee n Bakery

| | |
|---|---|
| **위치** | 킹스 로드 |
| **구글 GPS** | 13.35497, 103.85802 |
| **전화번호** | 090-999-955, 089-999-909 |
| **영업시간** | 베이커리 06:00~24:00<br>루프탑 라운지 17:00~02:00 |
| **홈페이지** | www.templegroup.asia |
| **가격** | 커피류 $1.75~3.75<br>차 및 각종 음료 $2.0~3.75 디저트 $1.75~4.5<br>식사류 $3.0~7.5 생선 및 스테이크 $7.5~22<br>아침식사 $3.0~5.5 키즈메뉴 $3.0~4.5 |
| **에어컨** | O |

펍 스트리트를 중심으로 클럽 · 펍 · 레스토랑 · 마사지숍 등을 열고 있는 씨엠립 서비스업의 제왕 템플에서 최근 오픈한 베이커리 겸 디저트 카페. 서울에 있어도 손색이 없을 것 같은 세련된 인테리어를 자랑하는 씨엠립의 핫 플레이스이다. 침대 의자에 충전 가능한 콘센트가 달린 좌석이 있는데, 언제나 인기 만점이므로 일찍 가서 자리를 맡을 것. 옥상의 루프탑 라운지에서는 씨엠립 강 일대의 야경을 즐기며 밴드의 라이브 음악을 감상할 수 있어 씨엠립의 부유층들이 많이 모인다.

**주문은 이렇게!** 우유 들어간 달달한 커피 메뉴가 많다. 동남아 풍의 라테, 카푸치노, 플랫 화이트 등을 경험하고 싶은 사람에게 강추. 식사류는 샌드위치, 햄버거, 덮밥, 커리류의 간단한 것부터 스테이크 같은 제법 거한 요리까지 다양한 선택이 가능하다. 맛은 준수한 편. 현지식에 적응하지 못한 사람들에게 추천할 만한 곳이다. 어린이 메뉴를 갖추고 있으므로 어린 자녀 또는 초딩 입맛 성인과 동반했다면 주문해 볼 것. 디저트류는 주로 아이스크림과 팬케이크.

아이스 아메리카노
Iced Americano $2.25

아이스크림 3종
Trio Cool $3

# Korean Restaurants

## 토종 입맛을 위한 선택, 한식

음식 문제 때문에 해외여행이 힘든 사람이라도 씨엠립에서는 아무 걱정할 필요 없다. 수년간 방문 외국인 관광객 수에서 한국인이 당당히 1위를 차지했던 덕에 씨엠립에는 한국 본토의 맛을 고스란히 내는 한식당들이 많이 자리 잡고 있다. 밥에 찌개에 김치를 먹어야 만족감을 느끼는 토종 입맛들은 이 페이지를 주목할 것.

손맛이 느껴지는 전라도 음식,

### 아리랑

| | |
|---|---|
| **위치** | 6번 국도 선상. 시내에서 툭툭으로 2~3달러. |
| **구글 GPS** | 13.37243, 103.83978 |
| **전화번호** | 012-312-050, 012-914-728 |
| **영업시간** | 07:00~22:00 |
| **가격** | 각종 한식 메뉴 1인당 $7~15 |
| **에어컨** | O |

씨엠립 최초의 한식당으로, 전라도 출신 사장님의 예사롭지 않은 손맛 덕분에 오랫동안 씨엠립 한식계의 터줏대감으로 군림하고 있다. 찌개, 전골, 볶음류 등 외국에서 먹을 수 있는 한식 메뉴의 예상범위를 가뿐히 뛰어넘는, 진짜 서민적인 한국 음식을 선보인다. 특히 밑반찬이 아주 맛깔스럽다. 어르신을 모시고 여행하는 사람에게 강력 추천.

**주문은 이렇게!** 무작정 들르는 것보다 일단 전화를 해보는 것이 좋다. 여행사를 통한 단체여행객 중심의 식당으로, 단품 메뉴가 없고 매일매일 1~2가지 메뉴를 정해 운용한다. 어떤 메뉴인지, 또는 어떤 메뉴가 가능한지 미리 물어보자. 김치찌개와 낚지볶음은 한국의 어지간한 한식당보다 맛있으므로 믿고 먹어도 좋다. 음식이 전반적으로 단 편이라는 것은 미리 감안할 것.

돌구이 삼겹살이 무제한,

## 대박

| | | |
|---|---|---|
| 1호점 | **위치** | 시바타 로드. |
| | **구글 GPS** | 13.35984, 103.85468 |
| | **전화번호** | 061-961-859, 077-388-536 |
| | **영업시간** | 10:00~22:00 |
| | **에어컨** | O |
| 2호점 | **위치** | 타풀 로드 |
| | **구글 GPS** | 13.36185, 103.85293 |
| | **전화번호** | 092-355-811, 092-849-357 |
| | **영업시간** | 08:00~21:30 |
| | **에어컨** | O |
| **가격** | 삼겹살 뷔페 1인당 $6 | |

시바타 로드를 걷다 보면 그야말로 〈대박〉이라고 '대박'만하게 적힌 한글 간판이 한눈에 들어오는 곳이다. 다양한 한식 메뉴를 운영하고 있으나 삼겹살의 인기가 압도적으로 높다. 1인당 6달러에 삼겹살을 무제한으로 먹을 수 있기 때문. 돌판에 구워 기름이 쭉 빠져나간 덕에 고기 맛도 상당히 좋고, 밑반찬과 김치도 실하게 나온다. 씨엠립 중심가에 자리하고 있어 찾아가기도 편하다. 최근에는 현지인과 외국 배낭여행객들에게도 인기.

**주문은 이렇게!** 시바타 로드에 1호점이, 타풀 로드 안쪽에 2호점이 있다. 2호점이 새로 생겨 쾌적함이나 자리잡기 등 여러 면에서 더 나으므로 너무 멀지 않으면 가급적 2호점으로 갈 것. 삼겹살을 테이블에서 직접 굽는 것이 아니라 종업원들이 그릴에서 구워 한 접시씩 내주는 스타일. 서빙 속도는 느린 편이다. 특히 7시 전후 저녁 식사 시간에는 사람이 몰려서 더욱 심해지므로 이 시간대는 피하자. 찌개류의 단품 요리도 맛있다.

### 시엠립의 북한 식당들

캄보디아에는 북한 식당이 있습니다. 북한 정부와 연계하여 운영하는 곳으로, 진짜 북한에서 파견된 미모의 여자 종업원들이 서빙과 공연을 하여 단체 여행자 및 남성 여행자들에게는 필수코스처럼 여겨졌습니다. 음식 가격이 비싼 편이고 공연의 수준도 학예회를 넘어서지 못하지만, 진짜 북한 음식을 접해 볼 수 있는 드문 기회라는 것과 '남남북녀'라는 옛 고사를 증명하는 여종업원들의 미모, 이렇게 두 가지 이유만으로도 방문의 가치는 충분했습니다. 씨엠립에는 〈평양랭면관〉과 〈평양친선관〉 두 곳이 성업하고 있었죠. 그러나 이것도 옛말이 되었습니다. 북핵문제가 고조되며 나라에서 해외 북한 식당에 대한 방문 자제를 권고했거든요. 단체 관광객들의 발길은 거의 끊기다시피 했어요. 북한 식당들은 영업에 큰 타격을 입었고, 〈평양친선관〉은 문을 닫기까지 했습니다. 최근에 남북 화해무드가 조성되며 북한 식당에도 다시 한국인 여행자들의 발걸음이 늘어간다는 소식이 전해오고 있습니다. 자세한 것은 앞으로 계속 알려드리겠지만, 예전만은 못하다는 소문입니다.

북한식당 〈평양랭면관〉의 음식과 공연 장면

Limon Grass
Curry
T-Shirt 2 $
Spicy Green
WOULD YOU RATHER MOVE TO MARS?
NIGHT
Island Bar
Mekong-Quilts

# Shopping Angkor!

쇼핑몰

시장

슈퍼마켓

숍 & 부티크

SOS 긴급 쇼핑

## 쇼핑은 여행의 큰 즐거움 중 하나이다.

한국에서 구하기 힘든 물건이 지천으로 널려 있는 것을 볼 때, 한국에서는 택도 없는 가격에 물건을 구했을 때 사람들은 종종 여행의 보람을 느끼곤 한다. 씨엠립은 유명한 쇼핑 도시는 아니지만, 눈썰미 있는 사람들에게는 은근히 괜찮은 것들이 발견되는 곳이기도 하다. 앙코르 여행의 추억인 동시에 실생활에도 요긴한 각종 살거리를 알아보자.

# 씨엠립 쇼핑 아이템 Best 9

씨엠립을 찾는 여행자들은 딱히 쇼핑의 기대 없이 작은 가방만 준비해서 갈 경우가 많다. 그러나 아래의 물건들을 살펴보고 자기 취향의 무언가가 있다면 넉넉한 가방을 챙길 것.

**스카프**

체크무늬 면 스카프가 가장 유명하다. 1개에 2~3달러 안팎으로 구입할 수 있어 기념품 및 안 친한 사람들 선물용으로 더할 나위 없이 좋다.

**어디서 사지?** 나이트 마켓, 올드 마켓 등 시장

**술**

캄보디아는 주세가 없어 주류의 가격이 세계에서 가장 저렴한 편. 위스키·코냑·와인·진·리큐르 등을 행복한 가격에 업어오자.

**어디서 사지?** 슈퍼마켓. 특히 앙코르마켓

**의류**

기념 티셔츠, 에스닉한 원피스나 코끼리 자수가 들어간 면 셔츠 등의 저렴한 여행자 의류부터 디자이너의 개성을 느낄 수 있는 부띠끄 의류까지 다양하다.

**어디서 사지?** 나이트 마켓, 올드 마켓 등 시장 및 앨리 웨스트 등에 자리한 부띠끄 숍

**커피**

캄보디아의 동부 산간 지역인 몬둘키리와 라타나키리는 동남아시아 유수의 커피 산지. 아주 고급스럽지는 않지만 가성비는 훌륭하다.

**어디서 사지?** 아시아마켓 등의 슈퍼마켓

**꿀**

양봉꿀이 아닌 자연에서 채취한 꿀을 한국보다 훨씬 저렴한 가격에 구할 수 있다. 맛도 뛰어나다.

**어디서 사지?** 아시아마켓 등의 슈퍼마켓

**후추**

캄보디아에는 세계적인 후추산지 '캄폿 Kampot'이 있어 어디서든 질 좋은 후추를 저렴한 가격에 구할 수 있다.

**어디서 사지?** 아시아마켓 등의 슈퍼마켓

**허브**

생필품 각종 허브를 이용한 비누, 향초, 마사지오일 등을 저렴한 가격에 구할 수 있다. 핸드메이드 제품도 흔하다.

**어디서 사지?** 슈퍼마켓 및 전문 부티크

### 실크제품

다양한 용도로 쓰일 수 있는 실크 천을 싼 가격에 구입할 수 있다. 넥타이, 스카프 등 질 좋은 실크 제품도 많다.
**어디서 사지?** 올드 마켓 및 전문 부티크

### 공예품

앙코르 유적이나 불두 등을 조각한 목공예, 석공예 제품을 쉽게 구할 수 있다. 비료 봉투나 신문지 등을 재활용해 만든 NGO공예품 등도 인기가 높다.
**어디서 사지?** 올드마켓, 나이트 마켓 및 전문 부티크

Tip

### 쇼핑할 때 유용한 캄보디아어

- 얼마에요? ➔ **틀라이 뽐만?**
- 이거 하나에 얼마에요 ➔ **니 모이 만?**
- 비싸요 ➔ **틀라이 나~**
- 돼요 (안 돼요) ➔ **반(업빤)**
- 예뻐요 ➔ **싸앗나~**
- 같은 거 있어요? ➔ **미은 도이크니어?**

## 씨엠립에서 쇼핑할 때 알면 좋은 토막상식

– 나이트 마켓이나 올드 마켓 등지에서 에누리는 기본. 그러나 너무 많이 깎으려 들지는 말자. 한국인 여행자들이 유난히 심하게 에누리를 하는 바람에 씨엠립의 시장 상인들이 학을 뗀다는 소문이 심심찮게 돌고 있다. 처음 부른 가격의 60~70% 선이 적정 가격. 한 가게에서 여러 개를 구입하거나 단골의 소개가 있으면 좀 더 에누리하는 것도 가능하다.

– 공산품 가격은 상당히 비싸다. 특히 전자제품은 한국에서 구입하는 것의 20~30% 이상 비싼 가격을 각오해야 한다. 물가가 싼 나라라고 해서 모든 것이 저렴할 것이라고 기대했다가는 큰 실망을 할 수 있다.

– 카드 결제가 되지 않는 곳이 대부분이다. 제법 고가의 제품임에도 카드가 되지 않아 현금을 내야 할 경우도 꽤 많다. 최근 신용카드 사용이 조금씩 확산되는 분위기이나 아직은 안 되는 곳이 훨씬 많다.

# Shopping Mall

## 씨엠립 쇼핑의 근사한 진화, 쇼핑몰

씨엠립은 하루가 다르게 발전하는 관광도시로, 아직 본격적인 백화점은 없지만 최근 세련된 쇼핑몰이 하나둘 생겨 나고 있다. 아직은 이렇다 할 브랜드나 가격적 메리트는 없어 본격 쇼핑을 할 만한 곳들은 아니나 쾌적한 분위기에서 다양한 물건을 구경하는 재미는 여느 쇼핑몰과 다르지 않다.

씨엠립을 대표하는 쇼핑몰,

### 럭키 몰 Lucky Mall

| | |
|---|---|
| **위치** | 시바타 로드 북쪽. |
| **구글 GPS** | 13.36213, 103.85535 |
| **전화번호** | 063-760-740 |
| **영업시간** | 09:00~22:00 (매장마다 차이 있음) |
| **홈페이지** | www.luckymarketgroup.com |

씨엠립의 대표적인 쇼핑몰. 총 3층 규모로 아담하나 아직 씨엠립에서는 가장 큰 규모의 쇼핑몰로 군림하고 있다. 1층의 대형 슈퍼마켓과 2층의 대형 미니소 매장, 3층의 패스트푸드점이 중심 매장이고, 이외에는 전자제품 매장, 의류 매장, 약국, 선물가게, 수입 화장품 매장 등이 자리하고 있다. 슈퍼마켓과 미니소 외에는 딱히 이렇다 할 살 거리가 없어 쇼핑몰보다는 랜드마크로서의 가치가 더 큰 곳이다. 사실 현지에서도 그렇게 장사가 잘되는 편은 아닌지 입점 업체도 자주 바뀌고 공실도 많다. '씨엠립에도 이런곳이 있다'라는 느낌으로 한번쯤 재미있게 돌아볼 만은 하다.

씨엠립에도 면세점이 생겼다고?

## T갤러리아 바이 DFS T Galleria by DFS

| | |
|---|---|
| **위치** | 국립박물관 옆 |
| **구글 GPS** | 13.36683, 103.86009 |
| **전화번호** | 063-962-511 |
| **영업시간** | 09:00~22:00 |
| **홈페이지** | www.dfs.com/en/siem-reap |

세계적인 면세점 체인 DFS 갤러리아의 씨엠립 지점. 3층 규모로 소규모 백화점 정도의 사이즈다. 발리 · 코치 · 페라가모 · 마이클 코어스 등의 세계적인 패션 브랜드와 랑콤 · 시세이도 · 키엘 등의 유명 화장품 브랜드, 아디다스 · 플레이 바이 꼼데 가르송 등의 스포츠 및 캐주얼 브랜드, 그 외 린트나 고디바 같은 유명 초콜렛이며 아티산 앙코르 같은 유명 로컬 브랜드까지 한자리에 모여 있다. 상품 구색이나 브랜드 구성이 아주 세련되지는 않았지만 충분히 합격점이다. 문제는 가격. 면세점이라는 단어를 쓰기 무색할 정도로 가격이 비싸다. 캄보디아의 공산품과 수입품 물가가 워낙 비싸기 때문. 면세점이라기보다는 소규모 백화점이라고 생각하고 돌아보는 것이 좋다.

### '브랜드 숍'을 주목하자!!

시바타 로드나 타풀 로드 등을 돌아다니다 보면 '브랜드 숍 Brand Shop'이나 '브랜드 몰 Brand Mall', '브랜드 아웃렛 Brand Outlet'이라고 적힌 상점을 어렵지 않게 볼 수 있습니다. 어느 모로 보나 훌륭한 '짝퉁'의 포스를 풍기기 때문에 지나치기 십상입니다만, 의외로 판매하는 물건들이 대부분 진품입니다. 캄보디아를 비롯한 인도차이나 반도에는 미국이나 유럽 브랜드의 하청공장이 상당히 많은데요, 이런 곳에서 생산된 샘플이나 B급품 등이 흘러나와 이러한 '브랜드 숍'에서 판매된다고 합니다. 아주 고가 브랜드는 없고요, 주로 갭 · 아메리칸 이글 · 올드 네이비 · 자라 등의 캐주얼 브랜드들입니다. 가격은 꽤 저렴하고요. 사이즈와 패션 감각 모두 무난하신 분들은 한번쯤 들러 보셔도 나쁘지 않을 것 같습니다.

# Market

## 씨엠립 쇼핑의 시작과 끝, 시장

동남아 여행의 백미는 시장 구경이라고 말하는 사람들이 적지 않다. 낮에는 현지인들의 삶이 묻어나는 전통 시장이, 밤에는 열대의 낭만을 죄다 모아 시장의 형태로 만든 것 같은 야시장이 있다. 씨엠립에도 쇼핑의 재미와 함께 그네들의 삶을 엿보는 재미까지 덤으로 안겨주는 시장이 여러 곳 있다. 쇼퍼들의 흥미를 끌 만한 보석 같은 물건들이 숨어 있으므로 눈을 크게 뜨고 돌아볼 것.

씨엠립 쇼핑의 중심,

### 앙코르 나이트 마켓 Angkor Night Market

| | |
|---|---|
| **위치** | 시바타 로드 남쪽. 올드 마켓과 가깝다. |
| **구글 GPS** | 13.35539, 103.85188 |
| **전화번호** | 069-835-835 |
| **영업시간** | 17:00~24:00 (18:00쯤 모든 상점이 열고 22:00 전후에 철수 시작) |
| **홈페이지** | www.angkornightmarket.com |

씨엠립을 대표하는 관광객용 야시장. 의류, 스카프, 인테리어 소품, 공예품, 기념품 및 선물용품 등을 주로 취급한다. 구획 정리나 상품 진열 등이 깔끔하고 편리하게 되어 있어 씨엠립에서 물건 구경하기 가장 좋은 곳으로 첫손 꼽힌다. 동남아 전역에서 모두 다 파는 일반적인 야시장 물건과 소박하지만 개성이 빛나는 소규모 디자이너 부티크가 혼재되어 있다. 다른 쇼핑 장소를 꼼꼼히 둘러볼 시간이 없는 여행자라면 나이트 마켓만 봐도 충분하다. 영화관, 마사지숍, 바, 식당 등 부대시설도 쪼쪼하게 들어 차 있으므로 딱히 물건을 살 생각이 없더라도 하루 저녁 관광을 겸해 시간을 보내기 아주 좋다.

## 나이트마켓 이모저모

시바타 로드에서 나이트 마켓으로 들어가는 골목 입구. 저 표지판만 찾으면 된다.

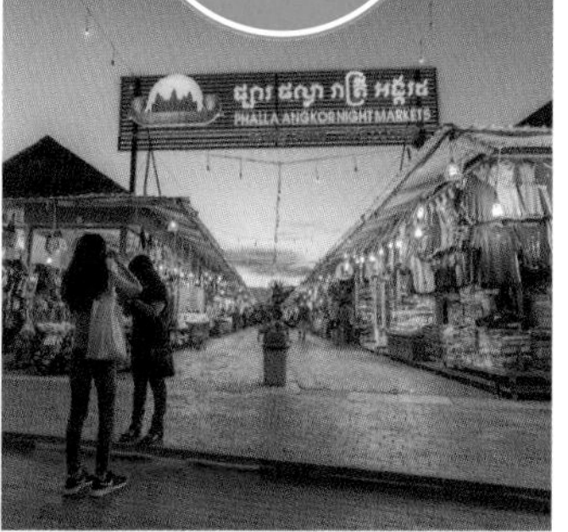

나이트 마켓은 상당히 넓은 부지에 여러 구역으로 나뉘어 있다.

나이트 마켓의 중심에 자리한 아일랜드 바.

쇼핑하기 편하도록 깔끔하게 정비되어 있다.

직접 한 장 한 장 손으로 그려 만든 핸드메이드 티셔츠. 기념품이라기보다 작품이다. $18~22

앙코르와트나 도마뱀 모양 구멍이 뚫린 귀여운 향로. $4~6

색색가지 모래를 담아 다양한 것을 표현하는 샌드 아트. $10~13

어린이 선물로 좋은 패치워크 코끼리 인형 $6~11

노천 마사지숍도 있다. 발마사지 $2~.

씨엠립의 중심,
## 올드 마켓 Old Market

| | |
|---|---|
| **위치** | 씨엠립 시내 중심부 |
| **구글 GPS** | 13.354, 103.8553 |
| **전화번호** | 매장마다 다름 |
| **영업시간** | 매장마다 다름 (보통 10:00~18:00) |

씨엠립의 중심에 자리하고 있는 대형 전통시장이자 씨엠립의 가장 중요한 랜드마크. 씨엠립 중심가의 웬만한 스폿은 전부 올드 마켓을 중심으로 위치를 설명하지만, 정작 올드 마켓의 위치는 설명하기 애매할 때가 많다. 현지어로는 '(프)사 짜(Phsa Chas)'라고 한다. 현지인들을 위한 전통시장과 관광객 대상의 기념품 시장 역할이 7:3 정도로 잘 버무려져 있다. 의류, 생활용품, 공예품, 기념품, 식재료 등 씨엠립에서 파는 물건의 대부분을 팔고 있는 거대한 시장으로, 씨엠립 생활의 면모들을 엿볼 수 있는 곳이기도 하다. 공예품, 기념품 등은 나이트 마켓보다 이곳이 저렴하므로 알뜰 여행자들은 이곳에서 구매하자.

예쁘고 고급스러운 시장,

## 메이드 인 캄보디아 마켓

**Made In Cambodia Market**

**위치** : 씨엠립 강 동쪽 강변도로

**구글 GPS** : 13.35328, 103.85704

**전화번호** : 010-345-643

**영업시간** : 12:00~22:00

**홈페이지** : www.facebook.com/MadeinCambodiaMarket

씨엠립의 핫플레이스인 소규모 복합공간 '킹스 로드 King's Road'의 앞마당에 자리한 노천 시장. 씨엠립에 있는 모든 시장을 통틀어 가장 예쁘고 깔끔한 시장으로, 동남아의 야시장과 유럽의 벼룩시장의 중간 선상에 있는 듯한 모습이다. 대부분의 매장이 소규모 디자이너 부띠끄 내지는 수공예품 전문점이라 가격대는 살짝 높으나 물건의 질은 아주 좋은 편. 선물용품이나 특별한 기념품을 찾는다면 꼭 들러 볼 것. 킹스 로드의 깔끔한 분위기와 시장의 분위기가 어우러져 산책 코스로도 좋다. 다양한 이벤트가 벌어져 종종 재미있는 볼거리가 얻어 걸리기도 한다.

### Column 중앙 시장 Center Market 은 공사중!

시바타 길 한가운데는 올드 마켓에 버금 가는 대형 전통 시장이 하나 있습니다. 현지어로는 '프사 컨달'이라고 하고, 영문으로는 '센터 마켓'이라고 합니다. '센트럴 Central'이어야 맞을 것 같은데 간판에 센터라고 써 있습니다. 어쨌든 현지어나 영어나 둘 다 뜻은 중앙 시장입니다. 의류를 비롯하여 각종 직물로 만들어진 상품을 중심으로 생활용품, 인테리어 용품, 액세서리, 보석류 등을 주로 판매하는 곳으로, 약간 무리수를 두어 비유하자면 한국의 평화시장과 비슷한 곳입니다. 이곳은 현재 리노베이션 중으로, 공사를 마치면 현대식 마켓으로 재탄생할 것이라고 하네요. 어떤 모습일지 기대가 됩니다. 그리고 그때는 영문명이 제대로 '센트럴'로 박혔으면 좋겠다는 사소한 바람을 가져봅니다.

공사 전의 중앙 시장 외관

이것이 진짜 캄보디아의 일상,

## (프)쌀 르 Phsa Leu

| | |
|---|---|
| **위치** | 씨엠립 동쪽 롤루오스 유적군 가는 길.<br>씨엠립 강을 건너 6번 국도를 따라 약 1.5km 정도 직진. |
| **구글 GPS** | 13.35328, 103.85704 |
| **영업시간** | 05:00~18:00 |

씨엠립 최대의 시장으로, 현지인들이 밥상을 차리고 옷을 사 입기 위해 들르는 시장이다. 캄보디아인들의 식재료, 캄보디아인들의 옷, 캄보디아인들의 청소 도구를 파는 곳이므로 관광객이 가서 살 것은 과일이나 사탕수수 주스 정도뿐. 쇼핑을 하러 가는 시장이라기보다는 캄보디아의 생활을 날것 그대로 생생하게 느끼러 가는 곳이다. 깨끗하다고는 할 수 없는 환경이지만 오히려 그래서 더 이국의 생활이 역동적으로 느껴지는 곳이다. 단, 비위가 약한 사람이라면 방문을 재고할 것. 이 시장에서는 아무리 좋게 말해도 '역하다'고 밖에 할 수 없는 냄새가 난다.

## 캄보디아의 시장에 금은방이 많은 이유

올드 마켓이나 쌀 르 같은 전통 시장을 다니다 보면 유난히 금은방이 많은 것을 볼 수 있습니다. 정교하고 세련되게 세공된 액세서리는 보기 힘들고, 그냥 샛노랗고 투박한 금목걸이나 반지가 대부분입니다. 이렇게 금은방이 많아진 데는 아픈 이유가 숨어 있습니다. 바로 킬링 필드입니다. 캄보디아를 장악한 크메르 루주는 부르주아로 판단되는 사람들을 닥치는 대로 학살했는데요, 그 기준 중 하나가 바로 은행 잔고였다고 합니다. 그 이후 캄보디아 사람들은 은행에 대한 공포증을 갖게 되었고, 재산이 모이면 은행에 맡기는 대신 금붙이를 사서 집에 보관해 두는 쪽을 선호하게 되었다고 합니다. 얼마나 더 많은 세월이 지나야 이 상처가 다 지워질 수 있을까요?

# Supermarket

## 씨엠립 본격 알짜 쇼핑 스폿, 슈퍼마켓

쇼핑몰에서는 눈요기를, 시장에서 기념품 쇼핑을 즐겼다면 이제 본격적인 실용 쇼핑에 들어갈 차례다. 씨엠립에는 저렴한 가격에 쇼핑 필수 아이템들을 구입할 수 있는 대형 슈퍼마켓이 여러 곳 자리하고 있다. 제대로 지름신이 내리면 다 들고 가기 힘들 정도로 지를 수도 있으므로 미리 큰 가방을 준비할 것.

요즘 씨엠립 슈퍼마켓 지존,

### 아시아 마켓 Asia Market

| | |
|---|---|
| **위치** | 시바타 로드 |
| **구글 GPS** | 13.35752, 103.85399 |
| **전화번호** | 012-920-325, 017-765-092 |
| **영업시간** | 08:00~24:00 |

시바타 로드에서 시내 남쪽 나이트 마켓 가는 부근에 자리한 대형 슈퍼마켓으로, 현재 씨엠립에서 가장 상품 구색이 뛰어나고 가격이 저렴한 슈퍼마켓으로 정평이 나 있다. 커피, 꿀, 후추, 향신료 등 일반 식료품 쇼핑은 이곳에서 하는 것이 가장 좋다. 자정까지 영업하는 것, 실내가 넓어 쾌적한 쇼핑이 가능한 것, 입구에 벤치가 있어 쉬어 가거나 짐정리하기 좋다는 것도 소소한 장점.

술과 한국음식은 여기로,

### 앙코르 마켓 Angkor Market

| | |
|---|---|
| **위치** | 시바타 로드 |
| **구글 GPS** | 13.36107, 103.85527 |
| **전화번호** | 063-767-799 |
| **영업시간** | 07:00~22:00 |

시바타 길에 위치한 대형 슈퍼마켓. 전반적인 깔끔함이나 세련미는 다른 슈퍼마켓보다 다소 떨어지나 몇몇 품목의 가격과 구색이 비교불가할 정도로 뛰어나 높은 인기를 누리고 있다. 특히 주류가 최고로, 와인, 위스키, 리큐르, 맥주까지 다종다양한 주류를 구비하고 있으므로 수하물 무게와 면세 범위가 허가하는 한도 내에서 행복하게 이고지고 갈 것. 어지간한 한국 음식이나 생필품은 다 구할 수 있어 장기 여행자나 교민들에게도 인기가 높다.

쾌적한 쇼핑을 원할 때,

## 메트로 마켓 Metro Market

| | |
|---|---|
| **위치** | 시바타 로드. 파크 하얏트와 가깝다. |
| **구글 GPS** | 13.35875, 103.85423 |
| **영업시간** | 08:30~23:30 |

씨엠립에서 가장 최근에 생긴 대형 슈퍼마켓 중 하나로, 상품 진열이 깔끔하고 구색이 좋은 것에 비해 한산하여 쇼핑하기 좋다. 과자류 및 음료수는 다른 어느 곳에 비해도 좋은 편. 특히 동남아시아 물건을 폭넓게 잘 갖추고 있다. 무료 와이파이가 되는 것도 소소하지만 빼놓을 수 없는 장점.

깔끔하고 세련된 고급 슈퍼마켓,

## 럭키 슈퍼마켓 Lucky Supermarket

| | |
|---|---|
| **위치** | 럭키 몰 내 |
| **구글 GPS** | 13.36216, 103.85532 |
| **전화번호** | 081-222-068 |
| **영업시간** | 09:00~21:00 |
| **홈페이지** | www.luckymarketgroup.com |

씨엠립 최고의 쇼핑몰 럭키 몰 내에 자리한 대형 슈퍼마켓으로, 식품, 생활용품, 베이커리 등으로 구성되어 있다. 다양한 상품 구성과 깔끔한 진열은 세계 어디 갖다놔도 뒤지지 않을 수준. 다만 가격대가 높은 편. 쇼핑용보다는 여행 도중 과일이나 유제품 등 깔끔한 식료품이 필요할 때 이용하기 좋다. 베이커리의 빵이 상당히 맛있으므로 평소 단것, 빵, 밀가루 음식을 애호한다면 꼭 찾아가 보자.

# Special Page.

## 캄보디아 맥주 & 물 한눈에 보기

남의 나라를 여행할 때 은근히 신경 쓰이는 것이 바로 물맛과 맥주맛이다. 과연 캄보디아에는 어떤 물과 맥주과 여행자들을 기다리고 있을까? 지면으로 먼저 만나 보자.

### 물 Water

**비탈 Vital**
가장 무난한 선택. 한국의 물맛과 가장 비슷하다.

**다사니 Dasani**
다소 저렴한 브랜드. 호텔이나 투어에서 무료 제공하는 물로 가장 많이 쓰인다.

**쿨렌 Kulen**
최고급 브랜드. 캄보디아의 에비앙이라고도 한다. 가격도 다른 물의 2~3배를 호가한다.

### 맥주 Beer

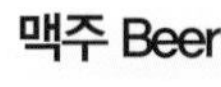

**앙코르 비어 Angkor Beer**
캄보디아를 대표하는 맥주 브랜드. 깔끔한 맛이 특징. 관광객들이 가장 선호하는 브랜드이다.

**앙코르 엑스트라 스타우트 Angkor Extra Stout**
앙코르 비어에서 출시한 흑맥주. 진하고 구수하다.

**캄보디아 Cambodia**
앙코르와 더불어 캄보디아 2대 국민 맥주로 꼽힌다. 현지인들에게 조금 더 인기가 많다.

**앵커 Anchor**
현지에서는 '안초르'라고 읽는다. 생맥주는 8할 이상 이 브랜드의 것이다.

# Shops & Boutique

## 좀 더 특별한 것을 찾는 당신에게, 숍 & 부티크

씨엠립은 쇼핑이 썩 발달한 도시가 아니다. 슈퍼마켓과 나이트 마켓만 탈탈 털어도 주요 쇼핑 아이템들은 다 구할 수 있다 . 그러나 특별한 경험을 찾는 쇼퍼들이라면 여기서 한 발짝 더 나가보다. 씨엠립의 구석구석에는 센스와 품질로 작지만 반짝이는 부티크와 숍들이 자리하고 있다. 씨엠립이기 때문에 만날 수 있는, 씨엠립이기 때문에 더 특별한 보석같은 숍들을 소개한다.

아름다운 핸드메이드 제품,

### 상퇴르 당코르 Senteur d'Angkor

| | |
|---|---|
| **위치** | 펍 스트리트 입구 부근 |
| **구글 GPS** | 13.35432, 103.8557 |
| **전화번호** | 063-963-830 |
| **영업시간** | 07:30~22:00 |
| **홈페이지** | www.senteursdangkor.com |

사탕수수, 야자 등에서 채취한 재료와 정원에서 직접 재배한 다양한 허브 등을 이용한 핸드메이드 공예 제품을 만드는 곳이다. 비누, 향료, 선향, 양초, 허브 티, 리큐르, 벌레 기피제, 후추, 캄보디아 전통 요리에 들어가는 향신료 등 천연 재료로 만들 수 있는 향기로운 물건이라면 무엇이든 취급한다. 품질이 고급스럽고 포장도 좋아 선물용으로 좋다. 내부에 주류와 차를 시음하는 곳도 마련되어 있다. 전반적인 상품 가격대는 살짝 높은 편. 6번 국도 선상에 작업장이 있고, 시바타 길에서 씨엠립 강으로 향하는 길목에 지점이 하나 더 있다.

천연 성분
벌레 기피제 $7

비누 · 마사지오일 ·
립밥이 든 선물세트 $8

귀여운 디자인의
파우치 $10

착하고 유쾌한 업사이클 숍,

## 스마테리아 Smateria

| | |
|---|---|
| 위치 | 앨리 웨스트 |
| 구글 GPS | 13.35412, 103.85414 |
| 전화번호 | 063-964-343 |
| 영업시간 | 월~금 09:00~20:00 토 · 일 10:00~18:00 |
| 홈페이지 | smateria.com |

스위스의 프라이탁이나 스페인의 바호와 같은 업사이클링 브랜드로, 폐비닐 · 마대자루 · 폐인조가죽 등의 재료를 재가공하여 가방 · 지갑 · 파우치 등을 생산한다. 이탈리아 출신의 디자이너가 디자인을 하고 캄보디아 내의 공장에서 공정 거래를 통해 생산하는 시스템. 디자인이 아주 특별하다고는 할 수 없으나 유쾌한 색감과 가벼움, 높은 실용성 때문에 전 세계적으로 서서히 인지도를 얻어가는 중이다. 국내에서도 이미 몇몇 유명 셀렉트 숍에 입점해 있는데, 현지 가격이 좀더 저렴하다.

아름다운 핸드메이드 제품,

## 크메르 세라믹스 파인 아츠 센터

Khmer Ceramics Fine Arts Center

| | |
|---|---|
| 위치 | 앨리 웨스트 |
| 구글 GPS | 13.35418, 103.85405 |
| 전화번호 | 063-763-782 |
| 영업시간 | 08:00~20:00 (재확인 필요) |
| 홈페이지 | www.khmerceramics.com |

캄보디아 전통 도기 공예의 전수자를 육성하고 그들이 만든 고퀄리티의 작품을 판매하려는 목적으로 설립된 작업장 겸 판매소. 작업장은 샤를 드 골 길에 큰 규모로 자리하고 있고 올드 마켓 부근인 앨리 웨스트에는 갤러리 겸 숍이 있는데, 외관이 마치 유럽의 어느 골목에서 방금 뚝 떼어 오기라도 한 듯 예쁘다. 기념품으로 좋은 작은 사이즈의 도자기가 많아 손쉽게 주머니가 열린다는 게 장점이자 단점. 질도 상당히 좋은 편.

캄보디아 장인을 육성하는 곳,

## 아티산 앙코르 Artisans Ankor

| | |
|---|---|
| **위치** | 올드 마켓 주변 |
| **구글 GPS** | 13.35267, 103.85186 |
| **전화번호** | 89 624 686 / (0) 63 963 330 |
| **영업시간** | (작업장 07:30~18:30) |
| **홈페이지** | www.artisansdangkor.com |

캄보디아의 전통 공예 장인을 육성하고 그들의 작품을 판매하는 곳이다. 실크, 목공예, 대리석, 사암, 은공예 등 다양한 분야에서 질 좋은 공예품을 선보인다. 특히 이곳의 실크제품은 가격은 약간 높은 편이나 퀄리티가 뛰어나 어르신 및 고마운 분들 선물용으로 추천할 만하다. 작업장이 모두 공개되어 있어 직접 견학이 가능하다. 실크 작업장은 시내에서 약 5km 떨어져 있는 '실크팜(Silk Farm)'이라는 곳에 있는데, 단체 여행객들에게는 필수 코스 중 하나로 통한다. 올드 마켓 주변에 작업장 겸 플래그십 매장이 있고, 씨엠립 공항과 갤러리아에도 입점되어있다.

고급스러운 수직 실크 스카프 $39

정교한 새 모양의 은합 $65

인도차이나의 명품 퀼트.

## 메콩 퀼트 Mekong Quilt

| | |
|---|---|
| **위치** | 나이트 마켓 입구 부근 |
| **구글 GPS** | 13.35462, 103.85363 |
| **전화번호** | 063-964-498 |
| **영업시간** | 10:00~22:00 |
| **홈페이지** | www.mekong-quilts.org |

베트남에 본사를 두고 있는 퀼트 전문점. 하노이, 다낭, 프놈펜 등에도 지점이 있어 동남아 여행을 자주 다니는 사람들에게는 상당히 유명한 브랜드이다. 베트남과 캄보디아 여성의 자활을 돕기 위해 만들어진 비영리 사업장으로서, 수익은 전액 NGO단체를 통해 장학사업 및 건강증진 사업에 쓰인다. 씨엠립 물가에 비해 가격대가 높은 편이나 핸드메이드라는 것을 생각하면 납득 가능한 가격이다. 디자인도 소박하고 무난하다. 가방, 액세서리, 장난감 등 다양한 제품을 갖추고 있어 선물을 고르기도 좋다.

도마뱀 무늬 쿠션 커버 $47

에스닉하고 세련된 의류.

## 스파이시 그린 망고 Spicy Green Mango

| | |
|---|---|
| **위치** | 앨리 웨스트 |
| **구글 GPS** | 13.35417, 103.85401 |
| **전화번호** | 063-964-294 |
| **영업시간** | 10:00~22:00 |
| **홈페이지** | www.spicygreenmango.com |

여성용 의류와 신발을 중심으로 다양한 의류를 선보이는 작은 부띠끄로, 에스닉한 동남아시아의 감성이 살아 있으면서도 상당히 질이 좋은 상품을 선보인다. 가격대는 5~30$로 씨엠립 물가 치고는 꽤 높으나 한 철 입고 버릴 옷이 아니라 생각에 따라서는 오히려 저렴하다고도 볼 수 있다. 에스닉한 스타일을 좋아해도 시장의 의류는 너무 여행자티, 기념품티가 나서 막상 구입하기는 좀 꺼려지는 여행자에게 추천한다.

# Special Page.

## SOS 긴급 쇼핑

모든 여행 준비를 완벽하게 할 수 있다면 그보다 더 좋을 수는 없겠지만, 불행히도 모두가 그렇게 꼼꼼하고 치밀하게 살 수는 없다. 여행지에 도착해 보면 꼭 빼 놓은 물건들이 한두개씩 나타나기 마련. 그중에는 여행에 큰 지장이 생길 정도로 치명적인 물건도 있다. 그럴 때 방법은 하나. 현지에서 사서 채워 넣는 수밖에 없다. 씨엠립의 공산품 물가가 워낙 높아 같은 물건을 사도 한국보다 20~30% 비싸게 줘야 한다는 사실만 염두에 두자.

화장품과 상비약이 필요할 때 ,

### 유케어 파마 U Care Phama

| | | |
|---|---|---|
| 펍 스트리트점 | 위치 | 펍 스트리트 입구 부근 |
| | 구글 GPS | 13.35501, 103.85528 |
| | 전화번호 | 063-965-396 |
| | 영업시간 | 08:00~22:00 |
| 시바타 로드점 | 위치 | 파크 하얏트 호텔에서 북쪽으로 약 100m |
| | 구글 GPS | 13.35925, 103.85446 |
| | 전화번호 | 063-763-399 |
| | 영업시간 | 08:00~22:00 |
| 홈페이지 | www.ucarepharma.com | |

캄보디아 최초의 드러그스토어로, 대부분의 제품이 프랑스 수입품이다. 아벤느, 바이오더마, 로레알, 유리아주, 부르조아 등 친숙하고 믿을 수 있는 브랜드의 기초와 색조 화장품을 다수 취급한다. 우리나라에서도 인터넷이나 드러그스토어에서 흔히 구할 수 있는 상품이 대부분이고 가격도 10~20% 정도 비싸 본격적으로 쇼핑을 즐기기는 무리지만 민감한 피부의 소유자가 자외선 차단제나 수분 크림, 미스트 등을 급하게 구입하기 좋다. 럭키몰 내에도 소규모 지점이 있다.

씨엠립에 미니소가 떴다!.

## 미니소 Miniso

| 위치 | 럭키 몰 2층 |
|---|---|
| 구글 GPS | 13.36213, 103.85551 |
| 전화번호 | 016-282-828 |
| 영업시간 | 월~토 09:00~22:00 일 11:00~22:00 |

일본풍의 실용적이고 아기자기한 디자인을 선보이는 중국의 잡화 브랜드. 한국에도 있는 브랜드라 친근감이 느껴지나 가격은 그다지 친근하지 않은 편. 에코백, 보조배터리, 보냉통, 블루투스 스피커 등 아무거나 사기는 꺼려지는 물품을 구매하려고 할 때 이용하기 딱 좋다. 기왕 캄보디아에 왔으니 캄보디아 느낌이 묻어나는 물건이 있으면 좋겠다고 생각할 수도 있으나 불행히도 그런 건 없다. 최근 나이트 마켓 앞에 중소규모의 2호점이 생겼다.

살짝 비싼 균일가숍.

## 미아 재패니즈 프로덕트

Mi-A Japanese Product

| 위치 | 시바타 로드 |
|---|---|
| 구글 GPS | 13.35888, 103.85429 |
| 전화번호 | 063-627-6999 |
| 영업시간 | 08:30~22:00 |

일본의 유명 백엔숍 체인인 다이소, 세리아 등의 물건을 수입하여 1.9달러의 균일가에 판매하는 곳. 씨엠립 현지인들에게는 미니소와 더불어 가장 핫한 숍으로 손꼽힌다. 머리끈, 눈썹칼, 반창고, 화장솜, 폼 클렌저 등 사소하지만 의외로 섬세한 품질을 요구하는 물건을 사기에 좋다. 가격이 한국과 비교하면 2~3배라는 것이 함정. 한국에서 구하기 힘든 일본의 아이디어 상품은 쇼핑 아이템으로도 나쁘지 않다.

카메라와 사진에 관한 모든 것,

## 라오 펜 쳇 디지털 센터 & 스튜디오

**Laor Penh Cheth Digital Center & Studio**

| | |
|---|---|
| **위치** | 시바타 로드 |
| **구글 GPS** | 13.36167, 103.85579 |
| **전화번호** | 063-652-6666, 012-534-666,<br>011-933-456, 088-246-6666 |
| **영업시간** | 08:00~17:00 |
| **홈페이지** | http://lpc-studio.com/ |

럭키 몰 맞은편에 자리한 대형 사진관으로, 카메라 및 액세서리도 판매한다. 메모리 카드, 카드 리더기, 렌즈 커버 등을 챙겨오지 않았거나 잃어버렸을 때 순발력 있게 이용하기 좋다. 한국에서 13,000원 안팎에 판매하는 트랜센드 카드 리더기를 20달러에 팔 정도로 가격은 비싼 편. 메모리카드가 꽉 찼는데 별도의 백업 장비를 가져오지 않았을 때, 촬영한 사진을 현지에서 바로 프린트하고 싶을 때도 든든하게 도움이 되는 곳이다.

### 압사라가 되어 볼까?

압사라를 보는 것만으로 만족하지 못하는 여성 여행자라면, 한번 직접 압사라가 되어 봅시다. 즐거운, 또는 부끄러운 추억 하나를 확실하게 만들 수 있는 방법이 있습니다. 라오 펜 쳇 스튜디오에서는 압사라 의상을 입고 기념사진을 촬영할 수 있습니다. 의상 대여, 메이크 업에 사진 촬영까지 풀 코스를 10~20달러 선에 즐길 수 있습니다. 몹시 재미지면서도 사람 부끄럽게 하는 포인트는 두 가지. 첫째는 메이크업으로서 '원판 불변의 법칙'이라는 말이 무색할 정도로 다른 사람을 만들어 놓습니다. 또 하나는 사진 보정인데요, 사람의 몸을 제대로 깎고 조이고 부풀려 줍니다. 앙코르 유적을 뒷배경으로 합성해 주는 센스는 기본이고요. 캄보디아에서만 가능한 특별한 경험이므로 주위에 지나치게 놀려대는 개구쟁이 동행만 없다면 한번 꼭 시도해 보세요.

# Fun in Angkor & Siem Reap

스마일 오브 앙코르

캄보디아 민속촌

압사라 댄스 뷔페

마사지

앙코르 짚라인

## 보았다, 먹었다, 샀다. 그러나 여행에서 누려야할 즐거움은 더 남아있다.

그곳에서만 경험할 수 있는 특별한 체험, 시간 사이사이를 메워주는 재미있는 기억 등이 요리의 마지막에 뿌리는 참기름처럼 여행에 큰 감칠맛을 더해주곤 한다. 앙코르 유적과 시엠립 여행의 참기름이 되어줄 즐길 거리들을 알아본다.

# Smile of Angkor

## 씨엠립을 대표하는 쇼, 스마일 오브 앙코르

| | |
|---|---|
| **위치** | 티켓 오피스 부근에 전용 공연장이 있다. |
| **구글 GPS** | 13.38067, 103.88213 |
| **전화번호** | 063-655-0168, 097-455-1717 |
| **영업시간** | 공연 19:00~ 20:45 (75분)<br>뷔페식사 17:00~19:30 (연중무휴 매일 영업)<br>*매진 시 18:00~19:15에 공연 추가됨.<br>뷔페식사는 17:30~19:30 |
| **입장료** | 공연 티켓 - A석 $40, B석 $30<br>뷔페+공연 - A석 $48, B석 $38 |
| **홈페이지** | www.smileofangkor.info |
| **툭툭에게** | '스마일 오브 앙코르'라고 하면 쉽게<br>알아듣는다. 시내에서 편도 3~4달러. |

중국 베이징의 〈금면왕조〉, 방콕의 〈싸얌 니라밋〉, 파타야의 〈알카자 쇼〉, 파리의 〈리도 쇼〉 등 세계의 유명 관광지 중에는 그 곳을 대표하는 근사한 쇼를 보유한 곳이 적지 않다. 시엠립에도 그런 쇼가 있다. '스마일 오브 앙코르'가 바로 그것. 역사는 이제 십년 안팎으로 그다지 길지는 않으나 엔터테인먼트 분야에서는 약체 중에 약체인 시엠립에서 자존심처럼 군림하고 있다. 한 소년이 밀림 속에서 유적과 조우한 뒤 신비한 힘에 이끌려 앙코르 시대로 타임슬립 한다는 설정으로, 앙코르 시대의 각종 의식과 압사라 댄스, '우유의 바다 휘젓기' 퍼포먼스 등을 화려한 군무와 조명, 무대 장식으로 다채롭게 보여준다. 앞서 언급한 세계 유수의 쇼에 비하면 규모나 연출 면에서 소박한 감이 있으나 하룻 저녁 볼거리로는 충분히 만족스럽다. 특히 연로한 부모님을 동반한 가족 여행자들에게 반응이 좋다.

**주문은 이렇게!**

· **공연만 보자!** 뷔페 식사를 포함한 패키지와 단순 공연 관람 중 선택할 수 있는데, 뷔페 식사의 가성비가 좀 떨어진다는 의견이 적지 않다. 식사는 다른곳에서 맛있게 즐긴 뒤 공연만 관람해도 충분하다.

· **바우처를 구하자!** 티켓은 직접 예약하는 것 보다 시내의 여행사나 가이드 투어 업체 등에서 할인 바우처를 구하는 편이 훨씬 저렴하다. A석 공연 티켓은 25달러, 뷔페 패키지는 35달러 정도에 구할 수 있다.

공연이 끝나면 배우 · 무용수들과 함께
기념 사진을 찍을 수 있다.

입구의 모습

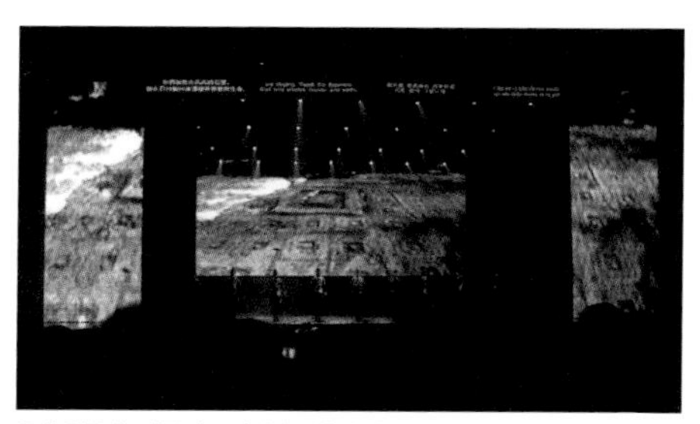

무대 위쪽에 4개국어로 자막이 나온다. 한국어 자막도 있다.

CG나 조명 기술이 아주 뛰어난 것은 아니다.

# Cambodian Cultural Village

## 즐거운 민속 공연이 한 자리에, 캄보디아 민속촌

| | |
|---|---|
| **위치** | 6번 국도 선상. 시내에서 공항 방향으로 약 3~4km 떨어져 있다. |
| **구글 GPS** | 13.3759, 103.83007 |
| **전화번호** | 063-963-836 |
| **영업시간** | 09:00~21:00 |
| **입장료** | $15 |
| **홈페이지** | www.cambodianculturalvillage.com |
| **툭툭에게** | '컬쳐럴 빌리지'라고 하면 된다. 시내에서 3~4 달러. |

캄보디아의 전통 가옥 및 마을, 생활 풍속 등을 재현해놓은 곳. 캄보디아를 구성하는 11개의 캄보디아 전통 부족 및 이민족들의 마을을 구역별로 재현하고, 각각의 마을 안에서 정해진 시간마다 전통 공연을 선보인다. 모든 공연이 다 훌륭하다고 할 수는 없으나, 크롱족 마을의 레퍼토리인 〈신랑 고르기〉와 야외 대극장에서 주말마다 올리는 〈자야바르만 7세〉 공연은 오랫동안 씨엠립 엔터테인먼트의 간판 스타 노릇을 하고 있다. 이외에도 밀랍 인형관, 귀신의 집, 앙코르 유적 및 프놈펜 미니 모형 등 다채로운 볼거리들이 많다. 나이드신 분과 함께 찾기 좋은 여행지로, 단체 여행 상품에도 단골로 끼어들어가고 있다. 다만 볼거리에 비해 입장료가 비싸다는 얘기는 종종 나오는 편.

**이렇게 즐긴다!**

- **주말에 가자!** 민속촌 공연의 백미라 할 수 있는 '자야바르만 7세 대공연'은 금·토·일 저녁에만 열린다. 이 공연만 제대로 즐겨도 입장료를 뽑는 것!
- **저녁시간에 가자!** 그늘이 별로 없어 낮 동안에는 햇빛을 견뎌내기가 매우 힘들다. 가장 재미있는 공연으로 손꼽히는 '신랑 고르기'도 오후 5시 정도에 열린다. 호수 위로 비치는 근사한 노을도 덤으로 즐길 것.
- **지도를 챙기자!** 입장권을 구매하면 한국어로 된 안내문과 지도를 준다. 이 지도를 절대로 버리지 말 것. 부지가 넓은데 안내가 부실하여 헤매기 딱 좋기 때문.
- **밥 먹고 가자!** 식사할 곳이 마땅치 않다. 점심을 든든히 먹고 가거나 가벼운 먹을거리를 준비하자. 특히 '자야바르만 7세 대공연'은 꽤 늦은 시간에 끝나므로 저녁 식사를 거르게 될 위험이 있다.
- **바우처를 구하자!** 여행사 및 가이드 투어, 숙소 등에서 10달러에 할인 바우처를 판매하고 있다.

## 신랑 고르기

민속촌에서 가장 인기가 높은 공연이라면 뭐니뭐니 해도 크롱족 마을에서 열리는 '신랑 고르기'일 것입니다. 캄보디아 동북부의 소수민족인 크롱족의 결혼 풍습을 유머러스하게 꾸민 공연입니다. 내용은 이렇습니다. 크롱족의 얼짱 아가씨가 있습니다. 이제 슬슬 나이가 차서 어느덧 결혼할 때가 됐습니다. 가족은 그녀의 배우자를 물색하고, 중국인 · 아랍인 · 인도인 사내들이 관심을 보이며 알랑거리기 시작합니다. 얼짱 아가씨는 풍습에 따라 방으로 혼자 들어가 밤을 지새고, 세 외국인 사내는 한 번씩 그녀가 있는 방으로 잠입을 시도합니다. 그러나 어떤 면이든 그녀를 만족시켜주지 못한 세 남자는 차례차례 방에서 쫓겨나고 말죠. 방에서 나온 그녀. 세 남자는 그녀에게 구애를 하지만 끝내 받아주지 않습니다. 그런 그녀가 선택하는 남자는 과연 누구일까요? 한 가지만 말씀 드리죠. '신랑 고르기' 공연을 보실 남자 여행자 분들은 마음의 준비를 좀 하시는 게 좋아요. 모험심 강한 남자 여행자라면 앞쪽에 자리를 잡아보세요. '세미 누드 신랑'이라는 일생일대의 기상천외한 경험을 해볼 수 있을지도 모르거든요.

# Apsara Dance Buffet

## 식사와 함께 즐기는 천상의 춤, 압사라 댄스 뷔페

화려한 화관을 쓰고 관능적인 동작을 선보이는 압사라. 앙코르 유적의 곳곳에서는 이러한 압사라의 모습을 조각한 부조를 쉽게 찾아볼 수 있다. 압사라 댄스(Apsara Dance)는 캄보디아의 대표적인 전통 무용으로, 씨엠립 곳곳에서 압사라 댄스를 관람할 수 있는 극장식 뷔페 식당을 찾아볼 수 있다. 가족이나 좋은 사람들과 도란도란 식사를 즐기며 느긋하게 공연을 감상하고 싶은 사람이라면 이 페이지를 유심히 보자.

## 압사라 댄스란?

앙코르 왕국에서는 왕실에서 상주하며 왕이나 고위층을 대상으로 춤을 선보이던 무희들을 일컬어 압사라라고 불렀다. 그녀들은 진짜 압사라처럼 천상의 존재로 간주되어 궁 밖으로 출입할 수 없을 정도였다. 이 춤은 라오스, 태국 등의 주변 국가에도 영향을 미쳤지만 앙코르 왕국이멸망한 뒤 명맥이 끊어져 앙코르 유적 곳곳의 부조로만 남게 되었다. 그러다 20세기 초에 당시 캄보디아 왕비의 명으로 압사라 댄스 부활 프로젝트가 시작된다. 앙코르와트의 부조를 기본으로 하여 춤 동작을 비롯한 복장, 화장 등을 재현했는데, 너무 재현에 충실한 나머지 댄서들은 상의를 탈의한 상태로 춤을 추었다고 한다. 현재도 캄보디아 정부가 정책적으로 댄서를 육성하고 있는데, 보기에는 그다지 어려워보이지 않으나 알고 보면 손동작과 관절을 사용하는 방법이 아주 까다로워 배우기 몹시 어렵다고 한다. 2003년에 유네스코 무형 문화유산으로 등록되었다.

## 어떻게 볼까?

공연 시작은 저녁 7시 전후이므로 늦지 않게 도착하자. 압사라 댄스 이외에도 고기잡기 춤 등 다양한 캄보디아의 민속무용 공연이 펼쳐지며 압사라 댄스는 가장 마지막에 화려하게 펼쳐진다. 공연 하나당 소요 시간은 5~10분 정도이고 전체 1시간 남짓 공연이 진행된다. 가격은

### 톤레 메콩 Tonle Mekong

| | |
|---|---|
| **위치** | 6번 국도 상. 시내에서 공항 방면으로 약 2킬로미터. |
| **구글 GPS** | 13.37562, 103.83522 |
| **전화번호** | 063-964-667 |
| **가격** | 1인당 $12 (바우처 사용시 $10) |
| **툭툭에게** | '톤레 메콩'이라고 하면 대부분 알아 듣는다. 시내에서 3~4달러. |

압사라 댄스를 공연하는 관광식당 중 한국 여행자들에게 가장 인기 있는 곳이다. 넓은 홀 한 쪽에 실내 공연장이 마련되어 있다. 한국인 단체 관광객이 많이 오는 곳이라 음식이 한국 사람들 입맛에 비교적 잘 맞는다. 캄보디아 음식 외에도 태국 음식, 베트남 음식, 중국 음식 등 아시아 다국적 음식을 선보이며 한국 음식도 심심찮게 보인다. 시내에서 약간 먼 것이 흠.

### 쿨렌 II Koulen II

| | |
|---|---|
| **위치** | 시바타 로드. 럭키몰 맞은편 |
| **구글 GPS** | 13.36211, 103.85607 |
| **전화번호** | 092-630-090 |
| **가격** | 1인당 $12 (바우처 사용시 $10) |

'쿨렌 삐'라고 읽는다. 톤레 메콩과 더불어 여행자들에게 인기가 높다. 야외에 마련된 공연장에서 약 1시간 가량 공연을 선보인다. 시내에 있어 오가기 편하다는 강력한 장점이 있다. 음식의 종류가 다양하지 않고 동남아 현지음식 위주라는 것은 염두에 둘것. 야외 공연장이라 분위기는 아주 좋지만 모기의 습격에 취약하다는 단점도 있다.

# Massage

## 그날의 피로 는 그날에 풀자, 마사지

동남아 여행에서 빼놓을 수 없는 작은 즐거움 중 하나가 바로 마사지일 것이다. 캄보디아의 마사지는 타이 마사지와 여러모로 비슷하나 주무르고 풀어주는 동작이 많아 한국 사람들에게 더 잘 맞는다. 시바타 길과 올드 마켓 주변에서 '풋 마싸'와 '보디 마싸'를 외치는 수많은 목소리 속에 앙코르와트에서 뭉친 내 다리의 피로를 풀어줄 손길은 과연 어디에 있을지 찾아보자.

### 어떻게 고를까?

수 많은 마사지숍 중 잘하는 곳을 찾는 노하우가 따로 있을까? 결론만 말하자면 이런 거 없다. 마사지 숍은 가게가 문제가 아니라 사람이 문제기 때문. 즉 노련하고 힘 좋은 마사지사가 있느냐 없느냐 여부인데, 이는 귀신이 아니고서야 한눈에 알아낼 도리가 없기 때문이다. 깔끔하고 가격대가 맞는지를 우선 볼 것. 솜씨보다는 힘이 중요하다고 생각하면 마사지사로 덩치 큰 사람 또는 남성을 불러달라고 하자.

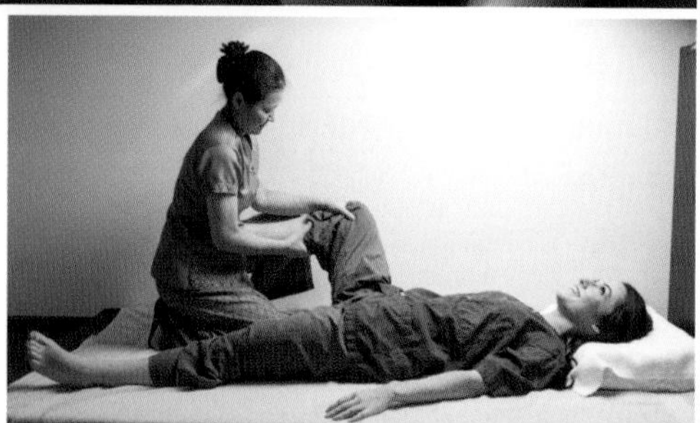

### 얼마나 하지?

숍의 설비와 서비스에 따라 가격은 천차만별. 저렴한 곳은 1시간을 기준으로 하여 보통 8~10달러 안팎이고, 고급스러운 곳은 20달러 이상이다. 저렴한 곳은 가격흥정이 가능하고 고급스러운 곳은 대부분 정찰제로 운영한다. 가격이 지나치게 저렴한 경우는 설비와 청결상태도 지나치게 저렴할 가능성이 있으므로 반드시 마사지 실을 한바퀴 둘러보고 결정할 것. 마사지를 끝낸 뒤 마사지사에서 1달러 정도 팁을 주는 것이 매너이다.

씨엠립 최고 인기 스파,

## 보디아 Bodia

| | |
|---|---|
| **위치** | 리틀 펍 스트리트 |
| **구글 GPS** | 13.35504, 103.8554 |
| **전화번호** | 063-761-593 |
| **영업시간** | 10:00~22:00 |
| **가격** | 발마사지 $24, 전신마사지 $30,<br>보디아 클래식 (오일마사지) $32,<br>기타 각종 마사지 $30~40,<br>각종 트리트먼트 $32~55(60분 기준) |
| **홈페이지** | www.bodia-spa.com |

캄보디아 전통 마사지를 중심으로 스킨케어, 네일아트, 각종 테라피 등을 선보이는 고급 스파. 아름다운 실내 인테리어와 잔잔한 음악, 품격있는 서비스 등으로 오랫동안 시엠립에서 최고의 인기를 구가하고 있다. 예약 없이 갔다가는 헛걸음할 위험이 크므로 적어도 1~2일 전에는 예약을 할 것. 질좋은 천연 화장품 및 스파용품을 자체적으로 생산하여 각종 트리트먼트 및 테라피에 사용하고 있다. 보디아 매장은 물론 시엠립 시내의 대형 슈퍼마켓에서 구입 가능한데, 질이 좋은 편이라 선물용으로도 괜찮다.

가성비 좋은 중급 스파,

## 데바타라 Devatara

| | |
|---|---|
| **위치** | 타풀 로드 |
| **구글 GPS** | 13.35924, 103.85286 |
| **전화번호** | 063-967-496 |
| **영업시간** | 10:00~23:00 |
| **가격** | 전신마사지 $20, 발마사지 $17,<br>각종 트리트먼트 $25~35(60분 기준) |
| **홈페이지** | www.devataraspa.com |

타풀 로드 남쪽에 자리한 작은 규모의 스파로, 가격 · 위치 · 서비스 · 솜씨 모두 준수하여 모든 종류의 여행자들에게 두루두루 높은 점수를 얻고 있다. 저예산여행자에게도 아주 부담되지는 않는 가격이나 내부 설비나 서비스는 까다로운 럭셔리 여행자들도 만족할 정도로 훌륭하다. 고급 스파는 예약이며 비용 등이 부담스럽지만 저렴한 마사지숍은 위생이나 설비면에서 꺼려지는 사람에게 딱 좋은 곳.

찾기 쉽고 깔끔한 마사지숍,

## 아시아 허브 어소시에이션 Asia Herb Association

| | |
|---|---|
| **위치** | 시바타 로드 |
| **구글 GPS** | 13.36305, 103.85625 |
| **전화번호** | 063-964-555 |
| **영업시간** | 09:00~01:00 (마지막 접수는 23:00) |
| **가격** | 발마사지 $15, 타이마사지(전신) $15, 오일마사지 및 각종 허브 테라피 $22~38(60분 기준) |
| **홈페이지** | asiaherbassociation.com |

시바타 로드 중간에서 거대한 간판으로 시선을 사로잡는 마사지 체인. 태국과 캄보디아에 여러개의 점포를 열고 있는 체인점. 모든 지점이 고르게 평가가 좋은데, 시엠립점도 가격과 서비스가 모두 무난하다. 시바타 로드 한복판이라 찾기 쉽고 시내 어디서든 걸어가기 좋다는 것이 가장 큰 장점. 발품팔기나 흥정하기 등이 모두 귀찮을때 갈등없이 선택하기 좋은 곳이다.

발 마사지 단돈 1.5달러,

## 템플 마사지 Temple Massage

| | |
|---|---|
| **위치** | 펍 스트리트 부근 |
| **구글 GPS** | 13.35517, 103.85504 |
| **전화번호** | 015-999-922 |
| **영업시간** | 12:00~24:00 |
| **가격** | 발마사지 $1.5, 전신마사지 $5~8, 오일마사지 $7~10(60분 기준) |
| **홈페이지** | templegroup.asia |

펍 스트리트의 맹주 템플에서 런칭한 마사지숍으로, 발마사지 60분 코스를 단돈 1.5불에 즐길 수 있어 저비용 여행자들에게 엄청난 사랑을 받고 있다. 시설도 깨끗하고 직원들도 친절한 편. 다만 마사지의 강도가 그다지 만족스럽지 못한 것이 큰 함정으로, 멘톨이 들어간 마사지 젤을 발 전체에 바르고 봉을 사용해 가볍게 지압해 주는 것이 전부다. 마사지에 큰 기대를 하지 않고 싼 값에 한 시간 동안 편안한 의자에 앉아 쉬며 지압도 받는다고 생각할 것.

# Angkor Zipline

## 앙코르의 하늘을 날자! 앙코르 짚라인

| | |
|---|---|
| **위치** | 앙코르 톰 동북쪽 |
| **구글 GPS** | 13.45332, 103.88294 |
| **전화번호** | 096-999-9100<br>(국제전화로 걸 때는 +855-96-947-5463) |
| **영업시간** | 09:00~21:00 |
| **요금** | 골든 투어 (풀코스) $99,<br>실버투어 (하프코스) $59 |
| **홈페이지** | www.angkorzipline.com |

짚라인은 공중에 가로놓인 튼튼한 와이어에 걸린 손잡이를 잡고 와이어를 따라 이 끝부터 저 끝까지 단 숨에 미끄러지며 속도와 풍경을 즐기는 액티비티이다. 최근 열대 지방의 관광지에서는 거의 필수코스처럼 되어있는데, 아니나다를까 시엠립에도 있다. 그것도 유적 지구 한복판에! 앙코르톰 동북쪽에 자리한 '타 네이 Ta Nei'라는 작은 유적 주변의 정글 속에 짚라인 체험 코스가 자리하고 있다. 작지 않은 규모로, 총 10개 코스의 짚라인을 보유하고 있다. 숙련된 가이드가 짚라인을 안전하게 즐기도록 도와주는 것은 물론 주변 자연환경에 대한 친절하고 재미있는 설명도 해준다. 유적 안쪽에 있지만 시내까지 왕복 교통편을 제공하기 때문에 앙코르패스는 별도로 필요하지 않다. 단, 개별적으로 찾아갈 경우에는 앙코르패스 필수. 상품 가격내에 식사 및 간식이 포함되어 있다.